名校名师精品系列教材

U0264965

MySQL Database
Development in Action

MySQL

数据库应用实战教程

微课版

黄能耿 ◉ 编著

人民邮电出版社

北　京

图书在版编目（CIP）数据

MySQL数据库应用实战教程：微课版 / 黄能耿编著
. — 北京 ：人民邮电出版社，2022.10
名校名师精品系列教材
ISBN 978-7-115-56379-8

Ⅰ．①M… Ⅱ．①黄… Ⅲ．①SQL语言－程序设计－高
等职业教育－教材 Ⅳ．①TP311.132.3

中国版本图书馆CIP数据核字(2021)第066362号

内 容 提 要

本书讲解了 MySQL 数据库的基础知识、MySQL 编程技术和数据库运维技术。本书突出实用性和可操作性，以面向工作过程的教学方法为导向，合理安排相关知识点和技能点。全书分为 3 篇，【基础篇】先以两个简单的案例带领读者入门，然后通过第 3 个案例深入讲解关系数据库的原理、设计、实施方法，以及数据操纵和数据查询。【提高篇】以一个实战项目"在线商店"的开发过程为例，分 4 个阶段进一步讲解数据库的设计和实施，子查询、视图和索引，以及数据库编程技术，并用 PHP 语言开发了一个体验式的应用程序。【管理篇】讲解项目的后期维护管理，在一个实用级的虚拟机平台上部署，内容涉及数据库的安全、备份和恢复、日常维护等。

本书设计了 59 个在线实训项目，以及 30 多个在线测试操作题和随机组卷的在线测试试卷，强调通过动手操作提升学生技能，符合高职高专教育的特点。

本书既可作为高等职业院校的教材，也可作为应用型本科、中等职业学校和培训机构的教材，还可供读者自学使用。

◆ 编　　著　黄能耿
　　责任编辑　刘　佳
　　责任印制　王　郁　焦志炜

◆ 人民邮电出版社出版发行　北京市丰台区成寿寺路 11 号
　　邮编　100164　电子邮件　315@ptpress.com.cn
　　网址　https://www.ptpress.com.cn
　　固安县铭成印刷有限公司印刷

◆ 开本：787×1092　1/16
　　印张：17.5　　　　　　　　　2022 年 10 月第 1 版
　　字数：456 千字　　　　　　　2024 年 8 月河北第 3 次印刷

定价：　59.80 元

读者服务热线：(010)81055256　印装质量热线：(010)81055316
反盗版热线：(010)81055315
广告经营许可证：京东市监广登字 20170147 号

前言 PREFACE

本书遵循高校学生的认知和技能形成规律，重点突出、通俗易懂、编排合理。本书分为【基础篇】【提高篇】和【管理篇】，对 MySQL 数据库应用开发进行全面的讲解。其中【基础篇】的重点是基础知识，对读者来说是入门；【提高篇】的重点是开发，对读者来说是提升；【管理篇】的重点是运维，对读者来说是眼界的拓展。本书的特点之一是将数据库理论基础安排在较后面讲解，让读者在完成了两个案例的学习之后再学习关系数据库的理论知识，这更好地做到了理论与实践的结合。本书的特点之二是为全部项目提供了思维导图（见附录 E），作为项目的总结，方便读者抓住重点。

为加强软件版权保护意识，本书使用的软件都是免费的合法软件，如表 1 所示。

表 1　本书使用的软件

软件名称	说明
MySQL	采用 5.5 社区版，这是 MySQL 的一个经典版本。本书内容适用于 MySQL 5.5～8.0 版，并对版本之间的不同做出相应说明，提供各个版本的安装说明（见附录 E）
图形界面	可选 Navicat 16 版，详见附录 E "六、问题解答"中的"1.6 关于 Navicat for MySQL"，采用 dbForge Studio for MySQL 2019 版，这是一款媲美 Navicat 的图形界面工具
开发环境	Apache+PHP（XAMPP 1.8.2 的简化版），仅在"项目 8'在线商店'项目的开发体验"中使用
运维环境	Linux 虚拟机，仅在【管理篇】使用
虚拟机软件	VMWare Workstation 12 Player（非商业版），仅在【管理篇】使用
运维工具	远程登录工具 MobaXterm_Portable v20.2（免费版），仅在【管理篇】使用

本书特别强调实训教学，提供了一个 Jitor 实训教学平台，提供了近百个配套的各类在线实训项目供教师和读者选用。右图的二维码是 Jitor 实训教学平台，内有 Jitor 客户端的下载链接、服务器端的地址，以及对 Jitor 实训教学平台的简单介绍，详细的 Jitor 校验器使用说明见附录 D。Jitor 实训教学平台可以对学生编写的代码和运行的结果进行实时评价，教师可以实时监测全班学生的实训进展情况，平台特点如表 2 所示。

表 2　Jitor 实训教学平台的特点

教师容易使用，一步一步地教	学生乐于学习，一关一关地学
根据教学进度，选择合适的 Jitor 实训项目发布给学生，要求学生在指定的时间内完成。教师可以实时掌握每位学生每个步骤的成功或失败情况。 实训项目的每个步骤都有实训指导内容，详细描述了该步骤的要求。教师只要布置好实训任务，Jitor 校验器就会自动一步一步地教学生如何去完成，并检查完成的效果	每个实训项目由若干步骤组成，就像通关游戏一样，每个步骤如同关卡，成功通过就能得分，失败则扣分。只要通过所有关卡，就能得到及格及以上分数。 学生按照每一关卡的要求进行编程操作，完成后提交给 Jitor 校验器检查，成功通关并得到分数后，才能进入下一个关卡。学生只需一关一关地学习，就能掌握编程和操作技能

本书提供的 Jitor 实训教学平台配套了 59 个在线实训项目、30 多个在线测试操作题和随机组卷的在线测试试卷，这些实训项目分为下述几类。

- 正文中的实训题：可用于讲授、上机或作业。
- 习题中的实训题：可用于作业或测试。
- 习题中的选择题和填空题：可用于作业。
- 习题中的测试题：可用于期中、期末测试，分 4 个专业方向设计了多套测试题。

教师可以根据教学要求和学生情况安排教学内容，详见配套的教学计划和 PPT 课件首页备注中的教学安排说明。表 3 所示为不同专业方向的课时安排建议。

表 3　不同专业方向的课时安排建议

篇	项目		重点	入门	开发方向	运维方向	简明	全面
基础篇	项目 1	了解数据库——气象记录数据库	安装和入门体验、主键的概念	4	4	4	4	4
	项目 2	认识数据库——联系人数据库	表的结构、主键和外键	4	4	4	4	4
	项目 3	设计数据库——图书借阅数据库	关系数据库原理、数据结构设计	6	6	6	6	6
	项目 4	使用数据库——图书借阅数据库	数据操纵和数据查询	10	10	10	10	10
提高篇	项目 5	"在线商店"项目的数据建模体验	数据结构设计，演示为主	0	2	2	2	2
	项目 6	子查询、视图和索引	子查询、视图、索引	2	4	2	4	4
	项目 7	数据库编程	编程、函数、存储过程、触发器等	2	12	2	8	12
	项目 8	"在线商店"项目的开发体验	PHP 编程开发，演示为主	0	2	2	2	2
管理篇	项目 9	"在线商店"项目的部署和迁移	Linux 远程操作，数据库迁移	0	0	4	0	4
	项目 10	"在线商店"项目的安全管理	安全管理，用户、权限和授权	0	0	4	2	4
	项目 11	"在线商店"项目的日常管理	MySQL 服务器，备份与恢复	0	0	4	2	4
考试和机动				4	4	4	4	8
合计课时				32	48	48	48	64

本书提供的教学计划和 PPT 课件等资源可从人邮教育社区（www.ryjiaoyu.com）下载，所有资源（包括本书使用的所有软件）也可从本书主页 http://ngweb.org/下载。

本书由无锡职业技术学院黄能耿编著。本书由无锡职业技术学院刘德强副教授主审，段丽华老师审核了部分内容。Jitor 实训教学平台和 Jitor 在线实训项目由黄能耿研发和编写，全书由黄能耿统稿。无锡职业技术学院胡丽丹老师参与了教学资料的编写和 Jitor 实训教学平台的开发工作。本书在编写过程中得到了编者所在单位领导和同事的帮助和大力支持，在此表示由衷的感谢。

由于编者水平所限，书中存在疏漏和不足之处在所难免，敬请广大读者批评指正。

编者

2022 年 4 月

目录 CONTENTS

【基础篇】

掌握 MySQL 基础

【基础篇】包含 3 个小型案例，第一个案例和第二个案例分别是项目 1 和项目 2，第三个案例分成项目 3 和项目 4 进行讲解，由浅入深、循序渐进地带领读者进入数据库的世界。通过这 3 个案例的学习，读者能掌握数据库的基本知识，为后面【提高篇】的学习打下基础。

【基础篇】分为下述 4 个部分。

● 项目 1：以安装 MySQL 软件和体验气象记录数据库为主，介绍数据、数据库和数据库系统的概念，以及数据库管理系统的四大功能（数据定义、数据操纵、数据查询和数据管理），同时引入主键的概念。

● 项目 2：以联系人数据库为例，用通俗的语言讲解数据库开发的基本内容，详细介绍主键和外键这两个概念，使读者对数据库有一个基本的了解。

● 项目 3：以图书借阅数据库为例，讲解数据库的设计。在这一部分，重点讲解关系数据库的理论基础、数据结构设计的理论和规范化设计等内容。学完这一部分，读者应该对数据库设计有一个比较全面的理解，具备设计小型数据库的能力。

● 项目 4：以图书借阅数据库为例，讲解数据库的使用。在这一部分，重点讲解数据操纵（增、删、改）和数据查询（查），其中连接查询是重中之重。学完这一部分，读者应该对数据库的增、删、改、查有比较全面的理解，具备编写 SQL 语句的能力。

项目 1 和项目 2 采用图形界面工具进行讲解，图形界面工具选用 dbForge Studio for MySQL，也可选用 Navicat 16 版，详见附录 E "六、问题解答"中的"1.6 关于 Navicat for MySQL"。从项目 3 开始，全面以 SQL 讲解，这时可以随意选用 dbForge 或 Navicat。

本书突出实用性和可操作性，先讲实践，后讲理论，将关系数据库理论基础知识安排在项目 3 讲解，对理论方面有更多需求的读者在学完【基础篇】后，可以参考有关书籍进一步学习。

项目 1
了解数据库——气象记录数据库

扫码观看项目 1
思维导图

本项目通过安装 MySQL 软件了解数据库管理系统，并通过气象记录数据库案例来帮助读者理解数据库系统，重点了解数据库 4 个方面的功能：数据定义、数据操纵、数据查询和数据管理，同时了解关系和非关系数据库及其区别。

▶ 知识目标

① 了解 MySQL 数据库管理系统，及其与其他数据库管理系统的区别。

② 了解数据、数据库、数据库管理系统、数据库系统的概念，重点是了解数据库管理系统的四大功能：数据定义、数据操纵、数据查询和数据管理。

③ 了解主键的作用。

④ 了解关系和非关系数据库及其区别。

▶ 技能目标

① 学会安装 MySQL 5.5 版或 8.0 版本。

② 学会安装图形界面工具 dbForge。

③ 以气象记录数据库为案例（仅有一张表），学会用图形界面工具创建数据库、创建表、录入数据和查询数据的完整过程。

④ 学会利用 Jitor 校验器提供的实训指导材料进行实训，并对操作结果进行校验。

任务 1　认识 MySQL

【任务描述】MySQL 是一种数据库管理系统，其核心是数据库引擎。通过本任务的学习，读者将对 MySQL 有一个初步的认识，并了解 MySQL 与其他数据库管理系统的区别。

数据库技术是对数据库中的数据进行处理、分析和理解的技术，是软件和计算机相关专业最为核心的课程之一。

1.1.1　数据库引擎排行榜

MySQL 是一种数据库管理系统，其核心是数据库引擎。数据库引擎排行榜是业内知名网站 DB-Engines 根据实时收集的使用情况，市场占有率等数据给出的数据库管理系统人气排名，表 1.1 列出了 2022 年 2 月排名前十的数据库引擎，其中数据库分为两大类：关系数据库和非关系数据库。

表 1.1　数据库引擎排行榜（2022 年 2 月）

数据库引擎	排行	分类	说明
Oracle	1	关系型	经典的数据库，广泛应用于大型企业（如银行等）
MySQL	2	关系型	开源的数据库，被 Oracle 公司收购，广泛应用于中小型应用
SQL Server	3	关系型	Microsoft 公司的产品，特点是容易学习，广泛应用于中型企业
PostgreSQL	4	关系型	也称为面向对象的数据库，在中小型企业都有应用
MongoDB	5	非关系型	文档存储数据库
Redis	6	非关系型	键值（Key-Value）存储数据库
IBM DB2	7	关系型	老牌数据库，在遗留的旧系统中仍有广泛应用
Elasticsearch	8	非关系型	全文搜索引擎数据库
Microsoft Access	9	关系型	小型，适合个人使用
SQLite	10	关系型	适合嵌入式应用，使用非常广泛，是安卓手机的内置数据库

从表 1.1 可以看出，MySQL 在数据库引擎排行榜中排名第二，并且前三名的名次自 2013 年 9 月以来就没有改变过。MySQL 是一种应用广泛的数据库，适合中小型应用。在网站建设中，MySQL 的应用高居第一，达到近 70%的市场份额。

本书推荐学习 MySQL 还基于这样一个事实：关系数据库都是基于通用的 SQL 标准，学会了 MySQL，基本上就可以无师自通地学习其他几种关系数据库，例如 SQL Server 和 SQLite 等。

学习数据库的入门选择是MySQL或SQL Server，在这个基础上，读者可以进一步学习其他数据库，甚至无须学习就可以直接使用像SQLite这样的小型数据库。

1.1.2　MySQL 与其他数据库管理系统的比较

如果将数据库比作运输工具，那么 Oracle 是喷气式客机，非常大，安全性极高；SQL Server 是火车，也非常大，安全性很高；MySQL 是小轿车，小而安全，可以普及到家庭；SQLite 是自行车，基本免费使用，安全措施比较简单。前述几种都是关系数据库，而非关系数据库就是各种各样的货车，不同的非关系数据库适合处理不同的数据，以满足不同的处理需求。

如果从产品的存储空间大小和价格来比较，Oracle 和 SQL Server 软件大约几个 GB，价格是几万到几十万元，甚至几百万元一套；MySQL 软件大约几百 MB，多数人使用它的社区版（免费）；而 SQLite 软件大约是 5MB，并且是完全免费的，安卓手机就预安装了 SQLite，其他许多软件也将 SQLite 作为一个必备的组件。

如果从管理的数据来看，Oracle 可以管理一家大型银行，包括几千万储户的存款和贷款记录，每天可以有数百万条数据的变化；MySQL 可以管理一个网站数万到数十万的数据变化；SQLite 可以管理手机上数千条数据变化；非关系数据库管理的则是其他类型的数据，例如文档存储数据或键值存储数据等。

再从全球的应用来看，使用 Oracle 和 SQL Server 的只有数万家到几十万家大中型企业；使用 MySQL 的有数以千万计的网站，以及数以千万计的应用软件用户；使用 SQLite 的有数以十亿计的安卓手机用户，以及数以亿计的应用软件用户；使用各种非关系数据库的则是数以百万计的有各种特殊应用需求的用户。

任务2　安装、配置和使用 MySQL

【任务描述】SQL是一种关系数据库的标准语言，MySQL是一种基于SQL的软件。通过本任务的学习，读者将学会安装MySQL，并能够进行正确的配置；学会启动和进入两种MySQL客户端：一是命令行的客户端，二是图形界面的客户端（dbForge）。

MySQL 是一种基于 SQL 标准的关系数据库管理系统，从 1995 年第一次发布内测版本，到目前最新的 8.0 版本，已有 27 年历史。在 MySQL 的发展历史中，需要关注的有 3 件事。

● 2000 年，MySQL 公开了源代码，成为开源软件，随后成为网站后台数据库的首选。从那时起，它一直占据网站数据库的大部分份额。

● 2008 年，Sun 公司收购了 MySQL，2010 年 Oracle 公司又收购了 Sun 公司。MySQL 的创始人蒙蒂·维德纽斯（Monty Widenius）不满 Oracle 公司的政策，离开了 Oracle 公司，并创立了一个新的开源数据库产品 MariaDB。这个产品与 MySQL 兼容，有许多使用 MySQL 的用户转而使用 MariaDB。

● 2011 年，Oracle 公司为避免 MySQL 与自家的 Oracle 数据库产品冲突，将 MySQL 分为企业版和社区版两种产品，企业版是收费的，而社区版是免费的。

1.2.1　MySQL 的安装和配置

为加强软件版权保护意识，本书采用的软件都是免费的合法软件。

1.　软件下载

本书采用 MySQL 5.5 社区版，这是一个比较经典的版本。也可以采用 MySQL 8.0，安装过程见附录 E。由于各个版本的基础部分是相同的，本书的代码以及讲解的内容适合 MySQL 5.5 到 MySQL 8.0 之间的版本，并对版本之间的不同做出相应说明。从 MySQL 5.5 开始，基础功能已经十分完善，MySQL 5.0 到 MySQL 8.0 之间各版本的比较如表 1.2 所示。

扫码观看微课视频

表 1.2　MySQL 5.0 到 MySQL 8.0 之间各版本的比较

版本	新增功能
5.0	存储过程、游标、触发器、查询优化以及分布式事务功能等
5.1	事件（一种定时任务）、分区，基于行的复制等
5.5	一次重要的升级，默认存储引擎更改为 InnoDB、提高性能和可扩展性，以及其他改进

续表

版本	新增功能
5.6	InnoDB 性能加强，以及其他改进
5.7	提升 MySQL 安全性，以及其他改进，例如引入 alter user 语句，用于修改用户密码、密码过期策略及锁定用户等。参见 "10.2.6 MySQL 5.7 的安全性" 小节
8.0	目前最新版本

从 MySQL 的主页下载 MySQL 软件，MySQL 支持 Windows、Linux、Mac OS 等多种操作系统，本书选择 Windows 操作系统（除了项目 9 采用 Linux 操作系统）。MySQL 的安装文件有两种，一种是压缩版本，另一种是安装版本。这里选择后一种，文件名是 mysql-5.5.62-win32.msi，文件大小是 36MB。也可以从本书主页提供的网盘链接下载这个文件。

2. MySQL 的安装

本书讲解 MySQL 5.5 的安装过程，MySQL 8.0 的安装过程见附录 E（在线提供，扫描右图的二维码）。

建议在安装前重启计算机。如果想要卸载后重装MySQL，那么卸载后还必须删除对应的数据库，否则重装时会出错。建议不要轻易卸载。

（1）安装 MySQL

双击下载的安装文件开始安装，如图 1.1 所示，然后需要同意软件许可。安装开始时有一个安装类型选择，包括 "Typical"（典型）"Custom"（定制）和 "Complete"（完全），如图 1.2 所示。单击第一项 "Typical" 按钮，选择典型安装。

图1.1　安装界面

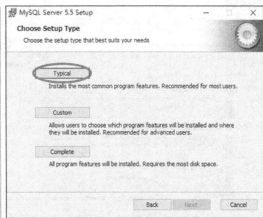

图1.2　选择安装类型

在图 1.3 所示的界面中单击 "Install"（安装）按钮开始安装，安装结束时会提示是否进行安装后的配置 "Launch the MySQL Instance Configuration Wizard"（启动 MySQL 实例的配置向导），如图 1.4 所示。勾选该选项，单击 "Finish"（完成）按钮，进入安装后的配置。

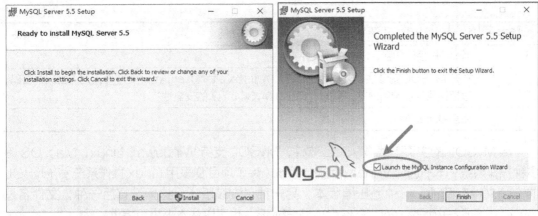

图1.3　开始安装　　　　　　　　　　　图1.4　安装结束

（2）配置 MySQL

接下来是安装后的配置，连续单击"Next"（下一步）按钮，跳过前面的配置对话框，直到出现图 1.5 所示的配置对话框。需要关注的是接下来的连续 3 个配置对话框。图 1.5 所示的对话框用于设置数据库使用的字符编码，选择第 3 个选项"Manual Selected Default Character Set / Collation"（手工选择默认的字符集/校对），将原来的下拉框中的"latin1"选项改为"utf8"选项。这两个设置中的任何一个没有设置好，都有可能导致出现中文乱码的现象。

接下来的配置对话框如图 1.6 所示，勾选"Include Bin Directory in Windows PATH"（将 Bin 目录加到 Windows 的 PATH 变量中）选项，将 MySQL 的安装路径加到 PATH 环境变量中。如果没有勾选，会在运行 MySQL 命令行客户端时出现"找不到 mysql 命令"的错误。

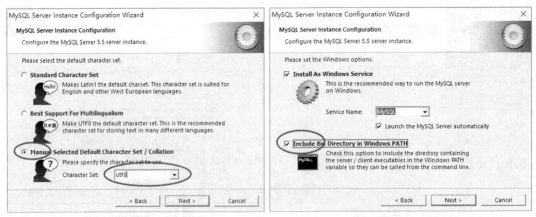

图1.5　MySQL 配置（字符编码）　　　　图1.6　MySQL 配置（PATH 环境变量）

图 1.7 所示的对话框用于设置数据库根用户的密码（密码需要确认一遍）。根用户的用户名是 root，它是数据库权限最高的用户，即系统管理员，所以建议用 sa（System Administrator 的缩写）作为密码，以免忘记。在实际工作中，这个密码一定要足够复杂，以保证数据库的安全，但在学习的时候，密码越简单越好。

到这里配置结束。最后一步是"Execute"（运行）配置，配置的进度共有4步，如图1.8所示。

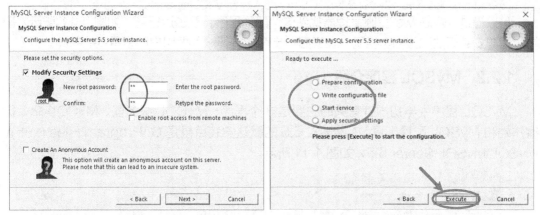

图1.7　MySQL配置（根用户密码）　　　图1.8　安装后的配置进度（未开始）

这时可能会遇到一些问题，根据图1.8中第2步和第4步是否完成，分别处理。

• 没有完成：如果一直停留在图1.8所示的情况，第2步没有完成（超过5分钟），说明安装遇到问题。

• 部分完成：配置完成第1步"Prepare configuration"和第2步"Write configuration file"，第3、4步没有完成，如图1.9所示。这时需要重新启动计算机，才能使安装全部完成。

• 全部完成：4步配置全部完成，如图1.10所示。单击"Finish"按钮结束安装，这时没有任何提示信息，也不会打开安装好的程序。

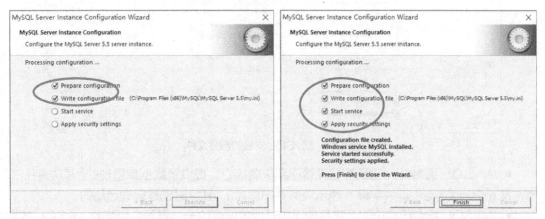

图1.9　安装后的配置进度（部分完成）　　　图1.10　安装后的配置进度（全部完成）

如果出现上述第1种情况，没有完成安装过程，这时需要重新启动计算机，重启后，按照下一部分"再次运行配置程序"的讲解进行配置。

3. 再次运行配置程序

遇见下述情况时，需要再次运行MySQL的配置程序。

• 安装后配置失败，即前述的第1种情况"没有完成"，这时根用户的密码设置没有成功。

- 需要对配置进行更改，例如更改字符集，这时需要根用户的密码才能更改配置。

MySQL 的配置程序默认位于下述路径。

C:\Program Files (x86)\MySQL\MySQL Server 5.5\bin\MySQLInstanceConfig.exe

可以通过 Windows 资源管理器找到这个配置程序，双击运行它，如图 1.11 所示，配置过程与安装后的配置完全相同，在最后一步可能需要输入根用户已设置过的密码。

1.2.2　MySQL 程序介绍

MySQL 程序中与初学者有关的主要是 3 个程序：MySQL 服务器、MySQL 命令行客户端和 MySQL 配置工具。MySQL 5.5 的默认安装目录是 C:\Program Files (x86)\MySQL\MySQL Server 5.5，如图 1.11 所示。

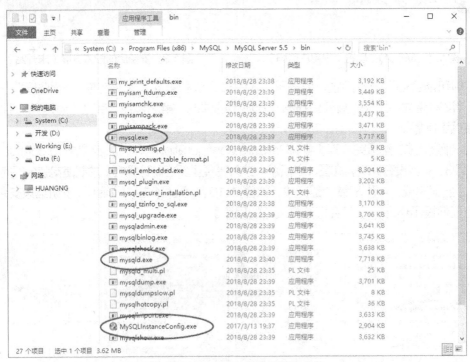

图 1.11　MySQL 安装的部分文件

- MySQL 服务器。它是数据库管理系统的核心，提供了数据库管理的所有功能，文件名是 mysqld.exe（其中字母 d 表示服务守护程序），开机时它是自动启动的。
- MySQL 命令行客户端。它是使用和管理数据库的一个界面，也称为 MySQL 控制台。文件名是 mysql.exe，用户可以从 Windows 的开始菜单中启动，也可以直接在这个路径下启动它。它的功能强大，但是使用不方便，在"1.2.3 使用 MySQL 命令行客户端"小节将做初步介绍，并在【管理篇】中进一步讲解。
- MySQL 配置工具。安装后通过它初始化服务器，设置或修改一些配置参数，例如系统管理员密码。如果没有正确地初始化，将会导致 MySQL 服务器无法启动。

1. MySQL 服务器

MySQL 服务器是自动启动的，每次计算机启动之后会自动启动 MySQL 服务器，因此，通常不需要用户加以关注。

读者如果遇到与 MySQL 服务器相关的问题，可以扫描右图的二维码，从附录 E（提供在线资源）查找解决办法。

2. MySQL 命令行客户端

MySQL 服务器无法直接使用，必须通过 MySQL 客户端连接（登录）到 MySQL 服务器，在 MySQL 客户端上操作 MySQL 服务器。

MySQL 客户端有多种，安装 MySQL 的同时就安装了一个 MySQL 命令行客户端，对应的文件名是 mysql.exe，如前述的图 1.11 所示。市场上还有多种图形界面的 MySQL 客户端，将在"1.2.4 图形界面工具 dbForge"小节中讲解其中的一种 dbForge。下一小节先讲解命令行的 MySQL 客户端。

1.2.3　使用 MySQL 命令行客户端

MySQL 服务器是一个后台程序，它一直处于运行状态。使用数据库的用户需要通过 MySQL 客户端登录到 MySQL 服务器上，才能使用 MySQL 服务器。

扫码观看微课视频

MySQL 命令行客户端是 MySQL 客户端的一种，是 MySQL 自带的客户端软件。

1. 启动 MySQL 命令行客户端

可以用下述两种方式启动 MySQL 命令行客户端。

（1）命令提示符

在键盘上按 Win+R 组合键，打开"运行"对话框，输入命令"cmd"后按回车键，打开"命令提示符"窗口，如图 1.12 所示。输入下述命令启动 MySQL 命令行客户端，其中斜体加粗的部分是命令本身，命令之前的部分是提示符，输入完命令后按 Enter 键。

C:\Users\huangng>*mysql –u root –p*

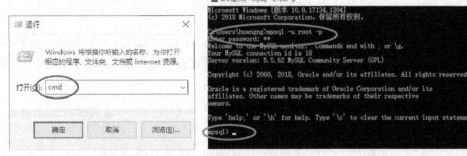

图 1.12　通过"命令提示符"窗口运行 MySQL 命令行客户端

运行 mysql 程序至少需要-u 和-p 两个参数，-u 之后的是用户名（需要用空格分隔），这里是 root（系统管理员，拥有最高权限），-p 表示要输入密码。

如果出现图 1.13 所示的错误"'mysql'不是内部或外部命令……"，说明系统找不到 mysql 命令，可能的原因有：①还没有安装 MySQL；②拼写错误，例如小写的字母"l"写成了数字"1"；③mysql 的路径设置有错，应参考图 1.6 所示的正确设置将 mysql 的路径添加到 PATH 环境变量中。

图1.13　找不到 mysql 命令

如果出现图 1.14 所示的错误"Can't connect to MySQL server…"，说明系统连接不到 MySQL 服务器，MySQL 服务器可能没有启动，这时可以扫描右图的二维码，按照附录 E 的说明进行处理。

图1.14　连接不到 MySQL 服务器

附录 E　MySQL
问题解答

如果出现图 1.15 所示的错误"Access denied for user…"，说明是登录错误，可能的原因有：①账号错误，应该使用 root 根用户账号；②密码错误，应该用图 1.7 中设置的密码。

图1.15　登录错误（账号或密码错误）

（2）开始菜单

另外还可以从 Windows 的开始菜单找到 MySQL 5.5 Command Line Client，直接运行，这种方式虽然方便，但有一个缺点，就是当出现问题时无法看到出错信息，出现闪退现象，因此不建议使用。

当无法登录MySQL服务器时，需要通过"命令提示符"方式运行，找出无法登录的原因，进行适当的处理。

不论以哪种方式通过客户端登录，都必须输入根用户密码，参见前述的图 1.12。

图 1.12 所示为运行 MySQL 命令行客户端的效果，命令行客户端显示下述提示符。

```
mysql>
```

这个提示符出现，说明成功进入 MySQL 命令行客户端，这时可以输入想要执行的 MySQL 命令。

在"命令提示符"窗口中，如果提示符是mysql>，说明已经进入MySQL命令行客户端，需要输入MySQL命令，否则还在操作系统中，需要输入Windows命令。

2. 运行 MySQL 命令

进入 MySQL 命令行客户端之后，用户需要学习的第一个命令是 quit，就是退出 MySQL 命令行客户端。每次工作完成之后，用户需要用这个命令退出命令行客户端，代码如下。

`mysql>quit`

退出之后，回到了操作系统状态。如果用户是从 Windows 的开始菜单打开命令行客户端的，退出之后将会直接关闭命令行客户端窗口。

如果用户是从"命令提示符"窗口进入命令行客户端的，退出时会回到"命令提示符"窗口中，这时可以按上光标键↑，显示上次执行过的命令，按 Enter 键重复执行。

因此，按上光标键↑和 Enter 键，再次进入 MySQL 命令行客户端，学习第二个命令（这条命令的行末要加上一个分号）。

`mysql>show databases;`

这条命令的意思是显示 MySQL 服务器里有哪些数据库，结果如图 1.16 所示。

每条命令的行末要加上一个分号，表示命令的结束，如果忘记加分号，MySQL 会一直出现提示符"->"，表示等待输入更多内容，直到加上了分号为止，如图 1.17 所示。

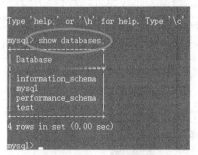
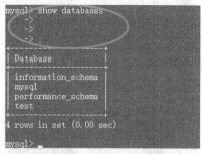

图 1.16　内置的数据库（正确的输入方式）　　图 1.17　内置的数据库（前 3 行漏掉分号";"）

一条命令也可以分为多行，在最后加上分号即可，如图 1.18 所示。

图 1.18　一条命令分为多行输入

如果发出命令后，MySQL 命令行客户端显示如下信息：

`mysql> show database;`
ERROR 1064 (42000): You have an error in your SQL syntax; check the manual that corresponds to your MySQL server version for the right syntax to use near 'database' at line 1

说明输入的命令有错，提示信息显示出错的地方位于命令的第 1 行的'database'附近，这里的具体出错原因是数据库这个名词要采用复数形式 databases，而不是单数形式。

如果发出命令后，MySQL 命令行客户端显示如下信息：

ERROR 1820 (HY000): You must reset your password using ALTER USER statement before executing this statement.

说明所安装的 MySQL 是 5.7 版本或 8.0 版本。自 5.7 版本起，MySQL 对安全性进行了加强，参见前述的表 1.2。出现这个出错信息的原因是原来的密码过期了，需要设置新密码后才能继续使用，设置新密码的命令如下。

```
mysql>alter user user() identified by 'sa';
```

其中 user()表示当前用户，单引号引起来的部分是新密码，如果提示密码太短，则可以用 sasa 作为新密码。注意这条命令是 5.7 版新增的，在 5.5 或 5.6 版中不能使用。

从图 1.16 中可以看到，目前 MySQL 内有 4 个内置数据库，如表 1.3 所示。

表 1.3　MySQL 内置数据库

内置数据库名称	说明
information_schema	存储 MySQL 的内部数据
mysql	存储数据库的用户、权限设置等管理用的信息，例如根用户的密码就保存在这里
performance_schema	存储与性能优化有关的数据
test	测试用的数据库，安装后是空的

上述过程就是程序员通过 MySQL 客户端与 MySQL 服务器实现交互的过程。程序员发出一条命令，MySQL 客户端将命令传递给 MySQL 服务器，MySQL 服务器执行命令，根据命令的要求对数据库进行操作，并返回有关执行情况的信息，MySQL 客户端显示这些信息，如图 1.19 所示。然后程序员继续发出命令，这样一问一答，就实现了对 MySQL 数据库的操作和管理。

图 1.19　MySQL 客户端与 MySQL 服务器的交互过程

MySQL 客户端只是一个界面，真正执行命令的是 MySQL 服务器。服务器根据命令的要求，将数据保存到数据库中，或从数据库中查询数据。因此，MySQL 的核心是 MySQL 服务器，用户可以用不同的 MySQL 客户端连接到 MySQL 服务器，向 MySQL 服务器发出命令。

如果还想要执行上次执行过的命令，不需要重新打字输入，而是按上光标键↑或下光标键↓，以前用过的命令就会显示出来，按 Enter 键就可以执行了。如果还想修改这条命令，可以按左光标键←或右光标键→，修改光标处的字符，修改完成后按 Enter 键执行。

这种对命令进行编辑的办法在"命令提示符"窗口和 MySQL 命令行客户端中同样适用。

1.2.4　图形界面工具 dbForge

对于初学者来说，在 Windows"命令提示符"窗口中使用 MySQL 命令行客户端很不方便，因此还需要安装一个图形界面工具，用于 MySQL 的学习。

图形界面工具是第三方提供的，比较常用的是 Navicat 和 dbForge，前者在国内比较普及，后者的功能更加强大，历史也更加悠久。本书采用的是 dbForge Studio for MySQL 2019 版本。也可选用 Navicat 16 版，见附录 E"六、问题解答"中的"1.6 关于 Navicat for MySQL"。

1. 下载 dbForge Studio

读者可以从 devart 公司的主页下载 dbForge Studio，这是一个商业软件，同时也提供了免费的 Express 版本（功能有所限制），如表 1.4 所示。

表 1.4　dbForge Studio for MySQL 2019 的 4 种版本

版本	软件大小	说明
Express 免费版	39MB	功能限制比较多，满足基本的学习需求。本书采用这个版本
Standard 标准版	39MB	有较多的功能限制，有 30 天试用期
Professional 专业版	46MB	功能限制较少，有 30 天试用期
Enterprise 企业版	110MB	完全版本，无功能限制，有 30 天试用期

可从本书主页提供的网盘链接下载，免费版的文件名是 dbForgeStudio_2019_MySQL-V8.2-Express.exe。如果安装的是 MySQL 8.0.19 之后的版本，则需要安装 dbForge Studio 2022 for MySQL，详见附录 E。

2. 安装 dbForge Studio

安装 dbForge Studio 的过程非常简单，使用它的默认安装选项进行安装即可。它需要组件 NetFramework 4.5.2，如果出现相关的提示，还需要先安装这个组件，从 Microsoft 的网站下载，文件名是 NDP452-KB2901907-x86-x64-AllOS-ENU.exe，从本书主页提供的网盘链接中也可以下载。

扫码观看微课视频

3. 使用 dbForge Studio

从 Windows 的开始菜单中找到刚才安装的 dbForge Studio for MySQL，启动它。

（1）连接 MySQL 服务器

第一次启动 dbForge Studio 时，需要连接到 MySQL 服务器，连接时需要设置一些连接参数，这个连接的过程就是登录的过程，如图 1.20 所示。在"General"选项卡中输入用户的账号和密码，默认的是根用户，因此输入根用户的密码。如果密码正确，就可以选择一个数据库，通常选择"test"数据库（以后可以改为用户自己创建的数据库），并勾选 Allow saving password（允许保存密码），如图 1.21 所示。

图 1.20　设置连接参数（账号和密码）

图 1.21　设置连接参数（自动选择字符集）

另外，还要在"Advanced"选项卡中勾选"Detect MySQL character set"选项，即自动检测字符集，如图 1.21 所示，这样可以避免在 dbForge Studio 的使用过程中出现中文乱码。设置完成后，单击"OK"按钮，连接到 MySQL 数据库服务器。

（2）dbForge Studio 的主界面

dbForge Studio 的主界面如图 1.22 所示，界面上部是主菜单、工具栏，界面左侧是数据库对象浏览区，界面右侧是开始页（同时也是工作区），界面下部是信息显示区。开始页的上面是管理功能分类，下面是每一项管理功能的子功能。

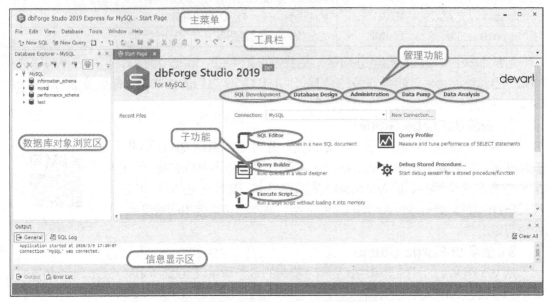

图 1.22　dbForge Studio 的主界面

（3）dbForge Studio 的开始页

dbForge Studio 的开始页比较有特色，所有操作和管理功能都按类别安排在开始页中。表 1.5 仅列出免费版可用的功能，本书将讲解其中大部分功能，对于收费版本的功能，由于不是入门所需，本书不予讨论。

表 1.5　开始页的功能及其说明（免费版本）

管理功能	子功能	说明
SQL Development （SQL 开发）	SQL Editor	编辑 SQL 语句，并执行。相当于 MySQL 命令行客户端
	Query Builder	以图形界面方式编写查询语句
	Execute Script	执行一个外部 SQL 脚本文件
Database Design （数据库设计）	New Database Diagram	以图形界面方式设计数据库
	New Database Object	创建数据库对象（表、视图、存储程序、触发器等）
Administration （管理维护）	Manage Server Security	服务器安全管理，创建用户和授权
	Start/Stop MySQL Server	服务器启动或停止

续表

管理功能	子功能	说明
Administration（管理维护）	Monitor Sessions	跟踪和监控会话连接
	View Server Variables	查看服务器变量
	Backup Database	备份数据库
	Restore Database	恢复数据库
	Perform Table Maintenance	数据表的检查、优化和修复
	Flush Objects	管理锁和缓存等
Data Pump（数据泵）	Export Data	导出数据
	Backup Database	备份数据库（与 Administration 中的相同）
	Import External Data	导入数据
	Restore Database	恢复数据库（与 Administration 中的相同）
Data Analysis（数据分析）	Export Data	导出数据（与 Data Pump 中的相同）

1.2.5 安装相关的常见问题

读者如果遇到与安装相关的问题时，可以扫描右图的二维码，从附录 E（提供在线资源）中找到解决办法。

任务 3 体验 MySQL

【任务描述】通过本任务的学习，读者将体验创建和使用数据库的基本过程——创建数据库、创建数据表、录入数据、查询数据等，并学会使用 Jitor 校验器实训辅助工具进行实训。

本任务将通过创建一个名为 weather 的气象记录数据库来体验 MySQL，通过这个案例，读者可以了解数据库应用开发的大致流程，从数据库的需求分析、创建数据库和表、数据的录入，到数据的查询。

1.3.1 气象记录数据库分析

在进行数据库操作之前，读者首先需要调查清楚需要处理什么样的数据，这些数据有什么特点。为了方便理解，这个例子的数据是非常简单的，如表 1.6 所示。

扫码观看微课视频

表 1.6 气象数据记录表

序号	日期和时间	观测点	温度（℃）	风速（级）
1	2020-02-12 13:30:00	Wxui	12.2	4
2	2020-02-12 19:30:00	Wxui	6.5	3

表 1.7 所示是对每一列数据的分析，在数据库中，不允许输入不符合要求（参见表 1.7

中"要求"列的说明）的数据。

表 1.7　气象数据记录表（weather_data）每列数据的要求

列名	数据类型	要求	建议的名称
序号	整数	顺序编号，自动进行编号，无须输入	id_weather_data
日期和时间	日期时间	只允许输入日期和时间	col_date_time
观测点	文本	任何文本内容，最长 60 个字符	col_location
温度（℃）	实数	带一位小数	col_temperature
风速（级）	整数	暂时没有要求	col_wind_speed

另外，针对数据的含义，这里将数据库命名为 weather，数据表命名为 weather_data。一个数据库里可以有多张表，这个入门的例子就只有一张表。

1.3.2　实训辅助工具——Jitor 校验器

为了更好地学习 MySQL，本书作者开发了一个学习辅助工具，名为"Jitor 校验器"，它提供了实训中每一步操作的详细指导，并且对每一步的操作结果进行校验。

> 本书所有实训（有实训编号的实训，包括习题中的实训题），都需要在 Jitor 校验器的辅助下进行，成绩将会自动上传到云服务器，供授课老师实时检查。

1. 安装 Jitor 校验器

从本书主页下载 Jitor 校验器，地址是 http://ngweb.org，其中有一个下载链接。

将下载的 Jitor 校验器解压到某个盘符的根目录下（不能在压缩文件内直接运行，并且必须解压到根目录下），双击其中的"jitorSTART.bat"文件，就能运行它。

2. 使用 Jitor 校验器

对于学生读者，使用老师提供的账号和密码登录，这样老师就能检查学生的实训进展情况；对于普通读者，可以直接注册一个免费账号。

登录后 Jitor 校验器显示一个实训列表，如图 1.23 所示。对于学生，只能做在开放时间内的实训，如果错过了开放时间，则可以复习（复习的意思是可以做实训，但是成绩不会提交到服务器上）。

图 1.23　Jitor 校验器的实训列表

单击想要做的实训，进入实训指导页面。第一次使用时，选择【实训 1-1】，实训指导页面如图 1.24 所示。

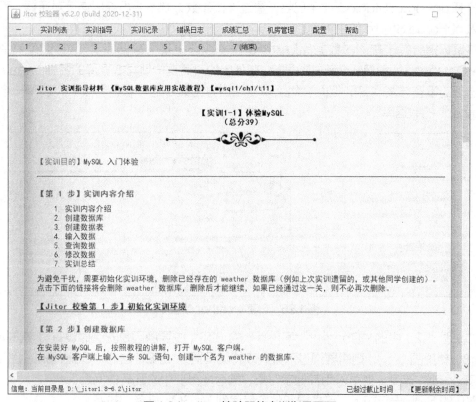

图 1.24　Jitor 校验器的实训指导页面

按照实训指导的内容，一步一步地进行操作。完成每一步后提交 Jitor 校验，操作正确则校验成功，得到相应分数，操作不正确则检验失败，倒扣 1 分，并且需要重做，只有通过后才能做下一步。每一次校验的成绩将提交到服务器，因此 Jitor 校验器的运行需要网络连接。

教师可以从服务器上实时查看每一位学生的每一步的完成情况、得分和扣分记录，以及全班同学的成绩统计，这样可以有针对性地进行讲解和辅导。

第 1 步和最后 1 步是不需要动手操作的，所以得分是 2 分，其他步骤是需要动手操作的，可能会失败，所以分值是 7 分，每失败 1 次扣 1 分，但是每个步骤最多扣 3 分。

因此只要完成实训，得分就会在 60 分及以上（换算为百分制），想要得高分，就要尽量减少失败的次数、认真做每一步的操作，也要认真阅读操作的要求。如果放弃了，分数就可能很低，甚至是负分。

1.3.3 【实训 1-1】体验 MySQL——气象记录数据库

本小节内容是一个实训，包含实际操作的过程。本书的所有实训（有实训编号的实训，包括习题中的实训题）都需要在 Jitor 校验器的辅助下进行。

读者在"1.3.1 气象记录数据库分析"小节完成对数据的分析之后，就可以进行数据库的创建和后续操作了。

1. 创建数据库

打开 dbForge Studio，如果已经设置过连接参数，则不会再弹出连接对话框，而是直接进入 dbForge Studio 的主界面。

将鼠标指针置于左侧的数据库对象浏览区（或选中某个数据库），从右键菜单中选择"New Database"，创建一个新的数据库。在弹出的对话框中填写数据库的名称"weather"，其余选项的设置与图 1.25 相同，然后单击左上方工具栏的"保存"按钮，创建一个名为"weather"的数据库。

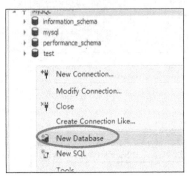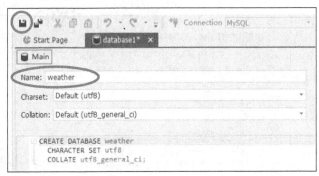

图 1.25　创建 weather 数据库

如果图 1.25 中的"Charset"不是默认的 utf8（主要原因是安装时没有将字符集配置为 utf8，参见图 1.5），则需要通过下拉列表将其设置为 utf8，这时"Collation"会自动跟随"Charset"改变。如果采用其他字符集，则可能出现中文乱码的问题。

对应的 SQL 语句如下。这条语句将会传递到 MySQL 服务器执行。

```
Create database weather
    character set utf8
    collate utf8_general_ci;
```

 在 dbForge Studio 中填写数据库名称"weather"时，前后不能含有空格，如果有空格将会出错。

保存后，在左侧的数据库对象浏览区中显示新创建的数据库 weather（有时需要刷新后才能显示）。

2. 创建数据表

如果是在 Excel 中管理数据，就会需要一张表格（Sheet，又称为工作表），为每一栏设计一个栏目标题。SQL 是基于严密的数学理论进行管理的，因此对栏目标题的设计有非常严格的要求，不能设计出有复杂标题的表格，而只能设计出类似于图 1.26 所示的非常简单和规范的表格。

图 1.26　在 Excel 中设计气象数据记录表

扫码观看微课视频

而现在在数据库里要做的是设计一张类似于图 1.26 的空的表格，就是在 weather 数据库中创建数据表。

首先单击"weather"数据库前的小三角形按钮，展开数据库对象列表，选择"weather"数据库下的"Tables"文件夹，然后从它的右键菜单中选择"New Table"选项，这时将在工作区中打开创建表的界面。在界面上部的表名中填写"weather_data"，这时要确保数据库的名字是 weather，不应该在其他的数据库中创建 weather_data 表，如图 1.27 所示。

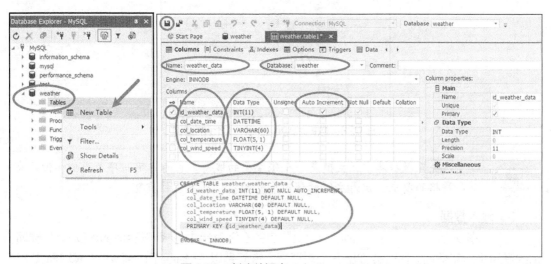

图 1.27　创建数据表 weather_data

然后根据表 1.7 所示的对每一列的命名和数据类型要求，在界面的中部按顺序输入每一列的列名，并且输入（或者选择并修改）每一列的数据类型。

在输入的过程中，可以从 Jitor 实训指导材料中复制每一列的列名，也可以复制每一列的数据类型，以免打字错误，并节省时间。

在dbForge Studio中输入表名weather_data以及各个列名时，前后不能含有空格，如果有空格将会出错。

其中序号列（id_weather_data）不能有重复的值，也不能为空，这种列在关系数据库中用一个特殊的术语"主键"来表示。在创建数据表时，需要勾选序号列列名前的复选框，表示它是主键，如图 1.27 所示，图中用一把钥匙来表示序号列。对序号列还有一个特殊的要求，就是自动进行编号，因此也要勾选对应的"Auto Increment"列。

输入完成后，单击工具栏的"保存"按钮，保存刚才的数据表。同时，在左侧的数据库对象浏览区数据库"weather"下方的"Tables"文件夹中，出现"weather_data"表（有可能需要刷新才能看见），展开它，就可以看到这张表的每一列的定义，如图 1.28 所示。

从图 1.28 中可以看到数据表"weather_data"拥有的 5 列的列名，以及每一列的类型。另外，在"Constraints"文件夹中，还有一个"PRIMARY"项（主键），主键是"id_weather_data"。

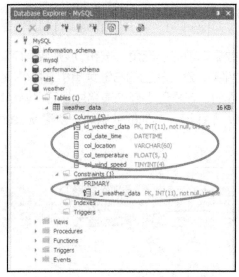

图 1.28　数据表 weather_data 的结构

在关系数据库中，主键是一个很重要的概念。它的作用与序号类似，但是有更加严格的要求，就是主键的值不允许为空，也不允许重复。

3. 输入数据

接下来输入数据，从"weather_data"表的右键菜单中选择"Retrieve Data"选项，它的意思是检索数据。这时会弹出一个对话框，询问是以"Make Editable"（编辑模式）还是"Keep Read-only"（只读模式）打开数据界面，如图 1.29 所示，单击"Make Editable"按钮，然后在工作区打开数据编辑界面。

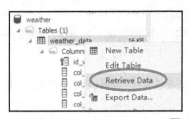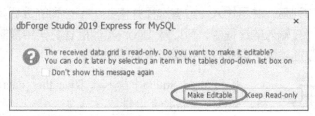

图 1.29　以编辑模式打开数据表

向"weather_data"表插入表 1.6 所示的每一行数据，尽量以复制粘贴的方式输入数据（从 Jitor 实训指导材料中复制对应的数据），以免打字错误，如图 1.30 所示。

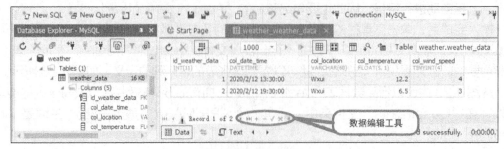

图 1.30　输入数据

图 1.30 中的数据编辑工具有如下几个。

- 加号：添加一行，在当前行处插入一行。
- 减号：删除行，将删除当前选中的行。
- 钩号：确认输入的数据，将当前输入或修改的数据保存到数据库。
- 叉号：放弃输入的数据，当前输入或修改的数据将不会被保存，因放弃而丢失。

实际上，图 1.30 中输入的数据相当于以下的 SQL 语句，在项目 4 再学习这类语句。

```
Insert into weather_data values (1, '2020-02-12 13:30:00', 'Wxui', 12.2, 4);
Insert into weather_data values (2, '2020-02-12 19:30:00', 'Wxui', 6.5, 3);
```

4．序号（主键值）

在插入数据时不需要也不应该输入序号的值，这个序号在数据库中称为主键。主键值是自动编号的，所以不会为空。主键值可能会不连续，因为插入时每失败一次，就浪费了一个主键值，这种自动编号机制确保了它的值不会重复。

5．查询数据

可以用下述语句查询气象数据（这条语句可以直接从 Jitor 实训指导材料中复制）。

```
Select id_weather_data as 序号,
      DATE_FORMAT(col_date_time,'%Y-%m-%d %H:%i:%s') as 日期和时间,
      col_location as 观测点,
      col_temperature as 温度,
      col_wind_speed as 风速
from weather_data,
```

每条SQL语句应该用分号结束，虽然在没有歧义时也可以不加分号，但建议养成语句结束时加分号的习惯。

执行上述语句的办法是，在 dbForge Studio 的开始页中选择"SQL Development"选项卡，单击"SQL Editor"按钮，打开 SQL 编辑界面，如图 1.31 所示。

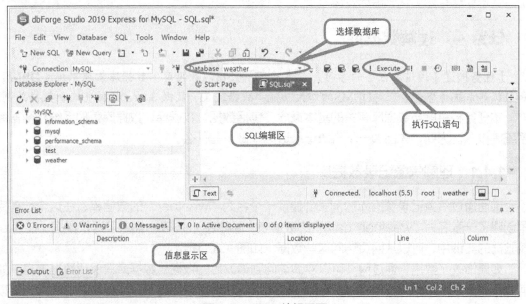

图 1.31　SQL 编辑界面

SQL 编辑区位于编辑窗口的中部，用于编写 SQL 语句。编辑完成后，确认选择的数据库是"weather"，SQL 语句将在这个数据库上运行。然后单击工具栏上的"! Execute"按钮，执行这条 SQL 语句。执行完成后，在信息显示区会显示成功或失败的信息，如果执行的是 select 语句，还会显示查询的结果。

将上述代码粘贴进去（从 Jitor 实训指导材料中复制），然后单击"! Execute"按钮，查询的结果显示在 SQL 编辑区的下方，如图 1.32 所示。可以看到，结果与表 1.6 中的原始数据完全相同，列的标题也是相同的（除了出于调试目的而显示的列的数据类型）。

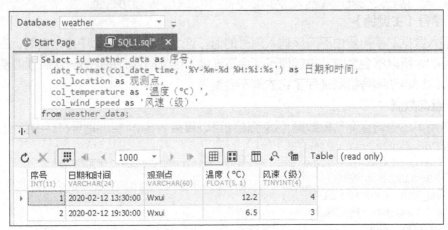

图 1.32　查询气象数据的结果

1.3.4　使用相关的常见问题

读者如果遇到与使用相关的问题，可以扫描右图的二维码，从附录 E 中（提供在线资源）找到解决办法。

任务 4　理解数据库

【任务描述】通过本任务的学习，读者将理解数据、数据库、数据库管理系统（DBMS）和数据库系统等概念，理解DBMS的四大功能：数据定义、数据操纵、数据查询和数据控制。

本任务将讲解与数据库有关的基本概念，包括数据、数据库、数据库管理系统和数据库系统等概念。为此，先回顾一下气象记录数据库做了些什么。

1.4.1　理解气象记录数据库

前面通过气象记录数据库的例子创建了一个名为"weather"的数据库，在这个数据库里创建了一张名为"weather_data"的数据表（简称表），向表中插入了两行数据。在 Jitor 校验器的实训中，可以从网页访问这些数据，如图 1.33 所示。

如果修改了数据，通过网页可以立即访问到修改后的数据。数据库只保存数据本身，如何展示数据则是数据库应用程序的任务。例如在这个例子中，同一张数据表中的数据还可以用不同的方式展示给用户，图 1.34 所示的数据少了一列，列的标题和顺序也有不同。

图 1.33　从网页访问【实训 1-1】中的数据

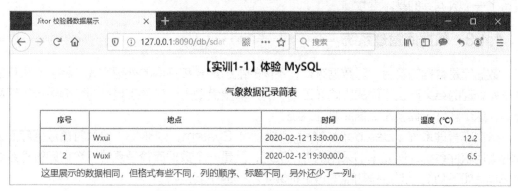

图 1.34　用不同的方式展示同一张数据表

数据库是存储在计算机上的有组织的、可共享的数据的集合。对照这个例子，可以用以下描述理解数据库。

- 有组织的数据：在创建数据表时定义了数据的组织结构。
- 可共享的数据：数据可以通过网络（例如网页）被共享。
- 数据的集合：可以输入多行数据，但是数据必须满足数据表定义的要求。

关系数据库是按照严格的数学理论进行设计的，以便于灵活地展示数据。本书在项目 3 将详细讲解关系数据库的理论基础，在项目 3 之前读者只需简单了解即可。

气象记录数据库是一个简单的应用。几乎所有的网站以及联网的 App 等，后台都有一个数据库，这个数据库保存了用户登录的账号和密码，保存了需要动态显示的内容。例如一个银行的 App，其中显示的存取款记录全部来自数据库。

1.4.2　数据和数据库

1. 数据

数据随处可见。例如小明今天买一双运动鞋，花了 198 元。而前述气象记录中的数据则更加典型，有编号、时间、地点和具体的数值。

数据（Data）是对客观事物的描述，这些数据可以是数字，也可以是文字、图像、音频、视频等。

2. 数据库

将数据放在一起，就形成了数据库，例如，在纸质本子上记录所有的个人收支，就是一个小小的纸质数据库；任课老师用 Excel 表记录学生们的考试成绩，并加以管理，这是一个简单的电子数据库；中央气象台用大型计算机对大量的气象数据进行处理，将天气预报的结果保存在数据库中，供全国公众访问，这个数据库就更加强大。

数据库（Database，DB）是存储在计算机上的有组织的、可共享的数据的集合。这些数据以一定的方式储存在一起、能为多个用户共享、具有尽可能小的冗余度，是与应用程序彼此独立的数据集合。

例如前述气象记录数据库，它有一定的数据结构，可以被多个用户通过网页共享，这就具备了一个数据库的基本要求。

1.4.3　数据库管理系统

数据库是数据的集合，对数据来说，不同的组织形式和不同的处理方式，将会对操作的效率和处理的结果产生不同的影响。因此，用户需要借助一个软件工具来对数据进行组织和处理，这个软件工具就是数据库管理系统。

数据库管理系统（Database Management System，DBMS）是为管理数据库而设计的通用软件系统，例如本书采用的 MySQL，就是一个数据库管理系统。数据库管理系统应该具有如下功能，对这些功能的讨论构成了本书的主要内容。

1. 数据定义功能

定义数据库中数据的组织形式，即数据结构（Data Structure），如定义数据库、数据表、视图和索引等。数据库管理系统提供了数据定义语言（Data Definition Language，DDL）来实现这个功能，例如可以创建数据库、创建数据表、指定列名和列的数据类型，以及指定表的主键等。

2. 数据操纵功能

操纵数据库中的数据，实现对数据库中数据的插入、更新与删除等操作。数据库管理系统提供了数据操纵语言（Data Manipulation Language，DML）来实现这个功能，例如可以向 weather_data 表录入数据，修改和删除数据。

3. 数据查询功能

查询数据库中的数据，实现查询、统计和分析等各种灵活的查询操作。数据库管理系统提供了数据查询语言（Data Query Language，DQL）来实现这个功能，例如图 1.32～图 1.34 中的数据就是通过查询而得到的数据。

4. 数据管理和维护功能

确保数据库的安全性、完整性，以及数据的备份、恢复，确保数据库的稳定运行。DBMS提供了数据控制语言（Data Control Language，DCL）来实现这个功能。

上述四个方面的功能构成了本书的主要内容，【基础篇】是入门和基础，其中项目 1 和项目 2 各讲解一个简单的入门案例，读者通过这两个案例对数据库管理系统会有一个全面但简单的了解，在这个基础上，项目 3 深入讲解关系数据库的理论基础，并重点讲解数据定义功能（即数据定义语言，DDL），项目 4 重点讲解数据操纵功能（即数据操纵语言，DML）

和数据查询功能（即数据查询语言，DQL），并用一个小型案例来演示数据定义功能、数据操纵功能和数据查询功能的实现。【提高篇】综合运用前述的基础知识和技能，讲解一个实战项目的开发，并体验一个数据库应用程序的开发过程。【管理篇】重点讲解管理和维护功能（即数据控制语言，DCL）。

1.4.4 数据库系统

数据库系统（Database System，DBS）由计算机软硬件系统、数据库管理系统、数据库、数据库应用程序、使用人员 5 个部分组成，如图 1.35 所示。

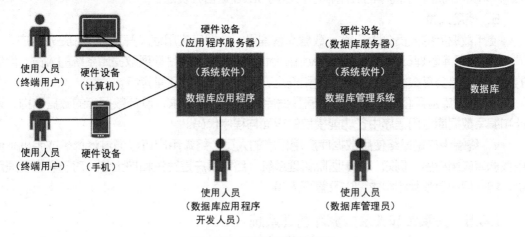

图 1.35 数据库系统的组成

1. 计算机软硬件系统

计算机硬件系统是指计算机设备、服务器（数据库服务器、应用程序服务器等）、网络设备等，计算机软件系统是指操作系统和软件支撑环境。图 1.35 中所用到的硬件、网络、系统软件都属于这一类。

2. 数据库管理系统

数据库管理系统是管理和操纵数据库的软件系统，是数据库系统的核心，"1.4.3 数据库管理系统"小节对此做过详细的讨论，数据库管理系统（软件）是安装在数据库服务器（硬件）上的。

3. 数据库

数据库是由数据库管理系统创建的，包含了数据结构和数据，它通常是由一组文件构成的。

数据库管理系统是通用软件，可用于各种应用需求。而数据库则是针对具体的应用需求，由开发人员采用某种数据库管理系统设计的满足应用需求的数据结构，以及保存在其中的数据，可供进一步的处理和应用。

例如，在 MySQL 中可以创建多个数据库（如气象记录数据库的 weather 数据库）。通常每个数据库是一个实际的项目，每个项目会有不同的用途，例如学生管理数据库、财务管理数据库、图书借阅数据库等。

通常情况下，数据库一词可以用来表示数据库、数据库管理系统以及数据库
系统等多种意思，需要根据应用场景进行判断。

4. 数据库应用程序

数据库应用程序是为方便用户操纵和维护数据库中的数据而开发的应用程序，提供友好的界面，允许用户方便地插入、更新、删除数据，以及查询数据库中的数据，数据库应用程序通过数据库管理系统对数据库中的数据进行操作。数据库应用程序是安装在应用程序服务器上的。

常用的数据库应用程序开发语言有 PHP、Java、Delphi 和 C#等。例如，图 1.33 和图 1.34 所示的就是一个简单的应用程序，是用 Java 语言开发的。

5. 使用人员

使用数据库的人员分为 3 类：数据库管理员、数据库应用程序开发人员和终端用户。

- 数据库管理员（Database Administrator，DBA）是管理数据库系统的人员，他们的主要任务是负责数据库的日常维护和安全，保障数据库的正常运行。

- 数据库应用程序开发人员根据数据库应用的具体需求，设计数据库的数据结构，设计和编写数据库应用程序中各功能模块的界面与程序代码。

- 终端用户是最终使用数据库应用程序的人员，终端用户可以通过计算机或手机来使用数据库应用程序。例如，对于医院管理系统，终端用户是医生和护士等；对于学生管理系统，终端用户是教师和学生，以及管理人员。

1.4.5 关系和非关系数据库管理系统

数据库管理系统分为两大类：关系数据库管理系统（简称 SQL 数据库）和非关系数据库管理系统（简称 NoSQL 数据库）。

1. 关系数据库管理系统

在本项目的"任务 1 认识 MySQL"一节的表 1.1 中列出了排名前十的数据库引擎，其中有 7 种是关系型的，说明这是数据库的主流类型。

SQL（Structured Query Language，结构化查询语言）是一种实现关系操作的语言，它是基于严格的数学理论的，因此关系数据库是有坚实的数学理论基础的。学好了 SQL，就基本可以使用各种关系数据库管理系统了。

SQL 是在 20 世纪 70 年代随着关系数据库的出现而产生的，1986 年 ANSI 将其制订为标准 SQL-86，随后 ISO 组织也采用这个标准，称其为 SQL-87。SQL 经过了多次修订，其标准化历程如表 1.8 所示。

表 1.8　SQL 的标准化历程

年份	ANSI 标准	别名	说明
1986	SQL-86	SQL-87	ANSI SQL 的最初版本
1989	SQL-89	FIPS 127-1	少量修订
1992	SQL-92	SQL2	重要修订，是一个标志性的标准
1999	SQL:1999	SQL3	增加了正则表达式、递归查询、触发器、过程控制流等

续表

年份	ANSI 标准	别名	说明
2003	SQL:2003	SQL 2003	引入 XML 支持、标准化序列、自动生成 ID
2006	SQL:2006	SQL 2006	提供了对 XML 更多的支持
2008	SQL:2008	SQL 2008	引入了 Truncate 等
2011	SQL:2011	SQL 2011	引入了时序数据等
2016	SQL:2016	SQL 2016	引入了 JSON 等

SQL 是一种国际标准，是一种非常成熟的语言，一般所说的支持 SQL 标准通常是指支持 SQL-92 或 SQL-99 标准，所有关系数据库管理系统都是基于 SQL 的。

关系数据库管理系统适用于对传统数据的处理，以数字和普通的文字为主，例如财务系统、销售系统、银行系统，以及各种管理系统等等。典型的关系数据库管理系统有 MySQL、SQL Server、Oracle、DB2 等。

2. 非关系数据库管理系统

关系数据库可以处理大多数种类的数据，但是有些种类的数据或处理要求无法使用关系数据库来实现，这时需要用非关系数据库。每一种非关系数据库都有各自的特点，适合不同种类的特殊数据以及不同的处理要求。

非关系数据库管理系统适用于对非传统的数据的处理，如长文本、图像、音频、视频，用于满足新的业务需求。典型的关系数据库管理系统有 MongoDB、BigTable 等，根据所处理数据的特点的不同和所采用技术的不同，还可细分为多种类型。

习题

1. 思考题

① 数据库管理系统的功能主要有哪些？

② 数据库系统有哪些组成部分？

③ SQL 是什么？列出至少 4 种实现了 SQL 标准的数据库管理系统。

2. 实训题

① 个人藏书数据库实例，见 Jitor 平台的【实训 1-2】。

② 本项目选择题和填空题，见 Jitor 平台的【实训 1-3（习题）】。

项目2
认识数据库——联系人数据库

扫码观看项目2
思维导图

项目2通过联系人数据库案例来理解数据库的基本内涵，初步认识数据库和数据库管理系统，并正确理解主键和外键这两个重要的概念。

▶ 知识目标

① 了解需求分析的地位和作用。

② 了解数据结构设计过程，了解命名规范。

③ 了解 MySQL 字符集。

④ 理解和掌握 MySQL 的数据类型。

⑤ 正确理解主键和外键的作用。

▶ 技能目标

① 以联系人数据库为案例，学会用图形界面工具创建数据库、表。

② 学会用图形界面工具录入数据和查询数据。

③ 能够正确地发现和解决主键约束和外键约束引起的问题。

任务1 需求分析和数据结构设计

【任务描述】需求分析是对项目进行审题，数据结构设计是采用一定的规范设计一个"好"的数据结构。通过本任务的学习，读者将了解需求分析的地位和作用，初步理解数据结构设计的过程，了解命名规范。本任务的重点是表的拆分，以及通过主键和外键建立表与表之间的联系，并正确理解主键和外键的概念。

项目2是一个联系人数据库案例，将讲解开发的整个过程，从设计阶段的需求分析、数据结构设计，直到实施阶段的数据结构创建、数据操纵和数据查询等。

2.1.1 需求分析

项目开发的第一步是对项目进行分析，这个分析的过程叫作需求分析，就是看看这个项目有哪些需求，开发一个项目的最终目标就是满足这些需求。开发的过程就是根据需求，设计规范的数据结构，并加以实施，以满足这些需求。

写一篇作文之前要审题，做一道数学题之前也要审题，同样，在开发一个项目之前也要审题，这个审题的过程就是需求分析。

1. 项目概况

项目名称：联系人数据库。

数据库名称：contact。

2. 需求概述

联系人数据库的需求是管理个人用的联系人信息，要求使用方便、容易查找、不易出错。联系人信息的一组数据如表 2.1 所示。

表 2.1 联系人信息的一组数据

姓名	联系方式	说明	联系人类型
张三	13711112222	–	常用联系人
李四	13711113333	新号码	朋友
李四	13811114444	备用电话	朋友
王五	13911115555	–	同事
王五	wangwu@163.com	–	同事
赵六	135111166666	–	同事

2.1.2 数据结构设计

简单地说，数据结构设计是根据需求分析的结果，设计数据库的结构，即数据库中有哪些表，每张表有哪些列，对每个列有什么要求。

本节对联系人数据库进行数据结构设计，在获得初步体验后，项目 3 再详细讲解数据结构设计的相关理论，并完成一个数据库的数据结构设计的过程。

1. 简单但有缺陷的设计

联系人数据库很简单，如同项目 1 的气象记录数据库，用一张表，包含 4 个列，这 4 列都是字符类型的，另外再加一个主键，如表 2.2 所示，就可以解决问题。

表 2.2 联系人表的初步分析

序号	列名	类型	要求	中文列名（说明）
1	id_contact	int	主键	主键
2	col_name	varchar(40)	不能为空	姓名（最多 40 个字符）
3	col_info	varchar(40)	不能为空	联系方式（最多 40 个字符）
4	col_note	varchar(200)	无	说明（最多 200 个字符）
5	col_type	varchar(12)	无	联系人类型

深入分析这些数据，就会发现一些设计上的缺陷。

• 缺陷一：联系人信息中姓名出现了重复（见表 2.1），如果为一个已有的联系人增加一个联系方式时，是否可以避免重复输入姓名？

• 缺陷二：联系人类型有更多的重复，并且联系人类型一般不会超过 10 种（如同学、同事和亲属等），是否可以把联系人类型固定下来，输入时只需要选择即可，这样还可以避免出现文字不同但含义相同的重复类型（如亲属和亲戚）。

2. 复杂但巧妙的设计

下面提出一种复杂一点的设计，可以巧妙地避免上述两个缺陷。

（1）拆分为独立的表

为避免前面提出的缺陷一，可以把这张表拆分为两张表：联系人表（简称人员表）和联系方式表（简称电话表），前者保存联系人姓名和类型，后者保存联系方式，如表 2.3 和表 2.4 所示，这样对已有的姓名就不需要重复输入了（消除了重复的姓名）。

表2.3 联系人表（简称人员表）

主键	姓名	联系人类型
1	张三	常用联系人
2	李四	朋友
3	王五	同事
4	赵六	同事

表2.4 联系方式表（简称电话表）

主键	联系方式	说明
1	13711112222	-
2	13711113333	新号码
3	13811114444	备用电话
4	13911115555	-
5	wangwu@163.com	-
6	135111166666	-

为了避免前面提出的缺陷二，可以对人员表做进一步的拆分，将联系人类型独立出来，成为一张联系人类型表（简称类型表），分别如表 2.5 和表 2.6 所示，可以预先在类型表中输入一组常用的类型，这时输入一个人的信息时，只需要选择类型，而不需要再输入类型的名称（消除了重复的类型）。

表2.5 拆分后的人员表

主键	姓名
1	张三
2	李四
3	王五
4	赵六

表2.6 联系人类型表（简称类型表）

主键	联系人类型
1	常用联系人
2	朋友
3	同事

经过两次拆分，原来的表 2.2 被拆分为 3 张表：电话表（见表 2.4）、人员表（见表 2.5）和类型表（见表 2.6）。为什么要这样拆分呢？理由如下。

- 拆分后，不再出现重复的数据。例如"姓名"列和"联系人类型"列都不再有重复的数据，在输入数据时，不需要重复输入。
- 拆分后，每张表都具有独立的含义，简化了数据结构。例如联系人类型、联系人姓名和联系方式三者都具有独立的含义。

（2）建立表之间的联系

前述两个缺陷是解决了，但又出现了新问题：将联系人信息拆分为 3 张表（电话表、人员表和类型表）之后，如何将它们联系起来成为一个整体？

解决的办法是建立它们之间的联系（Relationship）。建立联系时要考虑以下两个问题。

- 哪张表和哪张表有联系？联系的类型是什么？

- 有联系的两张表如何关联起来？

① 联系以及联系的类型。先看第一个问题，现在一共有 3 张表：电话表、人员表和类型表。3 张表的两两组合共有 3 种，下面分析每个组合的联系，这 3 种组合如下。

- 类型表和人员表：有主从联系，人员是从属于类型的。类型表是主表，人员表是从表。一个人只属于一种联系人类型，一种联系人类型可以有多个人。在关系数据库理论中，这种联系称为一对多的联系，"一"的一方是类型表，是主表（也称为父表），"多"的一方是人员表，是从表（也称为子表）。

- 人员表和电话表：有主从联系，电话是从属于人员的。人员表是主表，电话表是从表。一个人有多种联系方式，一种联系方式只属于一个人，也是一对多的联系，"一"的一方是人员表，是主表（父表），"多"的一方是电话表，是从表（子表）。

- 类型表和电话表：没有直接的联系，两者需要通过人员表间接关联起来。

 可以看到，一对多和多对一是互逆的。例如人员表和电话表是一对多的联系，反过来电话表和人员表是多对一的联系。

② 表与表之间的关联。先以人员表（见表 2.5）和类型表（见表 2.6）为例来讨论，讲解如何建立它们之间的多对一联系。

对于人员表中的每个人，都应该有一个联系人类型，原来是用文字表示的，现在可以用类型表中的主键来表示，那么人员表（从表）就需要增加一列（或代替原来的"联系人类型"列），这个列的值是类型表中的主键的值。

经过修改，人员表（见表 2.5）和类型表（见表 2.6）成为表 2.7 和表 2.8 所示的两张表。

表 2.7　人员表（加外键）

主键	姓名	外键
1	张三	1
2	李四	2
3	王五	3
4	赵六	3

表 2.8　类型表（同表 2.6）

主键	联系人类型
1	常用联系人
2	朋友
3	同事

在关系数据库理论中，这个新增的列称为外键。外键的作用是建立表与表之间的联系，将从表与主表关联起来，从表的外键参照（也称为引用）主表的主键。

 主键和外键是关系数据库理论中很重要的两个概念。每张表都有一个主键列，有联系的两张表中的从表必须加上一个外键列，其值参照主表的主键的值。

现在用数据详细分析人员表（从表，见表 2.7）与类型表（主表，见表 2.8）是如何关联的。人员表的第一行"张三"的外键是"1"，参照类型表主键为"1"的那一行，即"张三"的类型是"常用联系人"。同理，"李四"的外键是"2"，参照类型表主键为"2"的那一行，即"李四"的类型为"朋友"，而"王五"和"赵六"的外键都是"3"，参照类型表主键为"3"的那一行，即"王五"和"赵六"的类型为"同事"。

人员表和电话表也是主从联系，在从表（电话表，见表 2.4）上也增加一个外键，参照主表（人员表，见表 2.9）的主键的值，得到新的电话表（从表，增加了外键，见表 2.10）。

表 2.9　人员表（同表 2.7）

主键	姓名	外键
1	张三	1
2	李四	2
3	王五	3
4	赵六	3

表 2.10　电话表（加外键）

主键	联系方式	说明	外键
1	13711112222	–	1
2	13711113333	新号码	2
3	13811114444	备用电话	2
4	13911115555	–	3
5	wangwu@163.com	–	3
6	135111166666	–	4

最终的结果是将表 2.1 拆分为 3 张表，这 3 张表之间建立联系之后，成为表 2.8、表 2.9 和表 2.10。

　　在进行数据结构设计时，拆分表和建立表之间的联系是同步进行的。拆分出来的两张表之间必定存在主从联系，读者应该立即在从表中加上外键，以免遗忘或者混淆。

3. 最终的数据结构设计成果

经过上述分析和设计，最终得到了 3 张表的数据结构，并且还可以对列的值是否可以为空加上一些限制。这 3 张表的数据结构如表 2.11～表 2.13 所示。

表 2.11 所示为类型表的数据结构，类型表用于保存联系人类型的信息，可以先初始化几种类型，如常用联系人、朋友、同学、同事、亲属，以后需要时还可以增加。

表 2.11　类型表的数据结构（tab_contact_type）

序号	列名	类型	要求	中文列名（说明）
1	id_contact_type	int	主键	主键
2	col_name	varchar(12)	不能为空	类型名称

表 2.12 所示为人员表的数据结构，它有一个外键，这个外键参照类型表的主键，就是说它的值必须是类型表的主键的值之一，它可以为空，表示不指定联系人类型。

表 2.12　人员表的数据结构（tab_contact）

序号	列名	类型	要求	中文列名（说明）
1	id_contact	int	主键	主键
2	col_name	varchar(40)	不能为空	姓名（最多 40 个字符）
3	id_contact_type	int	可以为空	外键，参照类型表的主键

表 2.13 所示为电话表的数据结构，电话表保存的是电话、邮箱、地址等联系方式。它有一个外键，这个外键参照人员表的主键，表示它的值必须是人员表的主键的值之一。它不能为空，因为如果外键为空，就表示这个电话是没有主人的。

表 2.13 电话表的数据结构（tab_contact_info）

序号	列名	类型	要求	中文列名（说明）
1	id_contact_info	int	主键	主键
2	col_info	varchar(40)	不能为空	联系方式（最多 40 个字符）
3	col_note	varchar(200)	可以为空	说明（最多 200 个字符）
4	id_contact	int	不能为空	外键，参照人员表的主键

数据结构设计的成果是非常重要的文档，它用于指导一个项目的完整开发过程。项目开发要严格按照数据结构设计的要求进行。

2.1.3 命名规范

在数据结构设计过程中，应该遵守一些命名规范。

所有命名应该用英语单词，通常是用名词来命名，如果由多个单词组成，在单词之间用下划线分隔。不要使用汉字，不要使用汉语拼音，避免使用不常用的缩写。

对表名、列名、主键名和外键名的命名都有一定的规范，本书使用的规范如表 2.14 所示，所有命名都含有下划线，全部小写。因此，在 SQL 语句中，不含下划线的单词基本上都是 SQL 的关键字。更多的命名规范如项目 7 的表 7.2 所示。

表 2.14 表名、列名、主键名和外键名的命名规范

命名的对象	命名规范	例子
表名	以 tab_ 或者项目名的缩写起头	tab_contact、tab_contact_type
列名	以 col_ 起头	col_name、col_note
主键名	以 id_ 起头，后接表名	id_contact_type
外键名	与主表的主键名完全相同	id_contact_type（在 tab_contact_type 表中的主键）

不同的公司对命名规范的要求会有所不同，开发人员应该严格按照命名规范进行命名。

任务 2 理解 MySQL 的数据类型

【任务描述】数据类型用于指定列的类型、变量的类型，存储函数的参数和返回值的类型，以及存储过程的参数类型等（后面几种将在【提高篇】中讲解）。通过本任务的学习，读者将理解 MySQL 的数据类型，包括整型、浮点型和精确浮点型、日期和时间类型，以及字符串类型。了解不同数据类型的特点和取值范围，便于在设计数据结构时正确选择数据类型。

在设计数据结构时，需要指定列的数据类型。因为联系人数据库中每张表中列的数据类型都比较简单，所以未做深入讲解，在这里补充讲解，全面地介绍数据类型。

数据类型是指在数据库中保存的数据所采用的格式和占用的空间大小，列的数据类型对数据库有下述两方面的影响。

• 限制列能够保存的数据类型。例如，整数类型的列就不能保存实数；日期类型的列只能保存日期（年-月-日或年/月/日），而不能保存时间（时:分:秒）。

• 选择适当的列类型可以提高数据库的运行效率、降低资源消耗，例如减少存储空间或内存空间的使用。

MySQL 支持多种数据类型，可以分为四大类：整型、浮点型和精确浮点型、日期和时间类型，以及字符串类型。附录 A 是对 MySQL 数据类型的总结。

2.2.1 整型

整型分为 5 种，微整型（tinyint）、短整型（smallint）、中整型（mediumint）、整型（int）和大整型（bigint），它们分别占用 1 字节、2 字节、3 字节、4 字节和 8 字节。每一种整数都有有符号（signed）和无符号（unsigned）之分，如果没有指定，则是有符号的。

常用的是微整型（tinyint）和整型（int）两种。

- 微整型（tinyint）：通常用于保存范围很小的数值，取值范围是-128～127，无符号微整型（tinyint unsigned）的取值范围是 0～255。
- 整型（int）：取值范围是-20 亿～20 亿，无符号整型（int unsigned）的取值范围是 0 亿～40 亿。

例如整型可以保存全中国的人口数，要保存全世界的人口数，则要用大整型（bigint）。

定义整型时可以同时指定显示时的宽度，例如 int(11)和 tinyint(4)。指定显示宽度并不影响内部的存储格式。

2.2.2 浮点型和精确浮点型

（1）浮点型

浮点型分为两种，单精度（float）和双精度（double）。这两种浮点型的取值范围基本上都可以满足日常需要，不同的是精度不同，前者是 6～7 位精度，后者可以达到约 15 位精度。

定义浮点型时可以同时指定显示时的宽度和小数位数，例如 float (5, 1)表示宽度为 5，小数位数为 1。指定显示宽度和小数位数并不影响内部的存储格式，也不会改变数值本身的精度，改变的只是显示时的精度。

（2）精确浮点型

MySQL 还支持一种特殊的浮点型——精确浮点型（decimal 或 numeric，两者同义），这种浮点型是精确的，最高可以达到 65 位的精度，因此适合金融方面的应用。

定义精确浮点型时必须同时指定总位数和小数位数，例如 decimal (15, 3)表示总位数为 15，小数位数为 3，存储时占用的字节数将取决于总位数和小数位数。指定不同的总位数和小数位数会影响内部的存储格式，也会影响数值本身的精度。

2.2.3 日期和时间类型

与日期和时间有关的类型有以下 5 种。

- 日期（Date）：只能保存日期（年-月-日或年/月/日），不能保存时间（时:分:秒）。
- 时间（Time）：只能保存时间（时:分:秒），不能保存日期（年-月-日或年/月/日）。
- 年份（Year）：只能保存年份。
- 日期时间（DateTime）：同时保存日期和时间（年-月-日 时:分:秒或年/月/日 时:分:秒），取值范围比较大，从公元 1000 年到 9999 年。

- 时间戳（Timestamp）：同时保存日期和时间（年-月-日 时:分:秒），取值范围比较小，从 1970 年到 2038 年。但它有一个特点，同时保存了时区的信息，因此可以在不同的时区正确地处理时间。

日期和时间类型的常量的表示方式如表 2.15 所示。

表 2.15　日期和时间类型的常量的表示方式

类型	格式	例子	说明
日期	年-月-日或年/月/日	"2020-12-09"或'2020/12/09'	可用单引号或双引号括起来
时间	时:分:秒	'13:30:00'	默认采用 24 小时制
年份	整数或字符串	2020 或'2020'	范围 1901 到 2155 的整数或字符串
日期时间和时间戳	年-月-日 时:分:秒或年/月/日 时:分:秒	'2020-12-09 13:30:00'或"2020/12/09 13:30:00"	日期和时间之间用空格分隔时间戳还可以加上时区信息

2.2.4　字符串类型

与字符串有关的类型有如下几种。

- 定长字符串[Char(n)]：占用固定长度的空间，不论字符串的实际长度是多少，都是占用指定长度的空间，可能存在浪费空间的现象，因此只用于极短的字符串。
- 变长字符串[Varchar(n)]：根据字符串的实际长度，占用实际使用的空间，但是最长不能超过指定的长度。
- 短文本（Tinytext）：类似于变长字符串，建议使用 Varchar 替代。
- 文本（Text）：类似于变长字符串，建议使用 Varchar 替代。
- 长文本（Mediumtext）：保存长文本，由于太长而不能参与排序。
- 极长文本（Longtext）：保存极长文本，由于太长而不能参与排序。

在实际开发中，最常使用的是 Varchar 类型。在选择类型时要注意，不同类型的查询速度是不同的，Char 最快，Varchar 次之，各种 Text 最慢。

从 MySQL 5.0 开始，汉字与英文字母同样计数为 1，例如，Varchar(5)可以保存 5 个英文字母或 5 个汉字。

在字符串中可以使用转义字符，用于表示一些特殊含义的字符，如表 2.16 所示。

表 2.16　常用转义字符

转义字符	说明	转义字符	说明
\'	单引号	\"	双引号
\n	换行符	\r	回车符
\t	制表符	\\	反斜线（\）本身

字符串常量要用单引号引起来，如果字符串内含有单引号，则需要用转义字符，或者用连续的两个单引号来表示一个单引号，例如 "It's me."，写在代码中就成为 'It\'s me.' 或 'It''s me.'，后者字符串内是两个单引号而不是一个双引号。

引号也可以是双引号，这时需要将双引号中的双引号用转义字符，或用连续的两个双引号来表示。例如，"It's me."与'It\'s me.'是等价的。

另外还有二进制类型，用于保存图片等二进制数据，与字符串一样，也分为定长、变长、短、中、长和极长6种。

任务 3　创建数据库和数据表

【任务描述】设计好数据结构之后，才能创建数据库和数据表。通过本任务的学习，读者将了解MySQL字符集与中文的关系，学会根据数据结构设计的结果采用dbForge Studio图形界面工具，创建数据库、创建表、建立表与表之间的联系。

在"任务 1 需求分析和数据结构设计"已经对联系人数据库进行了需求分析和数据结构设计，下一步是创建数据库和表，最后才能在 MySQL 上进行数据操纵和数据查询。

一定要等到数据结构设计完成后，才能开始创建数据库和表，否则常常会导致失败。数据结构设计事关项目的成败，一般都由具有丰富经验的人员完成。

2.3.1　理解 MySQL 字符集

在进一步讲解创建数据库和数据表之前，先讲解与中文处理有关的字符集。

1. 字符集和校对

字符集（Character Set，简写为 Charset）是字符编码中的所有字符，指定字符编码的同时也就指定了字符集。在中文里，常用的字符编码是 utf8，这几乎是唯一应该使用的字符集。

如果字符集设置错误，将可能出现中文乱码的现象。

校对（Collation）是指定字符的排序规则，例如英文的排序有两种规则：一种是区分大小写的排序，另一种是不区分大小写的排序。

2. MySQL 支持的字符集和校对

MySQL 支持 30 多种字符集的 70 多种校对。字符集和它们的默认校对可以通过 Show character set 语句显示。

MySQL 支持在下述级别上设置字符集和校对。

- 服务器级字符集和校对：通常在安装时指定（见项目 1 的图 1.5），也可以重新配置。
- 数据库级字符集和校对：在创建数据库时指定，默认采用服务器级字符集配置。
- 表级字符集和校对：在表级也可以指定，默认采用数据库级的字符集和校对。
- 列级字符集和校对：在列级也可以指定，默认采用表级的字符集和校对。

安装时要设置服务器级字符集，在创建数据库时，可以用也可以不用数据库级字符集，如无特殊需求，不要用表级或列级字符集。

3. 数据库连接与字符集

数据库的字符集设置为 utf8，而 Windows 操作系统的字符集却是 GBK，因此在连接数据库时，客户端是 GBK，服务器端是 utf8，这样就可能出现中文乱码的现象。解决办法是在连接时，不仅要设置账号和密码，还要设置连接时用的字符集（一般选择自动检测）（见项目 1 的图 1.21）。如果出现了中文乱码，应该检查连接的配置是否正确。

2.3.2 【实训 2-1】创建数据库和数据表

扫码观看微课视频

"任务 1 需求分析和数据结构设计"完成了联系人项目的数据结构设计，接下来将要根据数据结构设计的成果，进行数据结构设计的实施，即创建数据库和数据表。

1. 创建数据库

根据项目概况中的说明，联系人数据库的名称是"contact"。

通过 dbForge Studio 创建一个数据库，名为"contact"，字符编码应该采用 utf8，如果默认值不是 utf8，则需要从下拉列表中选择 utf8，如图 2.1 所示。

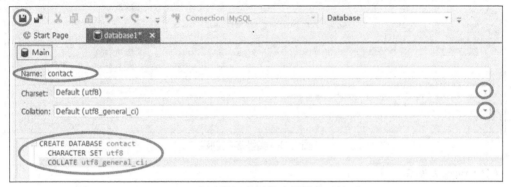

图 2.1 创建数据库并指定字符集和校对

2. 创建数据表

与在项目 1 中创建表不同的是，这里采用数据库设计器进行设计。在 dbForge Studio 的开始页中选择"Database Design"选项卡，再单击"New Database Diagram"按钮。

打开的数据库设计器界面如图 2.2 所示。单击工具栏上的"New Table"按钮（图中左上角第 2 个按钮）后，鼠标指针变为图 2.2 所示的形状，这时在中部的设计区域，单击鼠标左键，表示添加一张新的表，并弹出一个设计表的对话框，这个对话框与在项目 1 中创建表的对话框基本上是相同的，创建前述 3 张表的过程如图 2.3～图 2.5 所示。

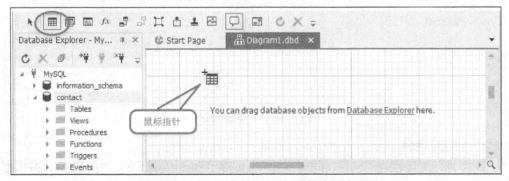

图 2.2 Database Diagram 数据库设计界面

在工作区中先后添加 3 张表，分别是类型表、人员表和电话表，必须严格按照数据结构设计的成果（见表 2.11～表 2.13）来创建数据表，创建这 3 张表的过程如下。

（1）创建类型表

图 2.3 所示为类型表的创建，除了输入正确的表名、列名和数据类型之外，还要注意选择正确的数据库名，并勾选主键的列名，以指定其为主键，"Auto Increment"是自动勾选的，"Not null"是强制勾选的。另外，还要将"col_name"列指定为"Not Null"，在对应的位置打上钩，表示"不能为空"，创建时用到的所有信息来自表 2.11。

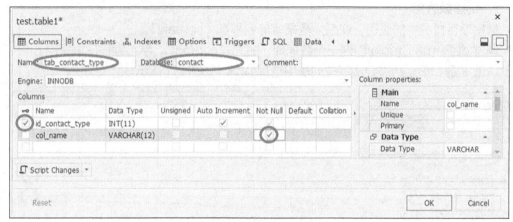

图 2.3　类型表的创建

（2）创建人员表

图 2.4 所示为人员表的创建，不要忘记选择正确的数据库名，指定主键，并根据表 2.12 所示的要求，为两个普通列分别指定为"不能为空"和"可以为空"。

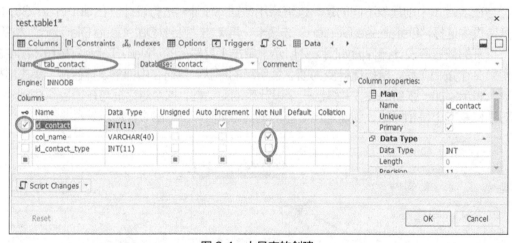

图 2.4　人员表的创建

（3）创建电话表

图 2.5 所示为电话表的创建，同样不要忘记选择正确的数据库名，指定主键，并根据表 2.13 所示的要求进行正确的设置。

3 张表创建完成后的工作区如图 2.6 所示，这时表与表之间还没有联系。按照图 2.6 手动调整 3 张表之间的相对位置，类型表在左上，人员表在中间，电话表在右下。

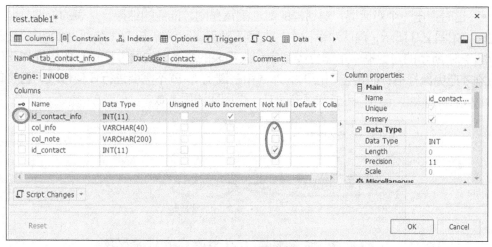

图 2.5　电话表的创建

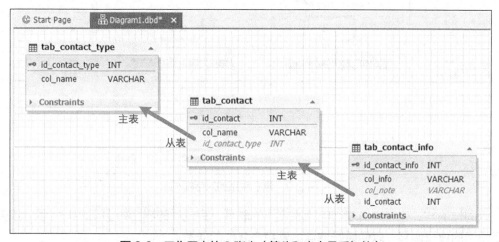

图 2.6　工作区中的 3 张表（箭头和中文是后加的）

3. 建立表与表之间的联系

现在开始建立表与表之间的联系。注意观察图 2.6 所示表与表的相对位置，在每一对主从表之间，主表位于左上方，从表位于右下方，这样的相对位置有利于识别表与表之间的联系。

利用数据结构工具栏中的"联系"按钮建立表与表之间的联系，如图 2.7 所示，操作过程如下。

- 单击"联系"按钮，这时鼠标指针形状变为带细箭头的光标，如图 2.8 所示。

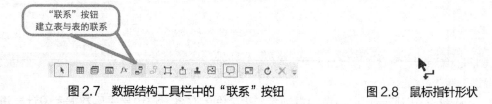

图 2.7　数据结构工具栏中的"联系"按钮　　　　　　图 2.8　鼠标指针形状

- 单击从表的外键，并将外键列名拖到主表的主键列名上。注意，拖曳时要准确定位从表的外键列名和主表的主键列名，不要拖曳其他列的列名。

- 这时弹出一个对话框，对话框的属性配置是刚才拖曳的结果，从表的外键参照主表的主键，如图2.9所示，确认对话框中的内容正确无误后，单击"Apply Changes"按钮。

图2.9所示的对话框中是建立类型表和人员表的联系时的属性配置。如果操作正确的话（刚才拖曳鼠标指针时定位到正确的外键和主键上），就不需要进行任何修改，直接单击"Apply Changes"按钮，完成联系的建立，否则取消后重做。

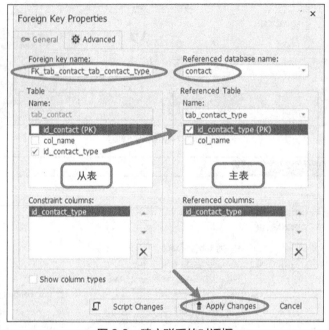

图2.9　建立联系的对话框

以同样的方式建立人员表和电话表之间的联系，完成后的界面如图2.10所示。该图经过了适当的位置调整，以便更好地显示表与表之间的联系。

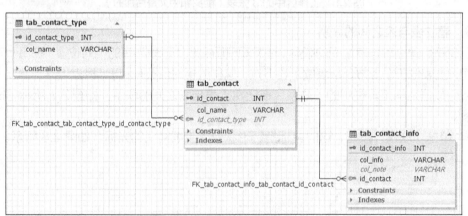

图2.10　3张表之间的联系

从图2.10所示可以清楚地看到表与表之间的联系，这也是采用数据库设计器进行设计的原因。表与表之间的联系是用折线表示的，折线两头的形状具有一定的含义。

例如类型表和人员表是一对多的联系，因此"多"的一方用三叉图标表示，"一"的一方有一个空心小圆圈，表示外键可以为空。

人员表和电话表也是一对多的联系，"多"的一方用三叉图标表示，"一"的一方没有小圆圈，表示外键不允许为空。

表示联系的图标如表 2.17 所示，这是 dbForge Studio 所使用的图标，其他软件工具的图标可能有所不同，但大致的形状是相似的。

表 2.17　各种联系的图标（dbForge Studio 版本）

联系类型	主表（也称为父表）	从表（也称为子表）	图标
一对多（外键非空）	1（正好为 1）	0~N（0、1 或多个）	parent ⊠ ║+───o< child ⊠
一对一（外键非空）	1（正好为 1）	0~1（0 或 1）	parent ⊠ ║+───o+ child ⊠
一对多（外键允许空）	0~1（0 或 1）	0~N（0、1 或多个）	parent ⊠ +o───o< child ⊠
一对一（外键允许空）	0~1（0 或 1）	0~1（0 或 1）	parent ⊠ +o───o+ child ⊠

图 2.10 中的每个联系都有一个名字，这个名字可以在图 2.9 所示的对话框中修改。dbForge Studio 默认的名字的命名规则如下。

FK_从表名_主表名_外键列名

其中，FK 表示外键（Foreign Key），通常保留默认的名字，不要修改它。

任务 4　操纵数据和查询数据

【任务描述】操纵数据和查询数据的办法有两种：一是采用图形界面工具，二是采用 SQL 语句。通过本任务的学习，读者将学会采用 dbForge Studio 图形界面工具，输入数据和查询数据。在输入数据时，主键值是自动生成的，外键值必须从参照的主键值中选择。在查询数据时，通过外键对主键的参照，多张表的数据可以合并起来，展现为一张表。

任务 1 和任务 3 分别完成了联系人项目数据结构的设计和实施，接下来就可以对项目进行数据操纵，也就是向数据库插入数据、修改数据或者删除数据，最后对数据进行查询。

2.4.1　【实训 2-2】数据操纵

数据操纵是对数据库中的数据进行插入、更新或删除的操作。

联系人数据库一共有 3 张表，现在要将表 2.18（该表是从表 2.1 复制的）中的数据输入数据库中，在操作的过程中如果有错误，可以修改，也可以删除多余的数据。

扫码观看微课视频

表 2.18　联系人信息（与表 2.1 相同）

姓名	联系方式	说明	联系人类型
张三	13711112222	-	常用联系人
李四	13711113333	新号码	朋友
李四	13811114444	备用电话	朋友
王五	13911115555	-	同事
王五	wangwu@163.com	-	同事
赵六	135111166666	-	同事

　　首先向类型表输入数据，在 3 张表中，类型表是人员表的主表，而人员表是电话表的主表，因此类型表是所有表的"老祖宗"，应该先输入数据，以便被其他表引用。

　　参照表 2.18 中"联系人类型"列的数据，输入类型表的数据，如图 2.11 所示。注意重复的值不要输入，主键的值也不需要输入，因为主键值是自动编号的。如果生成的主键值不是连续的，可以不予理会，继续输入。

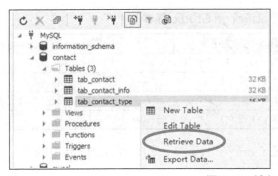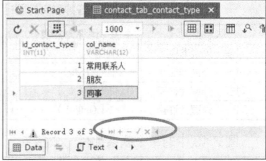

图 2.11　输入类型表的数据

　　然后输入人员表的数据，数据的来源是表 2.18 中的"姓名"列，重复的值也不要输入。在输入人员的类型时，不是直接输入，而是从已有类型中选择，如图 2.12 所示，这样可以保证人员表的外键（联系人类型）是主表中主键的值。

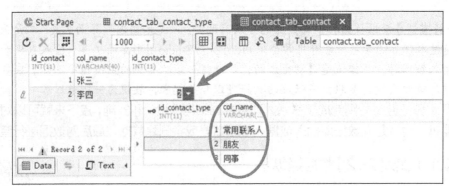

图 2.12　输入人员表中类型（从表的外键值从列表中选择）

　　最后输入电话表的数据，数据的来源是表 2.18 中的"联系方式"和"说明"列。在输入外键时（电话所属的主人），也是从已经输入的人员中选择，而不需要直接输入。

　　输入完成后，3 张表的数据分别如图 2.13～图 2.15 所示。仔细观察这些数据，可以发现一个最大的特点是没有重复的数据。

图 2.13　类型表的数据　　　图 2.14　人员表的数据　　　图 2.15　电话表的数据

由于主键值是自动生成的，可能每次操作生成的主键值与图2.13～图2.15中的值不同，这时外键的值应该随之变化，以确保主键和外键的联系是正确的。

2.4.2　输入相关的常见问题

1. 只读模式和编辑模式

在 dbForge Studio 中通过 Retrieve Data 打开一张表时，如果由于某种原因进入了"只读模式"，就无法对数据进行增、删、改。这时可以在"只读模式"（read only）和"编辑模式"（当前表名）之间切换，如图 2.16 所示。只要变更为"编辑模式"，就可以修改数据。

图 2.16　切换"只读模式"和"编辑模式"（当前表名）

2. 空和空串（或数字 0）

特别要注意的是，数据的值为"空"和数据的值为"空串"是不同的，例如图 2.15 中电话表里的"说明"（col_note）列，有两行的数据是有值的，有 4 行的数据是空，在 dbForge Studio 中，值为空采用斜体的(*null*)表示。

举个例子，如果考试成绩为空，表示还没有考试，或者考试成绩没有输入数据库中，如果考试成绩为 0，表示已经考过试了，并且录入的成绩是 0 分。

对于字符串的列，如果输入了某个值后，再将数据删除，这时的值就是"空串"，即长度为 0 的字符串。如果再要将值改为"空"，可以在弹出的编辑小窗口中指定 null 值来实现，如图 2.17 所示。还可以直接使用组合键 Ctrl + 0 将值改为空。

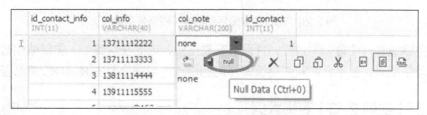

图 2.17　将一个数据改为"空"值

数据的值为空表示没有数据；作为对比，数据为0表示有数据，值为0；数据为空串，表示有数据，值为空串，即长度为0的字符串。

3. 修改主键值

在输入数据的过程中，主键值是自动编号的，不需要输入，通常也不需要修改主键值。

为深入理解主键和外键的参照关系，下面演示修改一个主键值的过程。这仅是一个演示，因为主键值是不应该被修改的。

假如当前的值如图 2.18 所示，这时想要修改类型表中第三行的主键值，从 3 改为 100，如果直接修改它，将会引起错误，因为这时主键值 3 已经被人员表的第 3、4 行（"王五"和"赵六"）的外键所引用，强制修改就会使"王五"和"赵六"引用不存在的主键值。

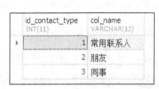

图 2.18　修改主键值之前

修改的办法是先将人员表的第 3、4 行（"王五"和"赵六"）的外键改为其他可用的值（在这个例子中只能改为 1 或 2），这时才能把类型表的主键值 3 改为 100，如图 2.19 所示。

图 2.19　修改主键值的中间环节（数据关联是错误的）

最后再把人员表中"王五"和"赵六"的外键改回原来引用的类型，含义为"同事"的 100，如图 2.20 所示。由此也可以看出，不论主键和外键的值是多少，只要外键引用的值是正确的，反映了联系的逻辑关系，那么数据库就是完整的、一致的。

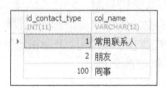

图 2.20　修改主键值后的结果（联系是正确的）

修改主键值是一个复杂的过程，并且很容易出错，因此在实践中，主键值由数据库自动生成，一旦生成后，就不允许对主键值做任何的修改，何况修改主键值也没有必要。

2.4.3 【实训 2-3】查询数据

扫码观看微课视频

接下来查询数据。如果对每一张表单独进行查询，其结果与图 2.13～图 2.15 所示相同，但是用户想要的结果是类似于表 2.1 那样的数据，在一张表中同时显示类型、人员和联系方式等所有信息。

采用 SQL 提供的查询语句可以实现这个要求，这里运用图形界面工具来完成它。在 dbForge Studio 的开始页中选择"SQL Development"选项卡，单击"Query Builder"按钮，将打开查询设计器的界面，如图 2.21 所示，这时的界面显示了 3 个区：数据库对象浏览区、数据结构展示区和查询设计区。

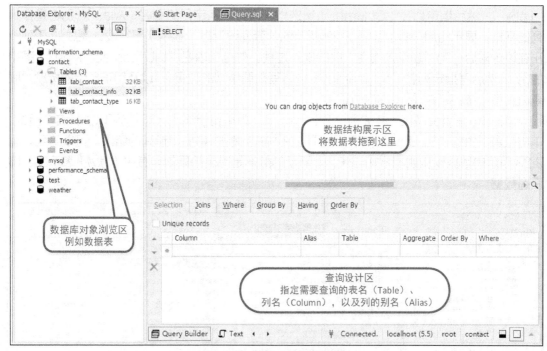

图 2.21　查询设计器的界面

第一步，将想要查询的 3 张表从数据库对象浏览区拖曳到数据结构展示区中。这时表与表之间会以一条带箭头的折线连接，这些折线和箭头代表了"2.3.2【实训 2-1】创建数据库和数据表"小节第 3 部分"建立表与表之间联系"所创建的表之间的联系。图 2.22 所示的界面上部就是这 3 张表，箭头是从从表（子表）指向主表（父表）。

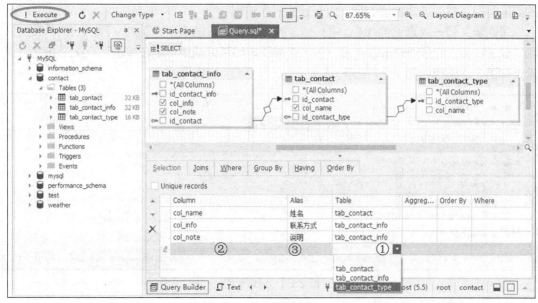

图 2.22　查询设计

第二步，在查询设计区依次指定需要查询的列。对于每一列，先指定所属的表名

（Table），然后指定列名（Column），可选地，还可以指定列的别名（Alias），别名是作为
列的标题，显示给用户看的。图 2.22 所示的"查询设计区"显示了已经设计完成的 3 列，
正在设计最后一列"联系人类型"时的操作过程。先指定表名"tab_contact_type"（图中
的①），然后再指定列名"col_name"（将填写在图中②的位置），以及用于显示的标题"联
系人类型"（将填写在图中③的位置）。

第三步，设计完成后（补完图 2.22 中①、②、③处的参数），这时就可以执行这个查询，
单击工具栏中的"!Excute"按钮（见图 2.22 左上角），将显示查询的结果。可以看到，图
2.23 所示的数据以及展现方式与表 2.1 所示的数据是完全相同的，其中（null）表示空，即
没有数据。

图 2.23　查询结果

如果比较查询结果（见图 2.23）和数据库中的数据（见图 2.13~图 2.15），就会发现
图 2.23 所示是将数据库中的 3 张表合并而成的，而合并的关键是将外键的位置用主表对应
的数据替换，然后选择合适的列，以一定的顺序输出。

第四步，看一看查询的代码。图 2.23 的下方有 3 个按钮："Query Builder""Text"
和"Data"，它们分别表示查询设计器、查询语句和查询结果。现在单击"Text"按钮，查
看查询语句，结果如图 2.24 所示。

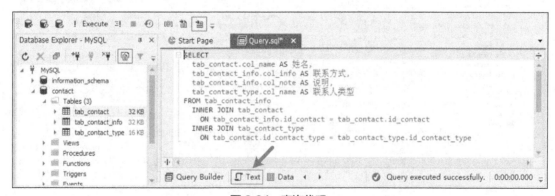

图 2.24　查询代码

查询的结果就是执行这条查询语句的结果。这是一条 Select 语句，看上去很复杂，但
是很有规律，将在项目 4 详细讲解。

任务 5　理解主键和外键

【任务描述】主键和外键是关系数据库中很重要的两个概念。"1.3.3【实训1-1】体验MySQL——气象记录数据库"引入了主键的概念，"2.1.2 数据结构设计"引入了外键的概念，本项目的任务3和任务4讲解了主键和外键在创建表、数据操纵和数据查询中的应用。通过本任务的学习，读者将加深对主键和外键的理解。

在关系数据库管理系统中，有两个很重要的概念就是主键和外键，一定要深刻理解它们的含义，熟练掌握它们的使用方法。

2.5.1　数据操纵与主键

先讲解主键的作用及其与数据操纵的关系。

1.　主键的作用

每一张表都应该有一个主键，通常主键的数据类型是整型，自动增量。

主键是每一行数据的唯一身份标识，主键的值不允许重复，也不允许为空，因此主键的用途如下。

扫码观看微课视频

- 唯一标识一行。
- 作为一个可以被外键有效引用的标识。

2.　主键与数据操纵的关系

输入数据时，主键的值是自动生成的，通常不用修改这个值。

如果在插入一行时，修改了自动生成的主键的值，并且与另一个值相同，将会出现错误。图 2.25 所示为插入新的一行，把主键的值改为与已有的值相同，引起了主键重复的错误，尽管实际的数据是不同的（一个是同事，另一个是同学），但只要主键的值是重复的就会报错，错误信息如下。

Duplicate entry '3' for key.

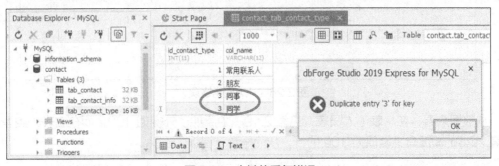

图 2.25　主键值重复错误

上述错误是因为违反了以下规则而引起的：主键值不允许重复。这条规则是关系数据库最重要的准则之一。

2.5.2　数据操纵与外键

接着讲解外键的作用及其与数据操纵的关系。

1. 外键的作用

外键的作用是建立表与表之间的联系，这些联系有一对一的联系，也有一对多的联系，如前面"2.3.2 【实训2-1】创建数据库和数据表"的表2.17所示。

外键参照主表的主键，外键的数据类型必须与主表的主键的数据类型相同，外键的值只能取主表中主键的值之一。

外键的值可以为空，也可以不为空，这取决于项目的需求。

- 外键的值为空的例子是人员表和类型表。人员表的外键可以为空，也就是在输入人员表的数据时，可以不指定联系人类型，留待以后添加。

- 外键的值不为空的例子是电话表和人员表。电话表的外键不允许为空，也就是在输入电话表的数据时，必须指定该电话的人员，不能以后再补充，避免出现来源不明的电话。

2. 外键与数据操纵的关系

在输入数据时，外键的值是从已有的值中选择，不需要直接输入。如果手工修改了外键或主键的值，则可能出错。

（1）从表引起的外键约束出错

在向从表输入数据（插入或更新）时，手动输入了一个不存在的外键值（这里指主表的主键值中不存在的值），将会提示从表引起的外键约束出错。

例如，图2.26所示为向人员表插入一行时，人员的外键值100在类型表中并不存在，这时的错误信息如下（注意其中的child row，表示子表行）。

Cannot add or update a *child row*.

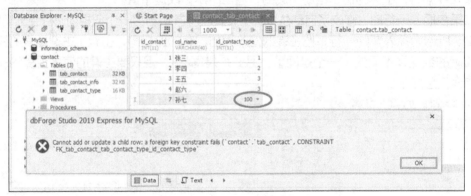

图2.26　外键引用错误

从数据来看，在从表（人员表，见表2.19）中添加了外键值100，而在主表（类型表，见表2.20）却没有主键值为100的行，从而导致了错误。

<table>
<tr><td colspan="3">表2.19　人员表（加外键）</td><td colspan="2">表2.20　类型表</td></tr>
<tr><th>主键</th><th>姓名</th><th>外键</th><th>主键</th><th>联系人类型</th></tr>
<tr><td>1</td><td>张三</td><td>1</td><td>1</td><td>常用联系人</td></tr>
<tr><td>2</td><td>李四</td><td>2</td><td>2</td><td>朋友</td></tr>
<tr><td>3</td><td>王五</td><td>3</td><td>3</td><td>同事</td></tr>
<tr><td>4</td><td>赵六</td><td>3</td><td colspan="2">注：类型表没有主键值为100的行。</td></tr>
<tr><td>5</td><td>孙七</td><td>100（？）</td><td></td><td></td></tr>
</table>

（2）主表引起的外键约束出错

在修改主表的主键值（更新）或删除主表的行时，如果该行的主键值原来被从表所引用，在其被修改或删除后，从表对这个值的引用就会失效，从而违反了外键约束的要求。这是主表引起的外键约束出错。

例如，在将图 2.27 所示的类型表中"同事"的主键从 3 改为 4 时，引起了外键错误，这时的错误信息如下（注意其中的 parent row，表示父表行）。

Cannot delete or update a *parent row*.

在默认情况下，人员表的外键并不会因为类型表中主键的修改而自动修改。

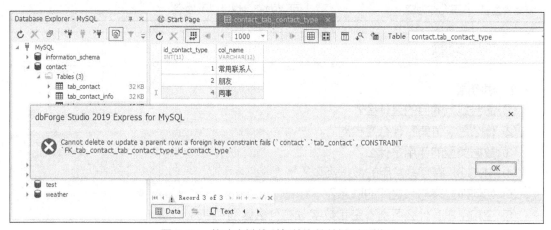

图 2.27　修改主键值引起从表的外键引用错误

从数据来看，类型表（见表 2.21）中把主键值 3 改为 4，导致人员表（见表 2.22）中原来的外键 3 发生引用错误，从而导致了错误。

表 2.21　类型表

主键	联系人类型
1	常用联系人
2	朋友
4	同事

注：把主键值 3 改为 4，导致人员表中的 3 发生引用错误。

表 2.22　人员表（加外键）

主键	姓名	外键
1	张三	1
2	李四	2
3	王五	3（?）
4	赵六	3（?）

上述两种外键引用错误都是因为违反了以下规则而引起的：外键的值只能取主表中主键的值。这条规则也是关系数据库最重要的准则之一。

2.5.3　主键和外键的比较

主键和外键都有一个"键"字，但它们表示的意思还是有一定的区别。表 2.23 所示为主键和外键的比较。

表 2.23　主键和外键的比较

比较项	主键	外键
作用	唯一标识一行数据	用于建立与其他表之间的联系，标识主表的行
个数	必须有一个，并且只能有一个	可以没有，也可以有一个或多个（例如与多张表有联系）
数据类型	通常是整型，自动增量	与主表的主键的数据类型严格相同
值能否重复	不允许重复	可以重复（一对多），也可以不重复（一对一）
值能否为空	不允许为空	可以为空，也可以不为空

习题

1. 思考题

① 命名规范的目的是什么？

② 什么是字符集？什么是校对？

③ 数据类型的作用是什么？

④ MySQL 有哪些常用的数据类型？

⑤ 如何建立表与表之间的联系？

⑥ 空和空串有什么区别？空和数字 0 有什么区别？

⑦ 如何理解主键和外键？主键和外键有什么区别？

⑧ 如何理解联系人数据库数据结构设计中的技巧？

⑨ 采用项目 2 的思路，对项目 1 的气象记录数据库进行重新设计，会得到怎样的结果，能避免什么问题？

2. 实训题

① 个人藏书数据库实例（改进版），见 Jitor 平台的【实训 2-4】。

② 项目 2 选择题和填空题，见 Jitor 平台的【实训 2-5（习题）】。

项目 3
设计数据库——图书借阅数据库

扫码观看项目 3
思维导图

项目 1 和项目 2 讲解了两个案例，分别完成了气象记录数据库和联系人数据库的设计和实施。通过这两个案例，读者应该对数据定义、数据操纵和数据查询有了一定的理解。

在这个基础上，项目 3 将讲解关系数据库理论，并通过图书借阅数据库案例，掌握关系数据库的规范化设计技术。

▣ 知识目标

① 了解数据库开发的 6 个阶段。

② 掌握关系数据库的理论基础。

③ 理解数据模型的 3 个要素和 3 个层次。

④ 掌握概念设计阶段的 ER 模型。

⑤ 掌握逻辑设计阶段的关系模型。

⑥ 理解函数依赖和范式理论。

⑦ 理解需求分析的地位和作用。

⑧ 掌握数据结构设计技术，了解数据建模工具的作用。

▣ 技能目标

① 能够对小型项目进行简单的需求分析。

② 学会规范化设计技术，能够应用"规范化设计的 6 步实施法"设计符合 3NF 规范的数据结构。

③ 学会采用 SQL 语句创建数据库和表，不再依赖于图形界面工具。

④ 学会采用 SQL 语句对数据结构进行维护（修改表结构、丢弃数据库和表等）。

⑤ 能够发现和解决主键约束和外键约束引起的问题。

任务 1　深入理解关系数据库

【任务描述】项目 1 和项目 2 还没有讲解关系数据库的基础知识，但是两个实例已经用到了一些重要的基础知识。通过本任务的学习，读者将理解和掌握关系数据库理论的基础知识。本任务内容比较多，概念也比较抽象，要在项目 1 和项目 2 的基础上来理解关系模型和关系数据库理论。本任务的重点和难点是 ER 模型向关系模型的转换、关系数据库设计，以及在范式理论的指导下进行规范化设计。

在项目 1 中，已经简要地介绍了数据库相关的概念；在项目 2 中，简单讲解了数据结构设计。在这些基础上，本任务将深入讲解数据库的一些基础知识，特别是关系数据库的规范化设计技术，以指导数据库的设计。

在讲解数据库相关理论之前，先简单介绍一下数据库的开发过程，以便读者有一个全局的了解，然后讲解数据模型、ER 模型、关系模型和关系数据库的设计方法。

3.1.1 数据库开发过程

开发数据库是一个复杂的过程，大体上可以分为需求分析、数据库设计、应用开发和运行维护阶段，具体来说，它可以分为下述 6 个阶段。

1. 需求分析阶段

需求分析是数据库开发的起点，主要任务是调查、收集与分析用户在数据处理中的数据需求、功能需求、完整性和安全性需求。经过反复修改和用户确认，最终形成需求分析报告，即软件需求规格说明书，这是项目设计和开发的最重要的依据，也是项目验收的核心依据。

如果需求分析不完整，甚至出现了错误，就会使开发出的项目达不到用户的实际要求，导致项目开发失败。如果在开发进行的过程中，需求有补充或变更，将会使开发的工作量成倍增长，导致项目开发延期或失败。

因此，需求分析是决定项目成败的重要环节。

2. 概念设计阶段

这一阶段以需求分析的结果为依据，将客观事物及其联系抽象为实体、属性、实体间的联系，从而建立概念数据模型。实体、属性、联系的概念在"3.1.3 实体联系模型"中讲解。

概念设计是指在不考虑任何物理因素（如软件和硬件平台、编程语言、数据库管理系统等）的情况下，进行数据建模的过程。

3. 逻辑设计阶段

这一阶段将上一阶段得到的概念模型转换成关系模型，成为程序员能够理解和实施的模型，这样的模型就是逻辑数据模型。

逻辑设计是在不考虑具体数据库管理系统选型的情况下，根据关系模型的要求进行数据建模的过程。通常是在概念模型的基础上构建逻辑模型。

4. 物理设计阶段

这一阶段根据数据库管理系统的特点和处理的需要，对逻辑设计阶段得到的关系模型进行物理设计，使其能够在具体的数据库管理系统上实施。具体的内容包括数据表的结构、列的数据类型、数据完整性约束（主键约束、外键约束、唯一性约束和非空约束等）、视图和索引等，使其最终成为在计算机上能够运行的模型。

物理设计是在选定的数据库管理系统（如MySQL）的情况下，进行数据建模的过程。通常是在逻辑模型的基础上构建物理模型。

5. 应用开发阶段

这一阶段根据需求分析的结果，特别是功能需求，使用数据库管理系统提供的数据操纵和数据查询功能，对数据库中的表的数据进行修改（插入、更新和删除）以及检索（查询语句）操作。

在数据库应用系统开发过程中，通常是将数据库管理系统提供的 SQL 语句嵌入在程序设计语言中，例如 Java 语言或 PHP 语言，为用户提供良好的界面，对数据库进行增、删、改，以及查询操作。在项目 1 中，通过浏览器查看数据库中的数据，就是在 Java 语言中嵌入 SQL 语句实现的。

本书的第二部分【提高篇】主要讲解这方面的内容，并在项目 8 采用 PHP 语言做一个全面的演示。

6. 运行维护阶段

数据库应用系统开发调试完成后，还要在服务器上安装部署，才能投入正式运行。这时，用户可通过网络访问和使用服务器上的数据库应用系统。

在运行过程中还需要维护，维护的内容包括保证数据库的安全，数据库的备份与恢复，以及对数据库的性能监视、分析和改进，并不断地进行评估、调整与优化。

本书的第三部分【管理篇】主要讲解这方面的内容。

3.1.2　数据模型

数据模型是对现实世界数据关系的抽象，用来描述数据、组织数据和对数据进行操作。

1. 数据模型三要素

数据模型所描述的内容包括 3 个要素：数据结构、数据操作及数据完整性约束。

（1）数据结构

数据结构是对各种实体和实体间联系的表达和实现，实体是现实世界中客观存在的事物。

在项目 2 里讲解过联系人数据库的数据结构，每张表对应现实世界中的一种实体，即类型表、人员表和电话表分别对应联系人类型、联系人和联系方式 3 种实体。

（2）数据操作

数据操作是对数据库中各种实体进行修改（插入、更新、删除）和检索（查询）等操作，数据模型必须定义这些操作的确切含义、操作符号、操作规则和实现操作的语言。

项目 1 和项目 2 简单讲解了数据的插入和数据的查询，但还没有讲解数据的更新和删除。

（3）数据完整性约束

数据完整性约束是对数据库中各种实体及其联系的约束性规定，用以保证数据库中数据的正确性、一致性和可靠性。数据完整性约束可以有效避免数据库中存在不符合语义规定的数据，防止因错误的数据而造成无效操作或错误操作。

在项目 2 讲解过的主键和外键，就是最重要的两种数据约束，还有一些数据完整性约束将在后面再讲解。

2. 数据模型三层次

数据模型按不同的应用层次分成如下 3 种类型。

（1）概念数据模型（信息世界）

概念数据模型（Conceptual Data Model）对应概念设计阶段，是对现实世界的认识和抽象描述，从用户的角度对实体及其联系建立概念化的模型，从而对信息世界进行建模。常用的概念模型有 ER 模型，将在"3.1.3 实体联系模型"讲解。

通俗地说，概念模型是以使用者能够理解的方式来描述问题。

（2）逻辑数据模型（机器世界）

逻辑数据模型（Logical Data Model）对应逻辑设计阶段，是从计算机的角度，将概念模型转换为数据库管理系统支持的某一种数据模型（如关系数据模型，将在"3.1.4 关系模型"讲解），用于对机器世界的建模。

通俗地说，逻辑模型是以程序员能够理解的方式来描述问题。

（3）物理数据模型（物理世界）

物理数据模型（Physical Data Model）对应物理设计阶段，是逻辑模型在具体的计算机系统（包括硬件、软件和数据库管理系统）上的实现，例如项目 2 中设计好的数据结构（见"2.1.2 数据结构设计"小节中的表 2.11～表 2.13）。

通俗地说，物理模型是以计算机能够理解的方式来描述问题。

3. 几种典型的逻辑数据模型

按照数据模型三要素，特别是数据结构的不同，在数据库发展的历史上，产生过几种逻辑数据模型，其中有代表性的模型有以下 4 种。

（1）层次模型

层次模型（Hierarchical Model）是最早出现的一种数据模型，它的数据结构是用树形结构来表示各类实体以及实体之间的联系。它的结构过于简单，常常无法完整地描述现实世界。层次模型主要流行于 20 世纪 60～70 年代。

（2）网状模型

网状模型（Network Model）是对层次模型的扩展，它的数据结构是网状的，从而导致结构复杂，难以扩充和维护。网状模型主要流行于 20 世纪 60～80 年代。

（3）关系模型

关系模型（Relational Model）用二维表结构来表示各类实体以及实体之间的联系。关系模型诞生于 20 世纪 70 年代，直到如今都是主流的数据库技术。

在项目 1 和项目 2 中采用的都是二维表，也就是关系模型。本书讲解的就是关系模型，以及基于关系模型的关系数据库。

（4）面向对象模型

面向对象模型（Object Oriented Model）是一种采用面向对象技术来进行数据建模的技术。面向对象模型诞生于 20 世纪 70 年代，是一种有发展潜力的数据模型，例如表 1.1 中提到的排名第 4 的 PostgreSQL 就是一种同时具有关系模型和面向对象模型特征的数据库管理系统。

3.1.3　实体联系模型

实体联系（Entity-Relationship，ER）模型是一种在概念设计阶段使用的概念数据模型构建理论，然后在逻辑设计阶段再转换为关系模型。

1. 常用术语

下面先介绍一些与 ER 模型有关的常用术语，有些术语在前面的讲解中已经使用过，在这里给出准确的定义，以便读者准确地理解 ER 模型。

（1）实体（Entity）

客观存在并可相互区别的事物称为实体。实体可以是具体的人、事、物或抽象的概念，例如一位学生、一本书、一门课程、一份成绩或一种联系人类型等。

（2）实体集（Entity Set）

同一类型实体的集合称为实体集，例如一个班级的全体学生就是一个实体集。为简便起见，实体集也常常简称为实体。

（3）属性（Attribute）

对实体特性的描述称为属性，例如描述学生实体的属性有学号、姓名、出生日期、性别等。

（4）属性值（Attribute value）

属性值是某个实体的属性的取值，例如"SW390105""方博涵""2004-11-15""女"是方博涵这个学生实体的属性值。

（5）域（Domain）

属性值的取值范围称为域，例如学号域为 2 个字母加 6 个数字的字符串、性别域为"男"和"女"。

（6）键（Key）

能够唯一标识实体集中一个实体的属性或属性集，称为实体的键。键是一个重要的概念，在项目 1 讲解了主键，在项目 2 又讲解了外键，在"3.1.4 关系模型"的第 3 部分"候选键、主键和外键"还要做深入的讲解。

2. 实体联系图

ER 模型的基本建模元素是实体、属性和联系，表现形式是实体联系图（Entity-Relationship Diagram，ERD），分别使用矩形、圆形和菱形表示实体、属性和联系。

- 矩形：表示实体。
- 圆形：表示属性，并用无箭头直线标出实体与属性的关系。
- 菱形：表示实体间的联系，用无箭头直线连接到实体。菱形内写上联系的名称，用于标识联系的特征。

作为 ER 模型的一个例子，图 3.1 所示为项目 2 的联系人数据库对应的 ERD。

图 3.1 项目 2 的联系人数据库对应的 ERD

图 3.1 所示的 ERD 有 3 种实体："类型""人员""电话"，每种实体都有一些属性，如"名称""姓名"等，"人员"实体和"类型"实体有一个"属于"的联系，"人员"属于"类型"，这个联系是一对多的联系，人员是"多"的一方（图中用 n 表示），类型是"一"的一方（图中用 1 表示）。"人员"和"电话"也有一个"属于"的联系，是一对多的联系。

3. 实体间的联系

两种实体之间的联系（Relationship）可以分为 3 种类型：一对一联系、一对多联系和多对多联系，如表 3.1 所示。

表 3.1　3 种联系类型

联系类型	定义	例子
一对一联系 （记为 1 : 1）	若实体集 A 中每个实体只能与实体集 B 中的一个实体有联系，反之亦然，则称实体集 A 与实体集 B 存在一对一的联系	例如，一个班级只有一个班主任，一个班主任只能管理一个班级，这时"班级"实体集与"班主任"实体集是一对一的联系。如果一个班主任可以管理多个班级，这时就不是一对一的联系
一对多联系 （记为 1 : n）	若实体集 A 中每个实体与实体集 B 中的任意多个实体有联系，反过来实体集 B 中每个实体至多与实体集 A 中的一个实体有联系，则称实体集 A 与实体集 B 存在一对多的联系	例如"班级"实体集与"学生"实体集是一对多的联系，因为一个班级有多个学生，而一个学生只能属于一个班级
多对多联系 （记为 $m : n$）	若实体集 A 中每个实体与实体集 B 中的任意多个实体有联系，反过来实体集 B 中每个实体与实体集 A 中的任意多个实体有联系，则称实体集 A 与实体集 B 存在多对多的联系	例如"学生"实体集与"课程"实体集是多对多的联系，因为一个学生可以选修多门课程，同样一门课程可以有多个学生选修

还有一种联系是多对一联系，多对一联系和一对多联系是对同一个联系的不同表述，如果 A 和 B 是多对一联系，那么 B 和 A 就必定是一对多联系，因此一对多联系和多对一联系是互逆的。

联系可以像实体一样拥有属性。例如，"学生"与"课程"之间有一个"选修"的联系，拥有"成绩"属性，如图 3.2 所示。

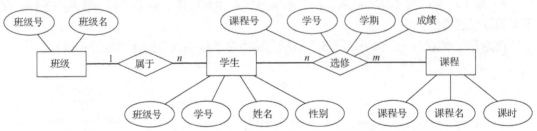

图 3.2　"班级""学生"和"课程"的 ERD（一对多和多对多的例子）

3.1.4　关系模型

扫码观看微课视频

关系模型（Relational Model）是一种在逻辑设计阶段使用的逻辑数据模型构建理论，它是关系数据库的基础，1970 年由 IBM 公司的科德（E. F. Codd）博士等人提出。科德博士被誉为"关系数据库之父"，并于 1981 年获得 ACM 图灵奖（图灵奖是计算机界的最高奖项，相当于计算机界的诺贝尔奖）。从 20 世纪 80 年代开始，关系模型取代了网状模型和层次模型，成为应用最为广泛的数据模型之一。

1. 关系的定义

关系（Relation）是笛卡儿积的有一定意义的、有限的子集，所以关系也是一个二维表，表的每一行对应一个元组，表的每一列对应一个域，每个域有一个唯一的名字，称为属性或数据项。简单地说，关系是满足一定条件的二维表，这些条件就是关系的 6 项基本特征，如表 3.2 所示。

表 3.2 关系的 6 项基本特征

特征	说明
行的唯一性	关系的行不能重复，即不能有相同的行（所有属性值相同的行）
列的唯一性	关系的列不能重复，即不能有相同的列（相同属性名的列）
行的次序无关性	关系的行的次序是无关紧要的，行的次序仅在输出时有意义
列的次序无关性	关系的列的次序是无关紧要的，列的次序仅在输出时有意义
值域的统一性	列的值必须属于同一个域，例如"性别"列的值只能是"男"或者是"女"，而不能是其他
列的原子性	列是不可分割的最小数据项，即属性必须满足原子性的要求

表 3.2 中 6 项基本特征中的前 5 项比较好理解，这里解释一下第 6 项特征"列的原子性"。例如，"温度"列不能分割为两个子列"最高温度"和"最低温度"（这时"温度"列是非原子的，见图 3.3），但是可以有两个独立的列"最高温度"和"最低温度"（这时两个列都是原子的，见图 3.4）。

序号	日期和时间	观测点	温度		风速
			最高温度	最低温度	

图 3.3 "温度"属性不是原子性的

序号	日期和时间	观测点	最高温度	最低温度	风速

图 3.4 所有属性都是原子性的

关系的每一行定义一个实体，每一列定义实体的一个属性。因此一个关系（二维表）就是一个实体集。例如项目 1 和项目 2 的数据表都是关系，如图 1.32、图 2.13、图 2.14、图 2.15 所示。

属性不是原子性的表（见图3.3）可以被认为是三维表，因此可以用二维表这个术语来强调表的所有属性都是原子性的。

一个概念有多个名称，原因是同一个概念在不同的场景下命名就会有不同的名称，如表 3.3 所示。对于实体集、实体和属性，在关系模型里将其命名为关系、元组和数据项，在物理模型里将其命名为数据表、记录和字段，后来为简单起见，将其命名为表、行和列。

表 3.3 实体集、实体和属性的同义词

概念模型	关系模型	物理模型（旧）	物理模型（新）
实体集（entity set）	关系（relation）	数据表（data table）	表（table）
实体（entity）	元组（tuple）	记录（record）	行（row）
属性（attribute）	数据项（data item）	字段（field）	列（column）

例如，项目 1 的气象记录关系与各个术语的对应情况如图 3.5 所示。

图 3.5　气象记录关系

本书在不同的场合可能使用不同的术语，用于不同的语境。

2. 关系的表示

关系由关系名和属性组成，可以用下述方式表示。

关系名（属性名 1, 属性名 2, ..., 属性名 n）

例如，气象记录的关系可以表示如下。

气象记录（序号, 日期和时间, 观测点, 温度, 风速）

3. 候选键、主键和外键

在"3.1.3 实体联系模型"常用术语中介绍了"键"的概念，在关系模型中，对"键"又做了进一步的划分，下面做深入的讨论。

（1）候选键（Alternate Key 或 Candidate Key）

能够唯一标识一个元组（实体）的属性或属性集称为候选键。例如，在表示学生信息的二维表中，"学号"和"身份证号"都可以作为唯一标识学生的属性，因此这两个属性都是候选键，而学生"姓名"不能唯一标识一个学生，因为可能存在同名同姓的学生。

候选键也可能是由多个属性组成的属性集，例如一个"成绩"实体，拥有"姓名""课程名"和"成绩"3 个属性，这时候选键是"学号"和"课程号"的属性集，因为"学号"或"课程号"都不能独自唯一标识一个"成绩"，只有"学号"和"课程号"的组合才能唯一标识一个"成绩"。

（2）主键（Primary Key）

在候选键中指定其中一个作为主要候选键，简称为主键。例如，在学生表中，可以指定学号为主键，也可以指定身份证号为主键，但只能取其中之一。

在实际开发中，应该添加一个无业务含义的属性作为主键，其值由程序自动生成，这样的主键可以称为唯一标识（Identity, id），在项目 1 和项目 2 的两个案例中都是这样做的。

（3）外键（Foreign Key）

关系中的某个属性或属性集虽然不是该关系的主键，但却是另外一个关系的主键，则称其为外键。换句话说，外键是在本关系中标识另外一个关系中的实体的属性或属性集。

在项目 2 的联系人数据库中，就对人员表和电话表分别设计了外键。

> **Tips**　主键唯一标识本表的一个实体（行）。外键标识了其他表中的指定的实体（行），这时，外键参照（引用）了主表的实体（行）。

从理论上说，候选键可以是单属性的，也可以是由多个属性组合而成的（称为属性集），因此，主键和外键也可以是多属性的。但在实际设计时，都是采用无业务含义的单属性作为主键和外键。

4. 关系模型的三要素

关系模型的三要素包括关系模型的数据结构、关系模型的数据操作和关系模型的数据完整性约束。

（1）关系模型的数据结构

关系模型的数据结构是二维数据表（即关系，见前述关系的定义）。

关系模型的数据结构非常简单，实体以及实体之间的联系都是用关系来表示的。因此，可以用简单的模型来表示非常复杂的现实世界。

（2）关系模型的数据操作

关系模型的数据操作叫作关系操作，关系操作是对关系模型中的元组进行修改（插入、删除、更新）和检索（查询）等的操作。在关系模型中，理论上是采用关系代数语言实现关系操作，实际编程中是采用 SQL 语言进行关系操作。例如，关系代数语言有投影 π、选择 σ、连接 R⋈S、并 R∪S、交 R∩S、差 R−S、除 R÷S、笛卡儿积 R×S 等操作，常用的关系操作与 SQL 语言的关系如表 3.4 所示。

表 3.4　常用的关系操作与 SQL 语言的关系

功能	关系操作	对应的 SQL 语句
选择列	投影 π	Select ... from ...
选择行	选择 σ	Select ... from ... where ...
内连接	连接 R⋈S	Select ... from ... inner join ...
交叉连接	笛卡儿积 R×S	Select ... from ... cross join ...
联合	并 R∪S	Select ... from ... union Select ... from ...

关系是元组的集合，对关系的运算就是对集合的运算，运算的结果是集合，这个集合也是关系。因此，关系操作的运算结果也是关系。

关系模型以坚实的数学理论（关系代数、集合论和数理逻辑）为基础，可以对数据进行严格的定义、规范化和运算，这是关系数据库成为主流技术的根本原因。

（3）关系模型的数据完整性约束

关系模型的数据完整性约束分为 3 类，即实体完整性约束、参照完整性约束和用户定义完整性约束。

- 实体完整性约束（主键约束）是指任何一个关系必须有且只有一个主键，主键的值不能重复，也不能为空。简单来说，就是不允许存在一个缺少唯一标识的实体。

- 参照完整性约束（外键约束）是指外键的值可以为空或不能为空，但其值必须是所参照的表的主键的值。简单来说，就是不允许参照一个不存在的实体。

- 用户定义完整性约束反映了具体应用中的业务需求。例如，学生的姓名不能为空（非空约束），学生的身份证号不允许重复（唯一性约束）。

5. ER 模型向关系模型的转换

ER 模型由实体、实体的属性、实体之间的联系 3 个建模元素组成，将 ER 模型转换成关系模型就是将实体、属性和联系转化为关系、属性以

扫码观看微课视频

及主外键的参照。以下是转换的方法。

（1）实体的转换

实体可以直接转换为关系，转换的规则如下。

- 实体名转换为关系名。
- 实体的属性转换为关系的属性。
- 实体的键转换为关系的键。

（2）联系的转换

联系的转换需要根据联系的类型，采用不同的规则进行转换，联系的转换规则如表 3.5 所示。

表 3.5　联系的转换规则

联系的转换	说明
一对多联系 转换为 主键和外键的参照	一对多联系在关系模型中表现为两个关系之间主键和外键的参照，"多"的一方的外键参照"一"的一方的主键，如图 3.6 所示。如果联系还拥有属性，可以将联系的属性合并到"多"的一方，成为"多"的一方的属性
一对一联系 转换为 主键和外键（＊）的参照	一对一联系在关系模型中同样表现为两个关系之间主键和外键的参照，从属的一方的外键参照另一方的主键，并且要对外键加上唯一性约束，如图 3.7 所示。如果联系还拥有属性，可以将联系的属性合并到任何一方，成为这一方的属性
多对多联系 转换为 两个一对多联系	在多对多联系的情况下，联系也要转换为关系，成为一个新的关系，如果联系还拥有属性，则将联系的属性转换为新关系的属性。新关系与原来两个关系形成两个一对多联系，原关系是"一"的一方，新关系是"多"的一方，如图 3.8 所示。新关系中有两个外键，这两个外键分别参照原来的两个关系的主键

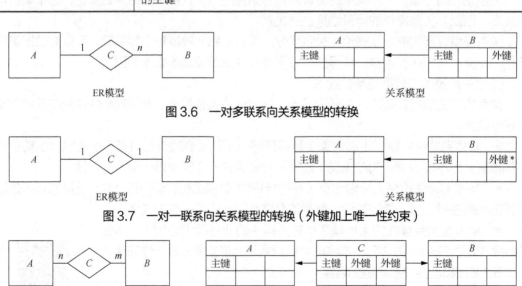

图 3.6　一对多联系向关系模型的转换

图 3.7　一对一联系向关系模型的转换（外键加上唯一性约束）

图 3.8　多对多联系向关系模型的转换（联系也转换为关系）

（3）合并具有相同键的关系

具有相同键的关系表示的是同一种实体，因此应该合并，合并后的关系拥有原来两个关系的全部属性。

下面用一个例子演示 ER 模型向关系模型的转换。

例如，图 3.2 所示的 ER 模型可以转换为如下的关系，对应的关系模型如图 3.9 所示。

班级（班级号，班级名）
学生（学号，姓名，性别，*班级号*）
课程（课程号，课程名，课时）
选修（*学号，课程号*，学期，成绩）

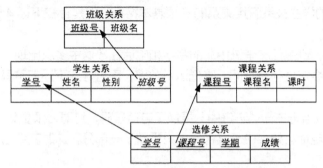

图 3.9 班级、学生和课程及其主外键的参照

班级关系的主键（用下划线表示主键）是班级号，学生关系的主键是"学号"，外键（用斜体字表示外键）"班级号"参照班级关系的主键"班级号"，课程关系的主键是"课程号"，选修关系是由多对多联系转换而来，它的主键是由"学号""课程号"和"学期"3 个属性组成的属性集，并且"学号"和"课程号"还是外键，分别参照学生关系的主键"学号"和课程关系的主键"课程号"。

"学期"作为选修关系的主键属性集的组成部分之一，当考试成绩不及格时，可以用来记录另一个学期重修时的成绩。

3.1.5 关系数据库设计

关系数据库是有严密的数学理论基础的，因此关系数据库的设计也必须在数学理论的指导下进行，其中最重要的是范式理论。关系数据库设计就是在这个理论的指导下进行规范化设计，消除关系中可能出现的异常，从而得到一个满足范式要求的数据结构。

扫码观看微课视频

1. 关系中的异常

规范化设计的目标就是设计一个好的关系模型，因此，先分析一下设计得不好的关系中有哪些异常现象。

 在"2.1.2 数据结构设计"中讲解了一个"简单但有缺陷的设计"和一个"复杂但巧妙的设计"，读者可以回顾和对比一下。

下面通过一个例子来分析一个设计得不好的关系（不满足规范化设计的要求）所存在的问题。考虑图 3.10 所示的关系，这个关系的主键是"学号"。

学生表

班级名称	班主任	班主任电话	学号	姓名	性别
软件 31431	李进中	12387654321	3143101	张三	男
软件 31431	李进中	12387654321	3143102	李四	男
软件 31431	李进中	12387654321	3143103	王五	女
软件 31432	汪一萍	12312345678	3143201	赵六	男

图 3.10　设计得不好的学生关系

图 3.10 所示的学生关系满足关系的 6 项基本特征，但是存在下述 4 个严重问题。

（1）数据冗余

在图 3.10 中，班主任"李进中"的名字和电话在数据中多次出现，这种现象称为数据冗余。冗余的数据会浪费存储空间，降低运行效率，同时导致下述三种异常。

（2）更新异常

在图 3.10 中，当班主任"李进中"更换了电话号码，这时必须更新"软件 31431"班所有学生的班主任电话。如果由于某种原因只更新了一部分，这时就会出现更新异常，如图 3.11 所示。

（3）删除异常

在图 3.10 中，如果删除了学生"赵六"，由于赵六是班上的最后一名学生，这时班级"软件 31432"和班主任"汪一萍"的信息就会随之消失。这是由于删除学生而导致意外删除了班级和教师，这时就会出现删除异常，如图 3.11 所示。

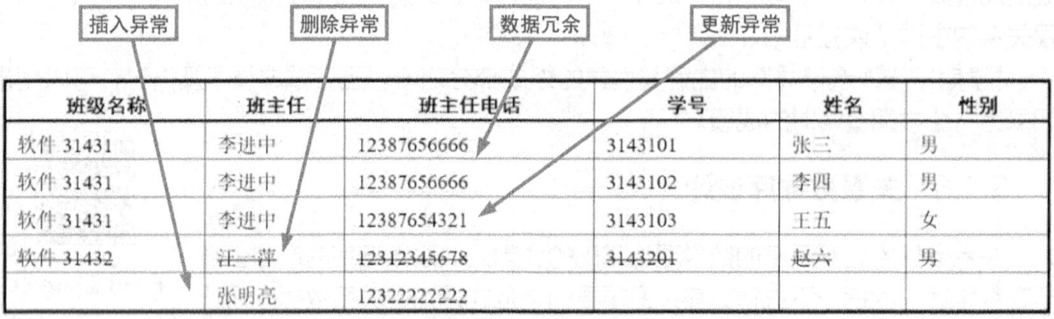

插入异常	删除异常		数据冗余	更新异常	
班级名称	**班主任**	**班主任电话**	**学号**	**姓名**	**性别**
软件 31431	李进中	12387656666	3143101	张三	男
软件 31431	李进中	12387656666	3143102	李四	男
软件 31431	李进中	12387654321	3143103	王五	女
软件 31432	汪一萍	12312345678	3143201	赵六	男
	张明亮	12322222222			

图 3.11　学生关系中的异常

（4）插入异常

如果学校新来了一位教师"张明亮"，由于他还没有担任班主任，当插入这位教师的信息后，会引起班级为空，以及主键"学号"为空的情况。这时就出现了插入异常，如图 3.11 所示。

图 3.11 所示为通过数据来说明上述 4 种异常，说明了设计上的缺陷会导致数据库应用系统出现数据混乱，最终会导致数据库应用开发失败。

一个好的关系模型应该具备以下两个条件：①尽可能少的数据冗余；②没有插入异常、删除异常和更新异常。

2. 范式理论

规范化设计的好坏直接影响数据库应用系统开发的成败。规范化设计的理论基础是范式理论，它是关系数据库的一个极其重要的理论。

数据库设计的范式是数据库设计需要满足的规范，满足这些规范的数据结构是简洁的、结构明晰的，并且不会发生插入异常、删除异常和更新异常，具有较低的数据冗余度；反之，则是难以理解的，使数据库难以维护，将导致数据库项目开发失败。

数据库范式（Normal Form，NF）有 1NF、2NF、3NF、BCNF、4NF 和 5NF 共 6 级，范式级别越高，要求越严格。通常的规范化设计达到 3NF 或 BCNF 的要求即可，更高的范式级别可能造成效率的降低，因此仅在必要时才使用。

（1）函数依赖

在讲解范式理论之前，先讲解函数依赖。函数依赖可以分为完全依赖、部分依赖和传递依赖 3 种。

假设 X 为关系 R 中的某个属性或属性组，X' 为 X 的任意非空子集；Y、Z 为关系 R 中的任意属性或属性组，并且 X、Y 和 Z 都互不包含。这时用符号"→"表示依赖（例如 $A \rightarrow B$ 表示 B 依赖于 A，或者说 A 决定 B），用符号"↛"表示不依赖，则上述 3 类依赖关系的定义如表 3.6 所示。

表 3.6　完全依赖、部分依赖和传递依赖的定义

依赖的类型	定义和例子	表示法
完全依赖（full）	定义：若 $X \rightarrow Y$，$X' \nrightarrow Y$，则称 Y 完全依赖于 X	$X \xrightarrow{f} Y$
	例子：通过 AB 能得出 C，但是 A 或 B 单独得不出 C，那么 C 完全依赖于 AB	
部分依赖（partial）	定义：若 $X \rightarrow Y$，$X' \rightarrow Y$，则称 Y 部分依赖于 X	$X \xrightarrow{p} Y$
	例子：通过 AB 能得出 C，通过 A 或 B 也能得出 C，那么 C 部分依赖于 AB	
传递依赖（transitive）	定义：若 $X \rightarrow Y$，$Y \rightarrow Z$，且 $Y \nrightarrow X$，则称 Z 传递依赖于 X	$X \xrightarrow{t} Z$
	例子：通过 A 得到 B，通过 B 得到 C，但是通过 B 得不到 A，那么 C 传递依赖于 A	

下面分别讲解 1NF、2NF、3NF，其他几个范式因为不常使用，所以本书不予讲解。

（2）第一范式（1NF）

如果一个关系满足关系模型的 6 项基本特征（见"3.1.4 关系模型"中关系的定义），并且属性的值只包含域中的一个单一的值，则称该关系属于第一范式（1NF）。就是说，属性值必须满足原子性的要求。

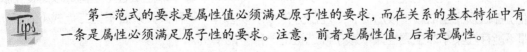

> 第一范式的要求是属性值必须满足原子性的要求，而在关系的基本特征中有一条是属性必须满足原子性的要求。注意，前者是属性值，后者是属性。

对于图 3.12 所示的关系，"李四"的"电话号码"保存了两个值，违反了属性值原子性的要求，因此达不到 1NF 的要求。

联系人表

编号	姓名	性别	出生日期	电话号码
1	张三	男	1992-03-06	12312341234
2	李四	女	1991-07-19	12312341245，0510-87654321
3	王五	男	1992-12-21	12312341256

属性值不是原子性的

图3.12 违反"属性值原子性"的例子

解决的方案有如下两种。

• 拆分属性：可以将"电话号码"拆分为"手机号码"和"固定电话"两个属性，分别用于保存两个值，如图3.13所示。

联系人表

编号	姓名	性别	出生日期	手机号码	固定电话
1	张三	男	1992-03-06	12312341234	
2	李四	女	1991-07-19	12312341245	0510-87654321
3	王五	男	1992-12-21	12312341256	

拆分为两个属性

图3.13 解决方案一（拆分属性）

• 拆分关系：可以将"电话号码"从联系人表中拆分出来，作为一个新的关系，命名为"联系号码表"，一个联系人可以有多个联系号码，因此联系人和联系号码是一对多的联系，"多"的一方（联系号码）的外键参照"一"的一方（联系人）的主键，如图3.14所示。联系号码表还可以保存多种号码，如QQ号、微信号等，这种解决方案还增强了功能。

联系人表

编号	姓名	性别	出生日期
1	张三	男	1992-03-06
2	李四	女	1991-07-19
3	王五	男	1992-12-21

联系号码表

编号	外键	类型	电话号码
1	1	手机号码	12312341234
2	2	手机号码	12312341245
3	2	固定电话	0510-87654321
4	3	手机号码	12312341256

拆分为两张表，联系号码表参照联系人表

图3.14 解决方案二（拆分关系）

（3）第二范式（2NF）

如果一个关系已经属于1NF，另外再满足一个条件，每个非主属性（不构成候选键的属性）都必须完全依赖于候选键，不能部分依赖于候选键，则称该关系属于第二范式（2NF），即不能存在某个非主属性只依赖于候选键的一部分的情况。

通过拆分一个不属于2NF的关系为多个关系，可以使拆分后的关系属于2NF。例如下述关系（其中下划线的属性表示候选键）。

订单明细（订单编号，产品编号，单价，数量，产品名称）

订单明细关系的候选键是"订单编号"和"产品编号"的集合，非主属性"单价"和"产品名称"部分依赖于候选键,因为它也依赖于候选键的一部分(产品编号),所以这个关系不符合 2NF 的要求。

解决的办法是将订单明细关系拆分为两个关系,拆分后的两个关系都属于 2NF(其中斜体的属性表示外键)。

产品(产品编号,单价,产品名称)
订单明细(订单编号,*产品编号*,数量)

下面通过数据来说明,如图 3.15 所示。

存在部分依赖的订单明细表

订单编号	产品编号	单价	数量	产品名称
1	1	118	1	U 盘(64G)
1	2	96	2	无线鼠标
1	3	156	1	无线路由器(4 口)
2	1	118	2	U 盘(64G)
2	3	156	1	无线路由器(4 口)

订单明细表

订单编号	产品编号	数量
1	1	1
1	2	2
1	3	1
2	1	2
2	3	1

产品表

产品编号	单价	产品名称
1	118	U 盘(64G)
2	96	无线鼠标
3	156	无线路由器(4 口)

拆分为两张表,消除部分依赖,订单明细表参照产品表

图 3.15　订单明细关系拆分前后的比较

从图 3.15 所示可以看到,拆分订单明细关系的过程是将具有重复值的属性("产品编号""单价"和"产品名称")拆分出来,作为一个新的关系,并删除重复的行。原来关系的"产品编号"作为外键,参照新关系的主键。拆分前存在着数据冗余("产品名称"和"单价"两个属性),有可能出现更新异常、插入异常和删除异常,而拆分成两个关系则可以避免这些问题。

(4)第三范式(3NF)

如果一个关系已经属于 2NF,另外再满足一个条件,每个非主属性(不构成候选键的属性)都必须直接依赖于候选键,不能传递依赖于候选键,则称该关系属于第三范式(3NF),即不能存在某个非主属性通过其他属性传递依赖于候选键的情况。

同样地,通过拆分一个不属于 3NF 的关系为多个关系,可以使拆分后的关系属于 3NF。例如下述关系。

订单(订单编号,订单日期,客户编号,客户姓名,客户地址)

在这个关系中,所有非主属性("订单日期","客户编号","客户姓名"和"客户地址")都完全依赖于候选键(订单编号),所以是 2NF 的。但是有两个非主属性("客户姓名"和"客户地址")通过"客户编号"传递依赖于候选键,所以不符合 3NF 的要求。

解决的办法是将订单关系拆分为两个关系,拆分后的两个关系都属于 3NF。

客户(客户编号,客户姓名,客户地址)

订单（订单编号，订单日期，*客户编号*）

下面还是通过数据来说明这个问题，如图3.16所示。

存在传递依赖的订单表

订单编号	订单日期	客户编号	客户姓名	客户地址
1	2016/8/12	1	练德生	福建省龙海县旧镇
2	2016/8/12	2	刘凯健	江苏省兴化市中山路25号
3	2016/8/12	2	刘凯健	江苏省兴化市中山路25号
4	2016/8/12	1	练德生	福建省龙海县旧镇

订单表

订单编号	订单日期	客户编号
1	2016/8/12	1
2	2016/8/12	2
3	2016/8/12	2
4	2016/8/12	1

客户表

客户编号	客户姓名	客户地址
1	练德生	福建省龙海县旧镇
2	刘凯健	江苏省兴化市中山路25号

拆分为两张表，消除传递依赖，订单表参照客户表

图3.16 订单关系拆分前后的比较

与前述订单明细关系的情况相似，从图3.16所示可以看到，拆分订单关系的过程是将具有重复值的属性（"客户编号"、"客户姓名"和"客户地址"）拆分出来，作为一个新的关系。并删除重复的行。原来的表的"客户编号"作为外键，参照新关系的主键。订单关系拆分前存在着数据冗余（"客户姓名"和"客户地址"两个属性），有可能出现更新异常、插入异常和删除异常，而拆分成两个关系则可以避免这些问题。

3. 关系中异常的消除

下面对本节"关系中的异常"提出的例子进行分析，图3.10所示对应的关系如下。

学生（班级名称，班主任，班主任电话，<u>学号</u>，姓名，性别）

在这个关系中，"学号"是主键，"班主任"和"班主任电话"通过"班级名称"传递依赖于"学号"，根据规范化设计的要求，可以拆分为如下两个关系。两个关系各添加一个主键，学生关系添加一个外键，参照班级关系的主键。

班级（<u>班级编号</u>，班级名称，班主任姓名，班主任电话）
学生（<u>学生编号</u>，学号，姓名，性别，*班级编号*）

这时在班级关系中，"班主任电话"通过"班主任姓名"，传递依赖于"班级编号"，因此还要进一步拆分，结果如下。

班主任（<u>班主任编号</u>，班主任姓名，班主任电话）
班级（<u>班级编号</u>，班级名称，*班主任编号*）
学生（<u>学生编号</u>，学号，姓名，性别，*班级编号*）

至于班主任电话是否进一步拆分为实体，取决于需求分析，如果需要保存多个电话（有重复的值），就可能需要拆分。因此，拆分的过程就是将具有重复值的属性独立出来的过程。拆分后，为新关系添加主键，原来的关系添加外键，参照新关系的主键。

规范化后的关系中不存在部分依赖和传递依赖，因此符合3NF的要求。同时，图3.10所示的数据经过转换，成为如图3.17所示的形式，这样可以避免关系中异常的出现。

班主任表

班主任编号	班主任姓名	班主任电话
1	李进中	12387654321
2	汪一萍	12312345678

班级表

班级编号	班级名称	班主任编号
1	软件 31431	1
2	软件 31432	2

学生表

学生编号	学号	姓名	性别	班级编号
1	3143101	张三	男	1
2	3143102	李四	男	1
3	3143103	王五	女	1
4	3143201	赵六	男	2

图 3.17　规范化后的学生关系及数据

4. 规范化设计的 6 步实施法

规范化设计需要满足下述 3 个要求。

- 满足关系模型的 6 项基本特征：见"3.1.4 关系模型"关系的定义的表 3.2。
- 满足关系模型的数据完整性约束：主要是主键约束和外键约束。
- 满足 1NF、2NF 和 3NF 的要求：1NF、2NF 和 3NF 的要求总结如表 3.7 所示。

表 3.7　1NF、2NF 和 3NF 的要求总结

范式	范式要求	解决方法
1NF	属性值应该是原子性的	拆分为多个属性，或拆分为多个关系
2NF	关系中不存在部分依赖	拆分为多个关系
3NF	关系中不存在传递依赖	拆分为多个关系

表 3.7 所示的范式要求理论性比较强，幸运的是，解决方法比较简单，就是将包含多种实体的表拆分为多个关系，使每个关系只包含一种实体，就能达到 3NF 的要求。概括地说，就是"一个实体集一张表"。读者可以采用以下步骤进行规范化设计。

（1）列出所有二维表

从需求分析中收集将要存入数据库的所有数据，按照关系模型基本特征的要求列出所有二维表，不能有任何遗漏，也不要有重复。每张表不应只有列名，还应该包含测试数据，以便加深对数据之间联系的理解，更好地进行规范化设计。

每张表可能包含一个或多个实体集，从设计开始，就要关注实体之间的联系，尽可能不要在一张表中包含多个实体集。在这一步，虽然允许在一张表中包含多个实体集，但要在后面的步骤中进行拆分。

完成后，可以满足关系的 6 项基本特征。

（2）设置主键和外键参照

关系模型的数据完整性约束有下述两个基本要求。

- 主键约束：为每张表设置一个主键，通常是整型的，并且设置为自动增量。
- 外键约束：通常每张表至少与另一张表有联系，从表的外键参照主表的主键；要么参照别的表，要么被别的表参照，也有可能两者兼而有之，只在极少情况下会出现独立的表。

根据主键约束的要求，为前一步的所有表添加一个无业务含义的主键。再根据外键约束的要求，检查前一步的所有表，检查它们之间是否存在一对一、一对多和多对多的联系，如果有，则按照"3.1.4 关系模型"的"ER 模型向关系模型的转换"，以及表 3.5 中讲解的办法设置外键，并标出所参照的主键。如果是多对多的联系，还需要把联系转换为关系，即添加一张新的表，并在新表中添加两个外键，分别参照原来的实体的主键。

在对主键和外键进行设置时，同样可以对表进行拆分，新拆分出来的表需要添加主键，原来表的相关属性通常替换为外键，参照新表的主键。拆分表和建立表之间的联系是同步进行的，拆分出来的两张表之间必定存在主从联系，此时读者应该立即在从表中加上外键，以免遗忘或者混淆。

在实际的数据结构设计中，也要根据需求分析的结果，设置列的用户自定义约束，例如非空约束、唯一性约束等。

完成后，可以基本满足关系模型对数据完整性约束的要求。在后续步骤中拆分表时，还要确保满足这个要求。

（3）检查属性值的原子性

检查所有表，找出属性值中包含多个值的属性（某一行的某个属性值中包含多个值），例如前述包含两个电话号码（见图 3.12）的属性，然后根据业务需求采用下述方式中的一种进行处理。

- 拆分属性：将一个属性拆分为多个属性，分别保存多个值。这种方式的缺点是只能保存有限个值。
- 拆分表：将属性独立出来成为一张表。原表和新表之间是一对多的联系，新表中添加主键和一个外键，这个外键参照原表的主键。

完成后，可以达到 1NF 的要求。

（4）检查属性值是否重复

检查所有表，找出含有重复值的属性（某一列的不同行包含相同的属性值），具有重复值的属性常常是属于另外的实体。有重复值的属性表示可能存在多种实体，按照"一个实体集一张表"的原则，对表进行拆分。根据具体情况，采用表 3.8 所示的方式中的一种进行处理。

表 3.8 处理属性值重复的几种方式

类型	处理方式
简单的值	不需要拆分，还是作为属性。例如"性别"属性的值只有"男"和"女"两种，属于简单的值，不需要拆分，也可以采用下述内部编码方法进行处理
内部编码	如果重复值的数量是有限和较少的，并且是固定不变的，这时可以采用内部编码来替代重复的值。例如"性别"属性的值只有"男"和"女"两种，这时采用内部编码 M 替代"男"，用 F 替代"女"。又如用户的"状态"属性只有"待激活""激活"和"禁用"3 种时，可以用内部编码 0、1、2 分别代表"待激活""激活"和"禁用"
拆分表	将属性独立出来成为一张表（添加主键），同时将与该属性有关的其他属性也并入新表。原表和新表之间是多对一的联系，原表添加外键，参照新表的主键

要注意下述两种情况。

- 假性重复：例如"成绩"列会有许多相同的值，但不能认为是重复值，因为相同的成绩在本质上不是重复，只是碰巧出现了相同的值。
- 隐性重复：没有在测试数据中反映出来的重复，当数据量足够大时，某些属性的值可能会出现重复，这种情况也应该加以考虑。

完成后，可以将表中的多数实体独立出来，但不能保证达到 2NF 或 3NF 的要求，因为还可能有一些实体没有独立出来。

（5）检查表是否包含多种实体

再次检查每一张表，分析表中是否含有多种实体（检查是否存在部分依赖或传递依赖），按照"一个实体集一张表"的原则，依次检查每一个属性，如果不属于所在表的同一种实体，就应该将其独立出来作为一种实体。这时，原表和新表间的联系有可能是一对一联系，也有可能是一对多或多对多联系。具体处理方式如下。

- 一对一联系：将表拆分为两种实体，从属的一方添加外键（加上唯一性约束），参照另一方的主键。在前面的步骤中没有考虑这种情况，要根据联系的紧密程度决定是否拆分。
- 一对多联系：将表拆分为两种实体，"多"的一方添加外键，参照"一"的一方的主键。这种情况应该在前一步骤中检查出来，由于是隐性重复，所以可能会导致疏漏。
- 多对多联系：将联系独立出来作为一种实体（二维表），添加两个外键，分别参照原来的两种实体的主键。这种情况应该在前面的步骤中完成，通常这时不会出现。

（6）合并相同的实体

前述步骤拆分出来的实体可能存在相同的实体，相同的实体一般具有相同的主键和相同的属性，属性可能全部相同，也可能部分相同，应该将相同的实体合并成一种实体。

完成后，就能够达到 3NF 的要求，完成规范化的设计。

前述 6 个步骤总结如表 3.9 所示，设计的总原则就是"一个实体集一张表"。

表 3.9　规范化设计的 6 步实施法

步骤	说明
1. 列出所有二维表	整理所有数据，以二维表的形式列出，不要遗漏，不要重复，并填入测试数据
2. 设置主键和外键参照	为每张表设置主键，找出表之间的联系（一对一、一对多、多对多），为从表设置外键，参照主表的主键。对于多对多联系，还要将联系转换为新的表
3. 检查属性值的原子性	检查所有列的值的原子性，如果不是原子的，则拆分属性或拆分表
4. 检查属性值是否重复	检查所有列的值的重复性，如果不是假性重复，通常情况下需要拆分表
5. 检查表是否包含多种实体	检查所有表，保证一张表只包含一种实体，否则拆分表
6. 合并相同的实体	检查所有实体，合并相同的实体

任务 2　需求分析

【任务描述】需求分析是开发阶段十分重要的一个环节，需求分析的好坏决定了一个项目的成败。通过本任务的学习，读者将了解需求分析的过程和要求，学会对小型项目进行简单的需求分析。

在继续讲解数据结构设计之前，本任务以图书借阅数据库为例，讲解数据库开发的 6 个阶段中的第一个阶段——需求分析。

3.2.1　需求描述

1. 项目概况

项目名称：小型图书借阅系统。

数据库名：library。

2. 需求概述

本项目是一个小型图书借阅系统，适合 50～100 人的小型公司内部使用，图书管理人员是兼职的。目标用户是图书管理员和普通借阅者，基本需求如下。

- 图书管理员：能够管理图书、借阅者，以及进行借书和还书操作。
- 普通借阅者：能够查询馆藏图书的情况，以及本人已归还和未归还图书的信息。

3.2.2　信息收集

从委托方收集相关实体的信息，这些实体有图书、借阅者、图书管理员以及借还书信息。

1. 图书信息

图书的信息有"书名""作者""出版社""ISBN 书号"（国际书号）和"分类号"等，如图 3.18 所示。其中，"ISBN 书号"唯一标识了全球出版的每一种图书，同一种书的 ISBN 书号是相同的，而"副本条码"则唯一标识了图书馆里的每一本书。图书馆会购入多本同一种书，因此要对每一本书记录一个编号，例如图 3.18 所示中有两本《数据库原理（第 5 版）》，这两本书的"副本条码"是不同的。这个编号通常是以条形码贴在书的扉页上，借书时只要扫一扫这个条形码，就能知道是哪一种书的哪一本（称为副本）。

 副本条码也可能是一条RFID标签，隐藏在书脊里，这时用RFID读卡器可以读出它。对于个人藏书数据库，每种书都只有一本，则不需要副本条码。

图书信息

书名	作者	出版社	ISBN书号	分类号	图书价格	出版年份	副本条码
Microsoft SQL Server 2000宝典	[美]鲍尔	中国铁道出版社	9787113057091	TP311.1-4-489	85.00	2004	10000001
数据库原理（第5版）	[美]大卫	清华大学出版社	9787302263432	TP311.1-4-497	49.80	2011	10000002
数据库原理（第5版）	[美]大卫	清华大学出版社	9787302263432	TP311.1-4-497	49.80	2011	10000003
SQL Server 2012数据库应用	李萍等编著	机械工业出版社	9787111505082	TP311.1-4-591	39.00	2015	10000004
SQL Server 2012数据库应用	李萍等编著	机械工业出版社	9787111505082	TP311.1-4-591	39.00	2015	10000005

图 3.18　图书的信息

2. 借阅者信息

借阅者的信息有"账号""性别"和"手机"等，如果允许借阅者自行查看借书的信息，那么还需要一个"密码"，如图 3.19 所示。

3. 图书管理员信息

图书管理员（馆员和系统管理员）是兼职的，所以也是借阅者，但是拥有不同的权限，通过"类型"加以标识，如图 3.19 所示。

用户表

卡号	姓名	账号	密码	类型	性别	手机
2249739484	管理员	admin	123456	系统管理员	男	13912345678
2249733829	杰克	jack	123456	馆员	男	13987654321
2249731839	艾米	amy	123456	馆员	女	13512345678
2249738325	张三	zhangs	123456	借阅者	男	13587654321
2249738303	李四	lisi	123456	借阅者	女	13712345678

图 3.19　借阅和图书管理员信息

4. 借书信息

借书的信息有"借出时间"和"借出经手人"等，如图 3.20 所示。

借还信息

借阅者	书名	副本条码	借出时间	归还时间	借出经手人	归还经手人
zhangs	数据库原理（第5版）	10000002	2020/4/10 8:52	2020/4/11 8:34	jack	jack
amy	数据库原理（第5版）	10000003	2020/4/10 9:17	(null)	jack	(null)
lisi	数据库原理（第5版）	10000002	2020/4/13 9:54	(null)	jack	(null)

图 3.20　借书和还书信息

5. 还书信息

还书的信息有"归还时间"和"归还经手人"等，如图 3.20 所示。

借书和还书信息中，只要"归还时间"为空，就表示书还没归还。同理，只要记录"归还时间"（同时记录"归还经手人"），就表示该书已经归还。

3.2.3　系统功能设计

经与委托方讨论，归纳出本项目的功能性需求，如图 3.21 所示。

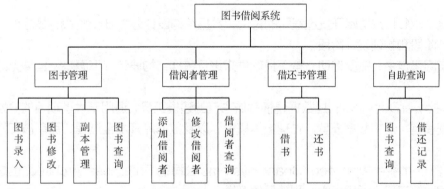

图 3.21　系统功能设计

其中，图书管理员的功能有图书管理、借阅者管理和借还书管理，馆员的功能有借还书管理，所有用户（包括借阅者）都能够自助查询。

3.2.4　业务处理流程

需求分析的一项重要内容是分析每一项业务的具体处理流程。下面只对借书和还书两项功能的业务流程进行详细讲解。

1. 借书流程

一个典型的借书流程如下：借阅者根据图书分类号在书架上找到图书，持该图书到登记处办理借书手续，图书管理员通过 RFID 阅读器读取借书卡（如同校园卡）上的 RFID 信息，得到借阅者的信息，再通过扫描图书上的条形码，得到所借图书的副本条码，还可以从副本条码得到图书的书名，然后把借书卡 RFID 信息、副本条码、借书经手人（图书管理员登录时取得）的主键、借书日期时间 4 项信息存入数据库的借还书记录中。

2. 还书流程

一个典型的还书流程如下：借阅者本人或委托他人持图书到登记处办理还书手续，图书管理员通过扫描图书上的条形码，得到所借图书的副本条码，然后从数据库借还书记录中未归还图书的部分找出该副本条码，将归还日期更新为当前日期时间，归还经手人更新为经手人的主键。

还书的唯一依据是图书的副本条码，这时不需要借阅者的任何信息。如果张三归还了李四所借的图书，这时实际归还的是李四所借的图书（依据是副本条码），而不是张三所借的图书，虽然这两本书可能是同一种图书，但它们是不同的副本。

任务3 数据结构设计

【**任务描述**】*数据结构设计有一个规范化的设计方法，一定要按照规范化的要求进行设计。通过本任务的学习，读者将了解数据建模工具，依据关系数据库理论，学会用规范化的设计方法，对图书借阅数据库进行数据结构设计。*

3.3.1 建模工具软件简介

按照"3.1.1 数据库开发过程"的讨论，数据结构设计分为 3 个阶段：概念设计阶段、逻辑设计阶段和物理设计阶段。

在实际工作中，需要借助一些工具软件来进行数据结构设计，下面是一些常见的建模工具软件。

- PowerDesigner：是数据建模领域主流的建模工具，适用于大型项目的开发；支持概念数据模型、逻辑数据模型、物理数据模型，以及数据库开发全过程，目前被 SAP 公司收购。

- Enterprise Architect：Sparx Systems 公司的 Enterprise Architect 也是业界领先的数据建模工具，适用于大中型项目的开发。

- MySQL Workbench：MySQL 提供了一个免费的设计工具 MySQL Workbench，它仅支持针对 MySQL 的物理数据模型的设计，满足中小型项目开发的需求。

另外，dbForge Studio 也提供了一个物理数据模型设计工具（数据库设计器），满足中小型项目开发的需求，项目 2 的联系人数据库就是采用这个工具进行设计的。

下面以 PowerDesigner 为例介绍建模工具软件的主要功能。

图 3.22 所示为 PowerDesigner 的界面，利用 PowerDesigner 可以生成概念数据模型（Conceptual Data Model，CDM）、逻辑数据模型（Logic Data Model，LDM）、物理数据模型（Physical Data Model，PDM）。

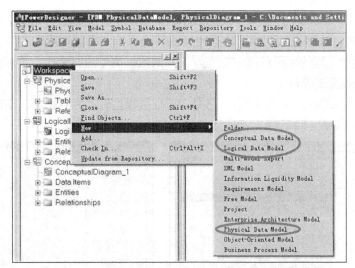

图 3.22　PowerDesigner 创建 3 种数据模型的菜单

1. 模型转换

PowerDesigner 支持在 3 种数据模型之间的任意转换，在 3 种数据模型之间转换的菜单如图 3.23 所示。

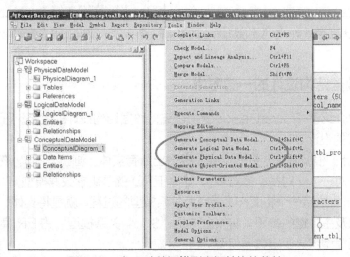

图 3.23　在 3 种数据模型之间转换的菜单

2. 正向工程和逆向工程

PowerDesigner 还支持物理数据模型和数据库之间的转换，这种转换有特别的术语，分别称为正向工程和逆向工程，如图 3.24 所示。这是一项非常有用的功能，所有数据库建模工具都支持正向工程，大多数建模工具都支持逆向工程。

图 3.24　正向工程和逆向工程

- 正向工程：从物理数据模型到数据库的转换，通常的数据库设计采用正向工程进行开发。
- 逆向工程：从数据库到物理数据模型的转换，有时需要对已有的数据库进行分析，这时可以采用逆向工程的手段获得数据模型，并对数据模型进行修改，再进行正向工程，从而实现对已有数据库的修改。

正向工程的菜单如图 3.25 所示，它将物理数据模型转换为数据库。逆向工程的菜单如图 3.26 所示，它将数据库转换为物理数据模型。

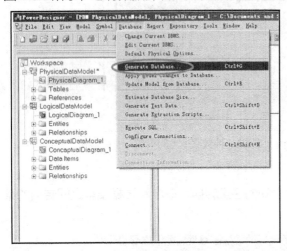 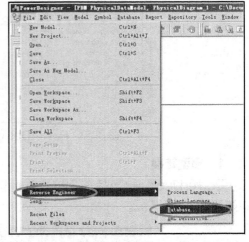

图 3.25　正向工程（物理数据模型到数据库）的菜单　　图 3.26　逆向工程（数据库到物理数据模型）的菜单

3.3.2　数据结构设计的一些考虑

前一节简单介绍了 PowerDesigner，它支持数据结构设计的完整过程，在理论上要经过下述 3 个阶段的设计。

- 概念设计：根据需求分析的结果，标识出所有实体，画出 ERD，在 ERD 上标出实体间的联系（一对一、一对多、多对多），这个 ERD 就是概念数据模型。
- 逻辑设计：这是一个将 ERD 转换为关系模型的过程，就是将实体、属性和联系转化为关系、属性以及主外键的参照，转换办法见"3.1.4　关系模型"的 ER 模型向关系模型的转换，这个关系模型就是逻辑数据模型。
- 物理设计：这是将关系模型转换为具体的关系数据库管理系统支持的数据结构，对于本书，就是将前一阶段的关系模型转换为 MySQL 的数据结构，成为在计算机上可以实施的物理数据模型。

然而在实际项目设计中，不仅指定了逻辑结构采用关系模型，而且也指定了物理结构采用 MySQL 数据库管理系统（或其他指定的数据库管理系统），因此数据库的数据结构设计就可以将上述 3 个阶段合并进行。

实际的设计过程可以是直接设计物理数据模型，或者说，是将概念结构设计的 ERD 扩展到逻辑设计和物理设计阶段，使 ERD 同时满足关系模型的规范化设计要求，并且满足物理设计阶段对数据结构的要求。这样的 ERD 在 MySQL 中称为扩展 ERD（EERD），它对应 PowerDesigner 的物理数据模型。扩展 ERD 有如下特点。

① 满足概念设计阶段的要求：包含传统 ERD 的所有信息，即标识了项目中所有实体、属性，以及联系。

② 满足逻辑设计阶段的要求：所有实体以表的形式出现，满足关系的 6 项基本特征，设置一个无业务含义的主键，所有联系（一对一、一对多、多对多）转换为主键和外键的参照，并且满足 3NF 的要求；对于不满足要求的就要通过拆分表来实现，达到关系数据库的规范化设计要求。

③ 满足物理设计阶段的要求：设置所有属性的数据类型，采用指定的数据库管理系统（例如 MySQL）所支持的数据类型，以及指定用户自定义约束、索引等与物理数据模型有关的设计。

3.3.3 规范化设计

数据结构设计最重要的是规范化设计，下面按照"3.1.5 关系数据库设计"一节中的"规范化设计的 6 步实施法"，对图书借阅系统进行规范化设计。

1．列出所有二维表

检查图 3.18～图 3.20 所示的所有二维表，全部满足关系的 6 项基本特征。

2．设置主键和外键

为图 3.18～图 3.20 所示的 3 张二维表设置主键，将借还信息的图书副本、借阅者、借出经手人、归还经手人改为外键，并删除书名列（因为书名可通过副本条码查询得到）。

3．检查属性值的原子性

上述 3 张表中没有违反属性值原子性的数据。

4．检查属性值是否重复

图 3.18 所示的图书信息表包含了许多重复的属性值，可以将其拆分为出版社表、图书表和图书副本表，从而消除重复的数据，为副本表增加状态列，记录损坏或丢失的信息。这 3 张表代表了 3 个不同的实体集，最后通过外键将这 3 张表关联起来。

图 3.19 所示的用户表包含了借阅者信息和图书管理员信息，这张表不需要拆分，只需要添加一个主键，并将类型改为内部编码，消除重复值。

图 3.20 所示的借还信息表包含的重复数据有两类，一是副本相关的，因此，将副本条码改为外键列，参照副本表，并删除书名列；二是用户相关的，因此，将借阅者、借出经手人和归还经手人改为外键列，参照用户表（与第 2 步设置外键的要求相同）。修改后的借还表不再出现重复的信息。

图书借阅系统规范化后的二维表和测试数据如图 3.27 所示。

5．检查表是否包含多种实体

检查图 3.27 所示的 5 张表，每张表都不包含多种实体。

6．合并相同的实体

检查图 3.27 所示的 5 张表，不存在相同的实体，因此图 3.27 所示的就是规范化设计的结果。

从图 3.27 中可以看到，所有表的属性值都是原子性的（满足 1NF 的要求），也没有含有重复属性值的列，所有表只包含一个实体集，满足"一个实体集一张表"的要求，因此达到了 3NF 的要求。

出版社表

出版社ID	出版社
1	中国铁道出版社
2	清华大学出版社
3	机械工业出版社

图书表

图书ID	书名	作者	出版社ID	ISBN书号	分类号	图书价格	出版年份
1	Microsoft SQL Server 2000宝典	[美]鲍尔	1	9787113057091	TP311.1-4-489	85.00	2004
2	数据库原理（第5版）	[美]大卫	2	9787302263432	TP311.1-4-497	49.80	2011
3	SQL Server 2012数据库应用	李萍等编著	3	9787111505082	TP311.1-4-591	39.00	2015

图书副本表

副本ID	副本条码	状态	图书ID
1	1000001	1	1
2	1000002	1	2
3	1000003	1	2
4	1000004	1	3
5	1000005	1	3

用户表

用户ID	卡号	姓名	账号	密码	类型	性别	手机
1	2249739484	管理员	admin	123456	系统管理员	男	13912345678
2	2249733829	杰克	jack	123456	馆员	男	13987654321
3	2249731839	艾米	amy	123456	馆员	女	13512345678
4	2249738325	张三	zhangs	123456	借阅者	男	13587654321
5	2249738303	李四	lisi	123456	借阅者	女	13712345678

借还表

借还ID	借阅时间	归还时间	副本ID	借阅者ID	借出经手人ID	归还经手人ID
1	2020/4/10 8:52	2020/4/11 8:34	2	4	2	2
2	2020/4/10 9:17	(null)	3	3	2	(null)
3	2020/4/13 9:54	(null)	2	5	2	(null)

图 3.27　图书借阅系统规范化后的二维表和测试数据

3.3.4　数据结构的设计

1. 数据结构

图 3.27 所示的整个系统一共有 5 张表，根据图 3.27 所示的 5 张表和示例数据，可以设计出图书借阅系统的数据结构，如图 3.28 所示（该扩展 ERD 采用 MySQL Workbench 绘制，仅支持 MySQL）。

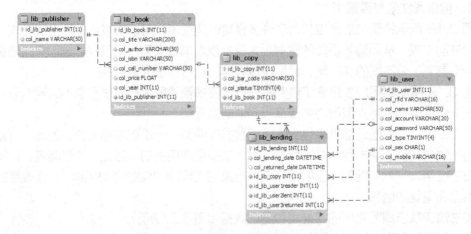

图 3.28　图书借阅数据库的扩展 ERD

数据结构的详细信息如表 3.10～表 3.14 所示。

用户表包括 3 类人员：系统管理员、馆员和普通借阅者，如表 3.10 所示。

表 3.10　用户表（lib_user）

序号	列名	类型	属性	说明（中文字段名）
1	id_lib_user	int(11)	非空，主键，自增	用户 ID
2	col_rfid	varchar(16)	非空，唯一	卡号

序号	列名	类型	属性	说明（中文字段名）
3	col_name	varchar(50)	非空	姓名
4	col_account	varchar(20)	非空，唯一	账号
5	col_password	varchar(50)	非空	密码
6	col_type	tinyint(4)	允许空	类型，0=借阅者，1=馆员，2=系统管理员
7	col_sex	char(1)	允许空	性别，M=男，F=女
8	col_mobile	varchar(16)	允许空，唯一	手机

出版社表只有两列，如表 3.11 所示，需要时还可以增加有关的列，例如联系地址和电话。

表 3.11　出版社表（lib_publisher）

序号	列名	类型	属性	说明（中文字段名）
1	id_lib_publisher	int(11)	非空，主键，自增	出版社 ID
2	col_name	varchar(50)	非空，唯一	出版社

图书表保存图书馆中的每一种书，如表 3.12 所示。

表 3.12　图书表（lib_book）

序号	列名	类型	属性	说明（中文字段名）
1	id_lib_book	int(11)	非空，主键，自增	图书 ID
2	col_title	varchar(200)	非空	书名
3	col_author	varchar(50)	非空	作者
4	col_isbn	varchar(50)	允许空，唯一	ISBN 书号
5	col_call_number	varchar(50)	允许空	分类号
6	col_price	float	非空	图书价格
7	col_year	int(11)	非空	出版年份
8	id_lib_publisher	int(11)	非空	出版社 ID

图书副本表保存图书馆中的每一本书，如表 3.13 所示。

表 3.13　图书副本表（lib_copy）

序号	列名	类型	属性	说明（中文字段名）
1	id_lib_copy	int(11)	非空，主键，自增	副本 ID
2	col_bar_code	varchar(50)	非空，唯一	副本条码
3	col_status	tinyint(4)	非空	状态（0=新购、1=可用、2=损坏、3=丢失）
4	id_lib_book	int(11)	非空	图书 ID

借还表保存所有借书和还书的记录，如表 3.14 所示。其中有 3 个外键都参照了用户表，分别表示借阅者、借出经手人和归还经手人，因此外键名加上有关的后缀加以说明。

表 3.14　借还表（lib_lending）

序号	列名	类型	属性	说明（中文字段名）
1	id_lib_lending	int(11)	非空, 主键, 自增	借还 ID
2	col_lending_date	datetime	非空	借书时间
3	col_returned_date	datetime	允许空	还书时间
4	id_lib_copy	int(11)	非空	副本 ID
5	id_lib_user1reader	int(11)	非空	借阅者 ID（参照用户表）
6	id_lib_user2lent	int(11)	非空	借出经手人 ID（参照用户表）
7	id_lib_user3returned	int(11)	允许空	归还经手人 ID（参照用户表）

上述 5 张表是数据结构设计的成果，用于整个项目的开发过程。

2. 数据结构设计注意事项

在数据结构设计过程中，有许多细节需要考虑。在实施时，需要注意以下几个方面。

- 每张表应该是独立的，不应该包含重复的数据，满足规范化设计的要求。
- 每张表都必须有主键，表之间应建立外键约束。
- 设计好表的每一列，明确表有多少列、每列的含义和作用。
- 定义每一列的名称，名称应该有具体的含义，并按命名规范进行命名。
- 根据列所保存的数据的性质，指定每一列的数据类型。
- 设置主键约束、外键约束和其他约束（唯一性约束、非空约束和默认约束等）。
- 为某些列建立索引，以提高查询效率（索引在项目 6 讲解）。

任务 4　数据结构的实施

【**任务描述**】数据结构的实施就是创建数据库和数据表等，实施的办法有两种：一是采用图形界面工具，二是采用SQL语句。通过本任务的学习，读者将学会编写SQL语句，学习创建数据库、创建表、修改表、丢弃表、丢弃数据库等数据定义方面的操作，同时理解数据结构与数据约束的关系。

本书项目 1 和项目 2 的案例都是在 dbForge Studio 中采用图形界面创建数据库和数据表，虽然对于初学者来说非常方便，但是通过编写 SQL 语句来创建数据库和数据表，却有更多优势，不仅可以复用代码，还可以加深对于 SQL 语句的理解。

 有许多工具可以通过图形界面实现对数据库的操作，作为程序员，应该学会编写SQL语句，直接对数据库进行操作，因此本书从现在开始直接编写SQL语句。

在 dbForge Studio 中直接编写 SQL 语句的办法是从开始页的 "SQL Development" 选项卡中单击 "SQL Editor" 按钮，打开 SQL 编辑器，在 SQL 编辑区编写 SQL 语句。编写完成后，单击 "!Excute" 按钮执行 SQL 语句，如图 3.29 所示。

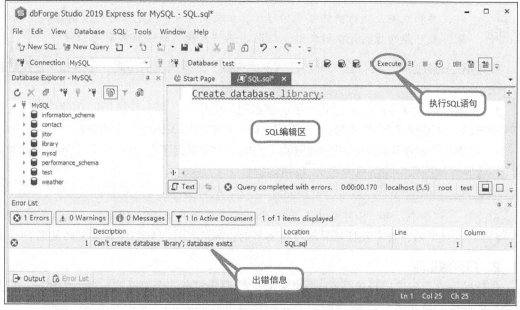

图 3.29　编写和执行 SQL 语句

3.4.1 【实训 3-1】数据结构的创建

任务 3 完成了图书借阅数据库的数据结构规范化设计，其成果是表 3.10～表 3.14，接下来要严格按照规范化设计的成果创建数据库和数据表。

1. 创建数据库

首先创建数据库，其 SQL 语句的语法格式如下。

Create database 数据库名称 [character set 字符集 [collate 字符集校对]];

省略字符集时（在语法格式中，方括号里的内容是可选的），则自动采用安装 MySQL 时设置的默认字符集。

对于本项目，创建数据库 library 的代码如下（如果默认字符集已经是 utf8）。

Create database *library*;

或者在创建数据库时指定字符集为 utf8。

Create database *library* character set utf8;

新创建的数据库是空的，需要在数据库中创建数据表等数据库对象。

一条命令或 SQL 语句执行成功后，在运行信息输出区域，将显示一行执行成功的信息，如图 3.30 所示。如果执行失败的话，则会显示一条出错信息，图 3.31 所示的出错信息的意思是"不能创建数据库'library'；数据库已存在"。

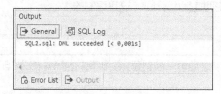

图 3.30　运行信息的输出区域

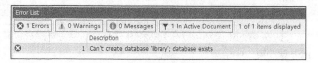

图 3.31　运行信息的出错信息

要养成关注运行出错信息的习惯，如果执行一条SQL语句后没有得到预期结果，最可能的原因是执行失败，这时出错信息能够提供非常有用的帮助。

如果指定的数据库已经存在，则创建数据库失败。根据情况的不同，可以有下述两种处理办法。

- 如果是因为连续两次执行同一条创建数据库的语句，第一次执行时创建成功，在第二次执行时，试图创建相同的数据库而引起出错，此时可以忽略这条出错信息。
- 如果不希望使用原来已有的数据库（例如，字符集错了），此时可以删除原来的数据库（将会删除数据库中的所有内容），重新创建。

```
Drop database library;
```

 "命令"和"SQL语句"有一些不同，前者是MySQL独有的，后者是SQL标准规定的、所有数据库管理系统都有的，除此之外，它们没有太大的区别。

2. 打开数据库

创建数据库后应该打开数据库，后续的 SQL 语句将在这个打开的数据库中执行。打开数据库的命令的语法格式如下。

```
Use 数据库名称;
```

对于本项目，打开数据库 library 的命令如下。

```
Use library;
```

3. 创建数据表

接下来是在 library 数据库中创建数据表，创建表的语法格式如下。

```
Create table 表名（
        列名 1 数据类型 1 [列级约束 1],          -- 每个列定义结束时加逗号,作为分隔
        列名 2 数据类型 2 [列级约束 2],
        …
        列名 n 数据类型 n [列级约束 n]           -- 最后一个列定义结束时不能加逗号,
);                                              -- 最后是一个反圆括号,以分号结束整条 SQL 语句
```

其中，数据类型见附录 A，常用列级约束如表 3.15 所示。还可以为表和列加上备注说明（也可以不加），例子见下面的讲解。

 SQL语句的单行注释是两个减号，两个减号及其之后的内容是注释。多行注释是以/*开始，以*/结束。

表 3.15　常用列级约束

列级约束	说明
primary key	主键约束，对于整型的主键列，可加上自增量（auto_increment）
not null 或 null	非空约束，或允许为空。主键列还必须加上 not null（这是强制的）
unique	唯一性约束
default	默认约束，需要提供默认值作为参数

注：外键约束虽然可以在列级约束中创建，但通常是在创建表之后再单独创建，在接下来的第 4 部分"创建外键约束"中讲解。

表的创建必须严格按照数据结构设计的成果来进行，包含表名、列名、数据类型、各种

约束，甚至备注说明等细节都必须严格一致，不允许有任何差错。在实际开发中，这个过程都是借助工具软件自动进行的，所以几乎不会出错。但是作为初学者，必须学会编写 SQL 语句，加深对数据结构的理解，这就是不使用工具软件的原因。

> SQL语言是不区分大小写的，不论是关键字还是表名、列名、变量名都不区分大小写。但应注意的是，在Linux平台下，数据库名和表名等是区分大小写的。因此，建议所有命名采用小写。

（1）创建用户表

创建用户表的 SQL 语句如下。

```
Create table lib_user (
    id_lib_user int(11) not null primary key auto_increment comment '用户 ID',
    col_rfid varchar(16) unique not null comment '卡号',
    col_name varchar(50) not null comment '姓名',
    col_account varchar(20) unique not null comment '账号',
    col_password varchar(50) not null comment '密码',
    col_type tinyint(4) default 0 comment '类型，0=借阅者，1=馆员，2=系统管理员',
    col_sex char(1) default null comment '性别，M=男，F=女',
    col_mobile varchar(16) default null comment '手机'
)comment = '用户表';
```

这条语句创建用户表（lib_user），这张表有 8 列，是完全根据表 3.10 来编写的。上述语句中的几种列级约束如下。

• 主键约束：主键（id_lib_user）的约束是 primary key，主键还必须同时是非空的 not null，对于整型的主键，还可以加上 auto_increment（自增量）。

• 非空约束：例如"姓名"（col_name）列拥有非空约束，而"性别"（col_sex）列则没有非空约束。

• 唯一性约束："卡号"（col_rfid）列和"账号"（col_account）列拥有唯一性约束，"手机"列也应该有唯一性约束，但在这里不指定，在"3.4.2【实训 3-2】数据结构的维护"小节的第 2 部分"变更表"中作为"增加约束"的一个例子，再进行讲解。

• 默认约束："用户类别"（col_type）列有一个默认约束，其默认值是 0，需要时，也可以指定默认值为 1 或 2。

另外对表和每一列都加上了备注说明，用 comment 来表示，其后用单引号引起来的内容是对表或列的说明。

> 在创建数据表的SQL语句中，对表和列用comment加上中文的备注说明是一个良好的习惯，有助于编写可读性高的代码。

执行创建表的语句后，dbForge Studio 仅在运行信息输出区域输出执行成功的一行信息。如果再次执行创建同一张表的语句，就会出现一个错误信息，提示该表已经存在。图 3.32 所示的提示信息意思是"lib_user 表已经存在"，不能再创建相同的表。如果不需要再次创建这张表，就可以忽略这条错误信息。

图 3.32　重复创建表时的错误信息

如果创建的数据表有语义上的错误，例如列名错误或数据类型错误，则需要丢弃这个数据表，然后改正错误重新创建。丢弃表的语法格式如下。

```
Drop table [if exists] 表名;
```

（2）创建出版社表

创建出版社表的 SQL 语句如下。

```
Create table lib_publisher (
    id_lib_publisher int(11) not null primary key auto_increment comment '出版社 ID',
    col_name varchar(50) unique not null comment '出版社'
)comment = '出版社表';
```

（3）创建图书表

创建图书表的 SQL 语句如下。

```
Create table lib_book (
    id_lib_book int(11) not null primary key auto_increment comment '图书 ID',
    col_title varchar(200) not null comment '书名',
    col_author varchar(50) not null comment '作者',
    col_isbn varchar(50) unique default null comment 'ISBN 书号',
    col_call_number varchar(50) default null comment '分类号',
    col_price float not null comment '图书价格',
    col_year int(11) not null comment '出版年份',
    id_lib_publisher int(11) not null comment '出版社 ID'
)comment = '图书表';
```

（4）创建图书副本表

创建图书副本表的 SQL 语句请读者自行编写。

（5）创建借还表

创建借还表的 SQL 语句请读者在下述代码的基础上补充，下述代码列出了 3 个外键，这 3 个外键都参照了用户表，外键名加上表示含义的后缀。

```
Create table lib_lending (
    -- 省略部分列定义，请读者补充
    id_lib_user1reader int(11) not null comment '借阅者 ID',
    id_lib_user2lent int(11) not null comment '借出经手人 ID',
    id_lib_user3returned int(11) default null comment '归还经手人 ID'
)comment = '借还表';
```

4．创建外键约束

创建外键约束有两种办法。

- 在创建表的同时创建外键约束。
- 在创建表之后，通过修改表的方式，为表添加外键约束。

建议采用第二种办法，因为这种办法比较灵活。因此，在创建上述 5 张数据表之后，再为表添加外键约束。为表添加外键约束的语法格式如下。

```
Alter table 从表
    add constraint 外键约束名 foreign key (外键)
        references 主表(主键);
```

这条 SQL 语句的意思是为"从表"添加一个名为"外键约束名"的外键（foreign key）约束（constraint），"从表"的"外键"参照（references）"主表"的"主键"。

从理论上说，外键约束名可以任意命名，只要没有重复的名称即可。在实践中，外键的命名有一定的规范，应该以 fk_ 起头（fk 表示外键 foreign key），后接主表名和从表名。

（1）图书表的外键约束

为图书表（lib_book）的外键（id_lib_publisher）添加对出版社表（lib_publisher）主键（id_lib_publisher）的参照，外键名为"fk_lib_book_lib_publisher"。

```
Alter table lib_book
    add constraint fk_lib_book_lib_publisher foreign key (id_lib_publisher)
        references lib_publisher(id_lib_publisher);
```

（2）图书副本表的外键约束

为图书副本表（lib_copy）的外键（id_lib_book）添加对图书表（lib_book）主键（id_lib_book）的参照，外键名为"fk_lib_copy_lib_book"。该 SQL 语句请读者自行编写。

（3）借还表的外键约束（参照图书副本表）

为借还表添加对图书副本表的外键约束，外键名为"fk_lib_lending_lib_copy"。

```
Alter table lib_lending
    add constraint fk_lib_lending_lib_copy foreign key (id_lib_copy)
        references lib_copy(id_lib_copy);
```

（4）借还表的外键约束（参照用户表）

借还表有 3 个参照用户表的外键，这 3 个外键的含义分别是借阅者、借出经手人和归还经手人，因此 3 个外键有 3 个不同的名称，而 3 个外键约束也应该有不同的名称。

下面为借还表分别添加 3 个外键约束，首先添加借阅者外键的约束，外键名为"fk_lib_lending_lib_user1"，在外键名的最后加一个数字以示区别。

```
Alter table lib_lending
    add constraint fk_lib_lending_lib_user1 foreign key (id_lib_user1reader)
        references lib_user(id_lib_user);
```

下面添加借出经手人的外键约束，外键名为"fk_lib_lending_lib_user2"。

```
Alter table lib_lending
    add constraint fk_lib_lending_lib_user2 foreign key (id_lib_user2lent)
        references lib_user(id_lib_user);
```

最后添加归还经手人的外键约束，外键名为"fk_lib_lending_lib_user3"。该 SQL 语句请读者自行编写。

现在完成了图书借阅数据库的创建，包括表和表之间的联系，将这些代码保存到一个文件中（文件扩展名是.sql，也称为脚本文件），需要时可以在其他计算机上执行，从而创建相同的数据库和表，大大方便了数据库的开发工作。

3.4.2 【实训 3-2】数据结构的维护

在开发过程中，可能需要对数据结构进行修改（变更），这种情况是程序员最不愿意见到的，因为数据结构的变更意味着许多代码的重写与重新测试。但是这种情况是很难完全避免的，作为程序员，还是要学会编写这方面的语句。

1. 列出数据库和表的信息

（1）列出数据库名

用下述命令列出 MySQL 服务器中所有数据库的列表。

```
Show databases;
```

（2）列出数据表名

用下述命令列出当前数据库中所有表的列表。

```
Use library;
Show tables;
```

（3）列出表的数据结构

用下述命令列出当前数据库中指定表（lib_book）的数据结构，如图3.33所示。

```
Describe lib_book;
```

Field VARCHAR(64)	Type MEDIUMTEXT	Null VARCHAR(3)	Key VARCHAR(3)	Default MEDIUMTEXT	Extra VARCHAR(27)
▶ id_lib_book	int(11)	NO	PRI	(null)	auto_increment
col_title	varchar(200)	NO		(null)	
col_author	varchar(50)	NO		(null)	
col_isbn	varchar(50)	YES	UNI	(null)	
col_call_number	varchar(50)	YES		(null)	
id_lib_publisher	int(11)	NO	MUL	(null)	

图3.33 列出表的数据结构

在图3.33所示的"Key"这一列中，PRI表示主键，UNI表示唯一性约束，MUL表示外键。

2. 变更表

表的变更（修改）可能涉及许多方面，可能是变更表中某个列的列名或列的数据类型，也可能是添加一列或丢弃一列，甚至是增加一个约束或丢弃一个约束。例如前面就详细讲解了增加外键约束，增加外键约束是最常见的操作之一。

下面以实例的方式，分为6种情况进行讲解。

（1）增加列

例如为出版社表增加一个备注列（列名"col_remark"，数据类型varchar(500)）的代码如下。

```
Alter table lib_publisher
    add column col_remark varchar(500) null comment '备注';
```

如果重复增加列，会出现"Duplicate column name 'col_remark'"的错误信息，意思是不能增加相同的列。

（2）丢弃列

例如丢弃刚才增加的备注列（col_remark）的代码如下。

```
Alter table lib_publisher
    drop column col_remark;
```

如果重复丢弃同一个列，会出现"Can't DROP 'col_remark'; check that column/key exists"的错误，意思是不能丢弃不存在的列。

（3）变更列

可以同时变更列名以及列的定义（数据类型、非空约束等）。例如变更"出版社"的列名的代码如下，从原来的列名"col_name"改为"col_publisher_name"，同时变更数据类型，从原来的类型varchar(50)改为varchar(60)。

```
Alter table lib_publisher
    change column col_name col_publisher_name varchar(60) unique not null comment '出版社'
```

（4）增加约束

可以向表添加主键约束、外键约束和唯一性约束等。主键约束在创建表时应该设计好，不需要以后临时增加，增加外键约束在"3.4.1【实训 3-1】数据结构的创建"小节的第 4 部分"创建外键约束"中已经详细讲解过。下面是一个增加唯一性约束的例子，为用户表的"手机"列添加一个唯一性约束（也就是唯一性索引）。

```
Alter table lib_user
    add unique index idx_lib_user_mobile (col_mobile);
```

唯一性约束是一种索引（index，将在项目 6 详细讲解），其名称通常以 idx 开头，例如 idx_lib_user_mobile。

（5）列出约束名

下述命令将列出 lib_user 表的所有约束以及详细信息，如图 3.34 所示。

```
Show keys from lib_user;
```

Table VARCHAR(64)	Non_unique BIGINT(1)	Key_name VARCHAR(64)	Seq_in_index BIGINT(2)	Column_name VARCHAR(64)	Collation VARCHAR(1)	Cardinality BIGINT(21)	Sub_part BIGINT(3)	Packed VARCHAR(10)	Null VARCHAR(3)	Index_type VARCHAR(16)	Comment VARCHAR(16)	Index_comment VARCHAR(1024)
lib_user	0	PRIMARY	1	id_lib_user	A	5	(null)	(null)		BTREE		
lib_user	0	col_account	1	col_account	A	5	(null)	(null)		BTREE		
lib_user	0	col_rfid	1	col_rfid	A	5	(null)	(null)		BTREE		
lib_user	0	idx_lib_user_mobile	1	col_mobile	A	5	(null)	(null)	YES	BTREE		

图 3.34　lib_user 表的所有约束及详细信息

在图 3.34 中，最后一行"Key_name"列的值 idx_lib_user_mobile 就是上一步创建的唯一性约束的约束名。其中"Non_unique"属性的值为 0，表示是唯一性约束。

（6）丢弃约束

例如丢弃刚才为用户表的"手机"列添加的唯一性约束的代码如下。

```
Alter table lib_user
    drop index idx_lib_user_mobile;
```

丢弃约束前，必须知道约束的名字，否则无法丢弃。列出约束名的办法见前述"（5）列出约束名"。

在变更表的操作过程中，不允许违反任何完整性约束。

例如添加外键约束时，如果外键列已有数据，但是这个数据不是主表中主键的值，这时新的外键约束会导致外键的值不满足要求。只有把外键的值改为主表中主键的值后，外键约束才能添加成功。

又如在一个表中添加一个非空列，如果该表已有数据，这时将出现该列数据为空的情况，违反了新的非空约束，将导致添加非空列失败。一个可行的办法是分 3 步完成：先添加该列（允许空），将该列的所有行的数据置为非空，再变更该列为非空约束。

3. 丢弃表

丢弃表的语法格式如下。

```
Drop table [if exists] 表名;
```

其中 if exists 是可选的，它的意思是如果表存在时则丢弃，如果表不存在时则什么也不做，也不会提示出错信息。

通常会加上 if exists，这样即使表不存在，也不会出错。例如丢弃表 lib_lending 的代码如下。

```
Drop table lib_lending;
```

使用以下代码则更安全一点，即使表不存在也不会出错。

```
Drop table if exists lib_lending;
```

丢弃表时要注意，丢弃表的同时将丢弃与表相关的一切信息，包括表中的数据、各种约束以及索引等，因此要特别谨慎。

另外要特别注意，丢弃表时不能违反外键约束，即这张表被其他表参照时不可丢弃。

在丢弃从表之前，不能丢弃主表。应该先丢弃从表，后丢弃主表。因此只能先丢弃没有被其他表参照的表，否则会出错。

4. 丢弃数据库

丢弃数据库的语法格式如下。

```
Drop database [if exists] 数据库名;
```

丢弃数据库时要注意，丢弃数据库的同时将丢弃与数据库相关的一切信息，包括所有表及其数据，因此要特别谨慎。

例如丢弃数据库 library 的代码如下。

```
Drop database library;
```

3.4.3 数据结构与数据约束

数据结构与数据约束有一定的关系，如表 3.16 所示。

表 3.16 数据结构与数据约束的关系

约束类型	创建表（Create）	变更表结构（Alter）	丢弃表结构（Drop）
主键约束	每张表必须有主键，通常是整型的自增主键	不要变更主键	无关
外键约束	先创建主表，后创建从表，然后为从表添加外键约束	添加外键约束后，尽量不要再变更	先丢弃从表，后丢弃主表

习题

1. 思考题

① 数据库开发的 6 个阶段是什么？每个阶段的主要任务是什么？

② 数据模型的三要素是什么？关系模型的三要素是什么？

③ 什么是 ER 模型？什么是 ER 图？与 ER 模型相关的术语有哪些？

④ 实体之间的 3 种联系分别是什么？

⑤ 关系的 6 大特征是什么？

⑥ 如何将 ER 模型转换为关系模型？

⑦ 1NF、2NF 和 3NF 是什么？它们能够解决什么问题？

⑧ 如何消除关系中的异常？

⑨ 如何进行规范化设计？

2. 实训题

① 电子书店数据库的数据结构的创建，见 Jitor 平台的【实训 3-3】。

② 电子书店数据库的数据结构的维护，见 Jitor 平台的【实训 3-4】。

③ 项目 3 选择题和填空题，见 Jitor 平台的【实训 3-5（习题）】。

项目 4
使用数据库——图书借阅数据库

扫码观看项目 4
思维导图

项目 4 是"项目 3 设计数据库——图书借阅数据库"的延续，通过对图书借阅数据库的数据操纵（增、删、改），读者将加深对数据结构设计以及对主键约束、外键约束、非空约束、唯一性约束和默认约束等的理解，最后重点讲解数据查询，包括简单查询、联合查询、连接查询和分组统计等。

▶ 知识目标

① 掌握数据操纵（插入、删除和更新）技术。

② 掌握选择列、选择行、计算列、排序分页技术。

③ 理解各种查询条件及其综合运用。

④ 掌握各种连接查询（内连接、外连接和自连接）。

⑤ 掌握统计与分组统计技术。

⑥ 深刻理解各种数据完整性约束，包括主键约束、外键约束和其他约束等。

▶ 技能目标

① 学会编写 SQL 语句，而不是使用图形界面工具。

② 学会对表的插入、更新和删除操作。

③ 熟练掌握简单查询技术，重点是查询条件。

④ 熟练掌握复杂查询技术，重点是内连接。

⑤ 掌握统计与分组统计技术。

⑥ 能够正确地发现和解决主键约束和外键约束引起的问题。

任务 1 数据操纵

【任务描述】 数据操纵有两种办法：一是采用图形界面工具，二是采用 SQL 语句。通过本任务的学习，读者将学会通过编写 SQL 语句向数据表插入数据、更新数据、删除数据等数据操纵方面的操作，并且理解数据操纵与数据约束的关系。

本任务将讲解使用 SQL 语句实现数据的插入、更新和删除。

4.1.1 【实训 4-1】数据插入

数据插入就是向表添加新的行，即插入行，使用 Insert 语句实现。语法格式如下。

```
Insert into  表名  [(列名列表)] values (值列表);
```

• 列名列表和值列表必须严格——对应，不仅要求它们的个数和顺序相同，对应的数据类型相同，并且其含义也应该相同，否则会将值插入到错误的列中。

• 列名列表必须包含所有非空列，但一般不包含自增量的主键列。

- 列名列表可以省略，当省略时，相当于列名列表是数据表的全部列名，并且是按数据表中列定义的顺序排列。在值列表中自增量主键的值可以用 null 表示，执行时将使用自动生成的主键值。

值列表是与列名列表对应的值，各个值之间用逗号分隔。数据需要按一定的格式表示，如表 4.1 所示，更详细的要求见项目 2 中"任务 2 理解 MySQL 的数据类型"一节。字符型的值的长度不能超过列定义的长度。

表 4.1　值列表中的数据格式

类型	说明	例子
字符串	单引号引起来，如果含有单引号，用两个单引号或转义字符替代	'It is me.'、'It''s me.'、'It\'s me.'
数字	直接表示，整数或带小数点的数据	5、1.23
日期时间	用单引号引起来，需要符合日期、时间或日期时间的格式	'2020-04-13 08:52:00'

这里以图 3.27 所示的数据为例，向图书借阅数据库录入数据。

1. 用户表的数据插入

下面向用户表插入 5 行数据，每条语句插入 1 行数据，各条语句有少量差别，用来演示 Insert 语句的各种用法。

下述代码向用户表插入一行数据（省略列名列表，指定主键值）。

```
Insert into lib_user values
    (1, '2249739484', '管理员', 'admin', '123456', 2, 'M', '13912345678');
```

这是另一条代码，向用户表插入第二行（省略列名列表，主键值为 null，自动增量）。

```
Insert into lib_user
    values (null, '2249733829', '杰克', 'jack', '123456', 1, 'M', '13987654321');
```

这是第三条代码，向用户表插入第三行（列出所有列，主键值为 null，自动增量）。

```
Insert into lib_user
    (id_lib_user, col_rfid, col_name, col_account, col_password, col_type, col_sex, col_mobile)
    values (null, '2249731839', '艾米', 'amy', '123456', 1, 'F', '13512345678');
```

这是第四条代码，向用户表插入第四行（列出所有列，不含自动增量的主键）。

```
Insert into lib_user (col_rfid, col_name, col_account, col_password, col_type, col_sex, col_mobile)
    values ('2249738325', '张三', 'zhangs', '123456', 0, 'M', '13587654321');
```

这是第五条代码，向用户表插入第五行（所有非空列，不含自动增量的主键）。

```
Insert into lib_user (col_rfid, col_name, col_account, col_password)
    values ('2249738303', '李四', 'lisi', '123456');
```

在最后一条代码中，允许空的列因为没有值，所以值为空。

下述 3 种类型的列可以在列名列表中省略，其他列不能省略。

- 自增量的列应该省略，其值由程序根据规则自动填入。如果没有省略，则用 null 作为它的值，执行时填入自动生成的值。
- 允许为空的列，省略时，其值为空。
- 有默认约束的列，省略时，其值为默认值。

2. 出版社表的数据插入

这张表的结构很简单，只有一列数据，请读者自行编写 Insert 语句，需要插入三行。

3. 图书表的数据插入

图书表的数据插入必须在出版社表的数据插入之后进行，因为它参照了出版社表的数据。首先用 Select * from lib_publisher 语句查询出版社表中的数据，如图 4.1 所示。

这时图书表的插入代码如下。

```
Insert into lib_book values
    (null, 'Microsoft SQL Server 2000 宝典', '[美]鲍尔', '9787113057091', 'TP311.1-4-489', 1),
    (null, '数据库原理（第 5 版）', '[美]大卫', '9787302263432', 'TP311.1-4-497', 2),
    (null, 'SQL Server 2012 数据库应用', '李萍等编著', '9787111505082', 'TP311.1-4-591', 3);
```

MySQL 允许在一条 Insert 语句中添加多行，每行数据用圆括号括起来，并以逗号分隔。这样的一条语句甚至可以包含成千上万行数据。

需要特别注意的是，插入语句中外键的值必须与图 4.1 所示的主键值一致，如果出版社表的主键值与图 4.1 所示的不同，则插入语句中外键的值要随之改变。

4. 图书副本表的数据插入

图书副本表的数据插入语句请读者自行编写，插入后的图书副本表和图书表的数据要与图 4.2 所示的数据一致，因此图书副本表的外键要正确引用图书表的主键值。

id_lib_publisher INT(11)	col_name VARCHAR(50)
1	中国铁道出版社
2	清华大学出版社
3	机械工业出版社

图 4.1　出版社表的数据

col_title VARCHAR(200)	col_author VARCHAR(50)	col_isbn VARCHAR(50)	col_call_number VARCHAR(50)	col_bar_code VARCHAR(50)	col_status TINYINT(4)
Microsoft SQL Server 2000宝典	[美]鲍尔	9787113057091	TP311.1-4-489	1000001	1
数据库原理（第5版）	[美]大卫	9787302263432	TP311.1-4-497	1000002	1
数据库原理（第5版）	[美]大卫	9787302263432	TP311.1-4-497	1000003	1
SQL Server 2012数据库应用	李萍等编著	9787111505082	TP311.1-4-591	1000004	1
SQL Server 2012数据库应用	李萍等编著	9787111505082	TP311.1-4-591	1000005	1

图 4.2　图书副本表与图书表的数据

5. 借还表的数据插入

向借还表插入数据的语句如下，注意要根据用户表和图书副本表的主键值修改下述代码中的外键值。

```
Insert into lib_lending values
    (null, '2020-04-13 08:52:00', '2020-04-11 08:34:00', 2, 4, 2, 2),
    (null, '2020-04-10 09:17:00', NULL, 3, 3, 2, NULL),
    (null, '2020-04-13 09:54:00', NULL, 2, 5, 2, NULL);
```

完成后，借阅表的数据应与图 4.3 所示的数据一致。

col_account VARCHAR(20)	col_title VARCHAR(200)	col_bar_code VARCHAR(50)	col_name VARCHAR(50)	col_lending_date DATETIME	col_returned_date DATETIME	id_lib_user 1reader INT(11)
zhangs	数据库原理（第5版）	1000002	清华大学出版社	2020/4/13 8:52:00	2020/4/11 8:34:00	4
amy	数据库原理（第5版）	1000003	清华大学出版社	2020/4/10 9:17:00	(null)	3
lisi	数据库原理（第5版）	1000002	清华大学出版社	2020/4/13 9:54:00	(null)	5

图 4.3　借阅表及相关表的数据

4.1.2 【实训 4-2】数据更新

更新数据是修改表中一些行的一些列的原来的值，使用 Update 语句实现。语法格式如下。

```
Update 表名 set 列名 1 = 值 1, 列名 2 = 值 2, ... where 条件;
```

1. 更新指定行的一列数据

例如将"李四"（主键为 5）的姓名改为"王五"的代码如下。

```
Update lib_user set col_name = '王五' where id_lib_user = 5;
```

2. 更新指定行的多列数据

例如将"王五"（即原来的"李四"，主键为5）的账号改为"wangwu"，并且将密码改为"abcde"的语句如下。

```
Update lib_user set col_account = 'wangwu', col_password='abcde' where id_lib_user = 5;
```

3. 更新多行数据

例如将所有借阅者（类型为0，不是馆员或系统管理员）的密码修改为与账号相同的代码如下。

```
Update lib_user set col_password = col_account where col_type=0;
```

注意，这时新的数据是一个表达式，可以从另一列，或者是同一列取得数据。

4. 更新所有行的数据

例如将所有用户（包括借阅者、图书管理员）的密码修改为"abc123"的代码如下。

```
Update lib_user set col_password = 'abc123';
```

这时没有where子句，将更新表中所有行的数据，因此操作时需要特别谨慎。

4.1.3 【实训4-3】数据删除

删除数据是删除一行或多行数据，只能删除行，不能删除列，使用Delete语句实现。语法格式如下。

```
Delete from 表名 where 条件;
```

1. 删除指定的一行——Delete语句，where指定主键

例如删除用户"杰克"（jack）的代码如下，where条件可以是主键（如果已知主键）。

```
Delete from lib_user where id_lib_user=2;
```

如果不知道主键的值，where条件可以指定账号，因为账号是唯一的。

```
Delete from lib_user where col_account='jack';
```

where条件不应该使用姓名，因为姓名有可能重复。

实际上这时无法删除"杰克"（jack），因为他是借还书的经手人，如果删除了，就违反了外键约束。只有删除相应的借还记录后，才能删除"杰克"。

2. 删除部分行——Delete语句，where指定条件

可以指定where条件，删除满足条件的行。例如删除指定还书日期前的借还书记录的代码如下。

```
Delete from lib_lending where col_returned_date<'2021-12-30';
```

3. 删除所有行——Delete语句，省略where子句

删除所有行时，不需要指定where条件，例如删除所有借还书记录的代码如下。

```
Delete from lib_lending;
```

没有where条件时，将删除所有数据，因此需要特别谨慎。

4. 删除所有行——Truncate语句，无条件清除

还有一种删除所有行的Truncate语句，可以无条件清除（即删除）所有行，因此它的执行效率比Delete语句更高。语法格式如下。

```
Truncate 表名;
```

4.1.4　数据操纵与数据约束

对数据的增、删、改，不能违反数据约束的限制，如表 4.2 所示。

表 4.2　数据约束对数据操纵的限制

约束类型	插入（Insert）	更新数据（Update）	删除数据（Delete）
主键约束	主键值不能重复，不能为空	不应该更改主键值	无关
外键约束	外键值必须是主表的主键值	外键值必须是主表的主键值	不能删除主表中被参照的行
	先插入主表的行 后插入从表的行	不要更改主表的主键值 需要时可以更改从表的外键值	先删除从表的行 后删除主表的行
非空约束	插入时必须提供数据	不能更改为空值	无关
唯一性约束	相应的列的值不允许重复	相应的列的值不允许重复	无关
默认约束	未提供值时，采用默认值	无关	无关

任务 2　理解数据完整性约束

【任务描述】数据完整性约束是关系数据库的核心技术之一。项目2的"任务5 理解主键和外键"讲解了如何理解主键和外键，"3.1.4 关系模型"小节讲解了数据完整性约束的理论，"3.1.5 关系数据库设计"一节讲解了主键约束和外键约束在规范化设计中的应用，"3.4.3 数据结构与数据约束"和"4.1.4 数据操纵与数据约束"两节又分别讲解了数据完整性约束与数据结构和数据操纵的关系。通过本任务的进一步讲解，读者可以更加深刻、全面地理解数据完整性约束。

数据完整性约束是通过限制数据的类型（数据类型）和实际的值（如主键约束、外键约束、非空约束、唯一性约束和默认约束）等手段保证数据的完整性，避免出现无效的数据以及有损数据库完整性的数据。

4.2.1　实体完整性约束（主键约束）

每个实体都必须有且只能有一个主键，且主键值不能重复，也不能为空。主键应该是无业务含义的单属性主键，并设置为由程序自动赋值，通常是一个自增量的整数。

注意以下几个问题。

- 主键应当是对用户没有意义的，在理论上，只要是具有唯一性的列都可以作为主键，例如"身份证号""学号"等属性，但实际上通行的做法是采用无业务含义的主键。

- 主键应该是单属性的，以便提高查询和连接操作的效率。在理论上，允许多属性的组合作为主键，但实际上通行的做法是采用单属性的主键。

- 主键的值应当由计算机自动生成，手动输入主键的值既不能保证它的唯一性，也极大地增加了输入工作的难度。

- 永远也不要更新主键，主键的作用只是标识一行，没有其他的用途，所以也就没有理由，更没有必要去更新它。如果更新主键，那么还要更新相应的外键，这样容易导致错误。

4.2.2 参照完整性约束（外键约束）

外键的值只能取被参照的表的主键的值，并根据业务的需求，决定外键是否可以取空值。有些业务不允许外键取空值，而有些业务允许外键取空值。

1．外键的值允许为空

外键的值允许为空，表示主从表之间的联系不是非常紧密。例如学生的籍贯外键，在输入学生的入学数据时，可以暂时不输入，留待日后补录，这种情况有可能导致长期缺少数据。如果业务逻辑允许这种情况出现，则可以这样设计。

2．外键的值非空

外键的值非空，表示主从表之间的联系非常紧密。例如学生的班级，在输入学生的入学数据时是必须输入的，因为一个学生不可能在入学时是没有班级的，当然以后可以转专业，从而调整班级。

3．外键的值不允许重复

如果外键的值不允许重复，表示主从表是一对一的联系。就是在一对多的联系中，将"多"的一方限制为不允许重复，从而成为一对一的联系。

4．多个外键

一张表可能与多张表有联系，这时每个外键表示与一张表的联系。有多少个外键，就表示与多少张表有联系。

一张表也可以有多个外键参照同一张表，这时每个外键都有不同的含义，例如借阅表有3个外键，都是参照用户表的，它们分别表示借阅人、借出经手人和归还经手人。

4.2.3 其他完整性约束

除了主键约束和外键约束以外，还有一些约束，这些约束对于维护数据的完整性同样起到了非常重要的作用。

1．非空约束

非空约束是很容易理解的一种约束，即指定该列的值是否允许取空值。需要注意的是，取空值和值为 0 或值为空字符串是不同的。

2．唯一性约束

具有唯一性约束的属性不允许出现重复的值。唯一性约束可以是单属性的，也可以是多属性的属性组。

主键默认具有唯一性约束。唯一性约束与主键的区别如下。

- 唯一性约束根据业务需求，不允许出现空值或允许出现一次空值，主键则不允许出现空值。
- 一张表允许有多个唯一性约束，但只能有一个主键约束。

3．默认约束

默认约束用于当插入行时，如果没有为该列提供值，该列的值将被赋给默认约束指定的值。更新数据时，默认约束不起作用。

正确地设置主键约束、外键约束以及其他完整性约束后，数据库管理系统能够自动保证数据完整性约束的实现，而不需要人为干预。

任务 3　简单数据查询

【任务描述】数据库的价值是通过数据查询来体现的，数据查询是重要的核心功能。通过本任务的学习，读者应该学会编写SQL语句进行数据查询方面的操作。本任务是简单查询，主要是基于单表的查询，内容有选择列、选择行、计算列，也包括对查询条件的深入讲解、排序和分页，以及联合查询。本任务内容比较重要，要求读者熟练掌握数据查询技术。

数据查询是关系数据库的核心功能之一，采用 Select 语句实现，它具有十分强大的功能，在项目 1 和项目 2 中已经初步接触了这条语句，本任务和接下来的任务 4 将详细讲解 Select 语句。

4.3.1 【实训 4-4】单表查询

本小节讲解对单张数据表的查询，这时可以查询一张表的所有数据或者部分数据，其中的查询条件在下一小节中重点讲解。

扫码观看微课视频

1. 查询所有数据

首先看看查询语句的一个很简单的应用，下述语句能查询用户表的所有数据。

```
Select * from lib_user;
```

代码中的星号*代表所有列，查询结果如图 4.4 所示。

id_lib_user INT(11)	col_rfid VARCHAR(16)	col_name VARCHAR(50)	col_account VARCHAR(20)	col_password VARCHAR(50)	col_type TINYINT(4)	col_sex CHAR(1)	col_mobile VARCHAR(16)
1	2249739484	管理员	admin	123456	2	M	13912345678
2	2249733829	杰克	jack	123456	1	M	13987654321
3	2249731839	艾米	amy	123456	1	F	13512345678
4	2249738325	张三	zhangs	123456	0	M	13587654321
5	2249738303	李四	lisi	123456	0	F	13712345678

图 4.4　用户表的所有数据（全部 5 行）

查询所有数据的 Select 语句的语法格式如下。

```
Select * from 表名;
```

2. 选择列

选择列是在 Select 语句中直接指定列，不再使用星号（*表示所有列）。

（1）选择列（默认列标题）

例如要查询姓名、登录账号和电话 3 列，代码如下。

```
Select col_name, col_account, col_mobile
    from lib_user;
```

查询的结果如图 4.5 所示。

查询指定列的 Select 语句的语法格式如下。

```
Select 列名列表 from 表名;
```

（2）列的别名（指定列标题）

还可以用 as 关键字指定列的别名，代码如下。

```
Select col_name as 姓名, col_account as 账号, col_mobile as 手机
    from lib_user;
```

查询的结果如图 4.6 所示。

as 关键字可以省略。列标题如果含有空格，则需要用单引号引起来。

col_name VARCHAR(50)	col_account VARCHAR(20)	col_mobile VARCHAR(16)
管理员	admin	13912345678
杰克	jack	13987654321
艾米	amy	13512345678
张三	zhangs	13587654321
李四	lisi	13712345678

图 4.5　选择列（默认列标题）

姓名 VARCHAR(50)	账号 VARCHAR(20)	手机 VARCHAR(16)
管理员	admin	13912345678
杰克	jack	13987654321
艾米	amy	13512345678
张三	zhangs	13587654321
李四	lisi	13712345678

图 4.6　选择列（指定列标题）

（3）消除重复数据

当查询某个列或几个列时，在结果中可能出现完全相同的行。例如查询用户的性别，代码如下。

```
Select col_sex from lib_user;
```

结果如图 4.7 所示，如果想要消除重复的数据（例如想看一下有没有输入错误的性别数据），这时可以加上关键字 distinct（不同的，即没有重复的），代码如下。

```
Select distinct col_sex from lib_user;
```

结果如图 4.8 所示，查询的结果只有两行（如果有输入错误的性别数据，结果就会超过两行）。

图 4.7　查询结果中含有重复的行

图 4.8　消除重复数据的查询结果

3．选择行

最常用的选择行的办法是通过 Select 语句的 where 子句实现的。例如要查询所有女性，代码如下。

```
Select * from lib_user
    where col_sex='F';
```

查询结果如图 4.9 所示。代码中的 where 表示选择满足条件的行"col_sex = 'F'"。

id_lib_user INT(11)	col_rfid VARCHAR(16)	col_name VARCHAR(50)	col_account VARCHAR(20)	col_password VARCHAR(50)	col_type TINYINT(4)	col_sex CHAR(1)	col_mobile VARCHAR(16)
3	2249731839	艾米	amy	123456	1	F	13512345678
5	2249738303	李四	lisi	123456	0	F	13712345678

图 4.9　查询所有女性的结果

where 子句是 Select 语句中功能最强大的子句之一，将在"4.3.2【实训 4-5】理解查询条件"小节深入讲解。

4. 计算列

计算列是根据一个计算式，通过计算得到查询的结果。这个计算式的值可以是常量，也可以是通过表达式从列的数据计算而得到的。

（1）常量

列名可以直接使用一个常量（如果是字符串，要用单引号引起来），例如下述代码的结果如图 4.10 所示。

```
Select '图书', col_title from lib_book;
```

（2）表达式

可以查询一个表达式的值，这时的列就是一个表达式，例如下述代码的结果是显示 1 行 1 列的表，标题为 3*8，结果为 24，如图 4.11 所示。

```
Select 3*8;
```

图书 VARCHAR(2)	col_title VARCHAR(200)
图书	Microsoft SQL Server 2000宝典
图书	数据库原理（第5版）
图书	SQL Server 2012数据库应用

图 4.10　计算列（常量）

3*8 BIGINT(3)
24

图 4.11　计算列

也可以用 concat() 函数将列的值连接起来。下述代码的结果如图 4.12 所示。

```
Select concat(col_author, '著：', col_title) from lib_book;
```

图 4.12 最后一行出现了两个"著"字，其中第一个"著"字是作者列的数据，第二个"著"字来自函数中的常量参数。

（3）If 表达式

例如下述代码用 if 表达式将"性别"列以"男""女"来显示，结果如图 4.13 所示。

```
Select col_name as 姓名, col_sex, if(col_sex='M','男','女') 性别
    from lib_user;
```

concat(col_author, '著：', col_title) VARCHAR(252)
[美]鲍尔著：Microsoft SQL Server 2000宝典
[美]大卫著：数据库原理（第5版）
李萍等编著著：SQL Server 2012数据库应用

图 4.12　计算列（表达式）

姓名 VARCHAR(50)	col_sex CHAR(1)	性别 VARCHAR(1)
管理员	M	男
杰克	M	男
艾米	F	女
张三	M	男
李四	F	女

图 4.13　计算列（if 表达式）

4.3.2 【实训 4-5】理解查询条件

在前一小节的第 3 部分"选择行"中讲解了简单的查询条件，下面将详细讲解查询条件的用法。

根据指定的条件选择行的 Select 语句的语法格式如下。

```
Select 列名列表
    from 表名
    where 条件表达式;
```

条件表达式中可用的运算符如表 4.3 所示。

表 4.3　条件表达式中可用的运算符

查询条件	运算符	含义
关系运算	=、>、<、>=、<=、<>	等于、大于、小于、大于等于、小于等于、不等于
范围查询	between … and …、not between … and …	在…范围之间、不在…范围之间
集合查询	in (…)、not in (…)	在…集合之内、不在…集合之内
模糊查询	like、not like	类似于、不类似于
逻辑运算	and、or、not	并且、或者、不
空值判断	is null、is not null	为空、不为空

1. 关系表达式

关系运算符可以连接列名和常量（或表达式），从而形成关系表达式，用于查询条件。例如查询用户表中所有男性的姓名、电话和性别的代码如下。

```
Select col_name, col_mobile, col_sex
    from lib_user
    where col_sex='M';
```

又如查询价格小于 50 元的图书的代码如下。

```
Select * from lib_book
    where col_price<50;
```

2. 范围查询

用于查询表达式的值是否在（不在）一个连续的范围。例如查询价格是 40~50 元的图书（包括 40 和 50）的代码如下。

```
Select * from lib_book
    where col_price between 40 and 50;
```

又如查询在 2020/04/08 与 2020-04-12 之间借出的图书的代码如下，日期要用单引号引起来，年、月、日的分隔符可以用斜线，也可以用减号。

```
Select * from lib_lending
    where col_lending_date between '2020/04/08' and '2020-04-12';
```

3. 集合查询

用于查询表达式的值是否在（不在）一个不连续的集合中。例如查询图书 ID 是 1 或 3 的图书副本的代码如下，由于不是连续的数字，所以应该使用集合查询。

```
Select * from lib_copy
    where id_lib_book in (1, 3);
```

4. 模糊查询

模糊查询是非常有用的查询，它是利用通配符来达到不精确匹配的查询要求。常用的通配符有两种，如表 4.4 所示。

表 4.4　常用的通配符

通配符	说明	实例
%	百分号，代表 0 至多个任意字符	'王%'表示以王起始，后接 0 至多个其他字符，即所有姓王的姓名
_	下划线，代表 1 个任意字符	'王_'表示以王起始，后接 1 个其他字符，即姓王的单名的姓名

例如查询所有姓"张"的用户（名字的第一个字是张，后接任意字符）的代码如下。

```
Select col_name as 姓名, col_sex as 性别
    from lib_user
    where col_name like '张%';
```

又如查询书名中，以"SQL Server"开始的图书（只有一本）的代码如下。

```
Select col_author, col_title
    from lib_book
    where col_title like 'sql server%';
```

又如查询书名中，包含"SQL Server"的图书（共有两本）的代码如下。

```
Select col_author, col_title
    from lib_book
    where col_title like '%sql server%';
```

5. 逻辑表达式

需要使用多个查询条件时，可以使用 and、or 等将查询条件连接起来，形成逻辑表达式。也可以用 not 运算符，对查询条件取反。

例如查询用户表中姓"李"的女性的代码如下。

```
Select col_name as 姓名, col_sex as 性别
    from lib_user
    where col_name like '李%' and col_sex='F';
```

6. 空值判断

空值是没有值，它不是 0，也不是空串，它表示数据的缺失。空值与 0 或空串具有不同的含义，例如某学生的考试成绩为 0 与另一学生因缺考而没有成绩是不同的。

空值判断不能使用等号=，而是用 is null 来判断空值，用 is not null 来判断非空。

先将用户表中主键为 5 的一行的"手机"值置为空，代码如下。

```
Update lib_user set col_mobile = null where id_lib_user=5;
```

查询用户表中"手机"值为空的数据，代码如下。

```
Select * from lib_user where col_mobile is null;
```

查询用户表中"手机"值不为空的数据，代码如下。

```
Select * from lib_user where col_mobile is NOT null;
```

4.3.3　【实训 4-6】排序和分页

前述查询根据选择的列和行，影响的是查询的结果，但是对于相同的结果（同样的列和行），可能会需要以不同的方式呈现给用户，即不同的排序方式或分页形式。例如按账号（字符）排序输出、按借阅时间（日期时间）或者按价格（数字）排序输出。

可以用子句 order by 按排序列的数据大小来实现排序。

1. 升序排序

升序排序是将数据从小到大进行排序，用 asc 表示，这是默认的排序方式，因此可以省略 asc。例如对用户表以"账号"列为升序排序的代码如下，结果如图 4.14 所示。

```
Select col_rfid,col_name,col_sex, col_account,col_mobile
    from lib_user
    order by col_account asc;
```

2. 降序排序

降序排序是从大到小进行排序，用 desc 表示。例如对相同的数据根据"账号"列进行降序排序的代码如下，结果如图 4.15 所示。

```
Select col_rfid,col_name,col_sex, col_account,col_mobile
    from lib_user
    order by col_account desc;
```

col_rfid VARCHAR(16)	col_name VARCHAR(50)	col_sex CHAR(1)	col_account VARCHAR(20)	col_mobile VARCHAR(16)
2249739484	管理员	M	admin	13912345678
2249731839	艾米	F	amy	13512345678
2249733829	杰克	M	jack	13987654321
2249738303	李四	F	lisi	13712345678
2249738325	张三	M	zhangs	13587654321

图 4.14 "账号"列的升序排序

col_rfid VARCHAR(16)	col_name VARCHAR(50)	col_sex CHAR(1)	col_account VARCHAR(20)	col_mobile VARCHAR(16)
2249738325	张三	M	zhangs	13587654321
2249738303	李四	F	lisi	13712345678
2249733829	杰克	M	jack	13987654321
2249731839	艾米	F	amy	13512345678
2249739484	管理员	M	admin	13912345678

图 4.15 "账号"列的降序排序

3. 多个排序列

前述的例子只有一个排序列，仅对"账号"列进行排序。也可以指定多个排序列，这时先以第一排序列进行排序，如果第一排序列的排序相同，再按第二排序列进行排序，以此类推。

下述代码是对用户表中的"性别"列和"账号"列进行排序，即先按"性别"列进行排序，如果"性别"列相同，再按"账号"列进行排序。

```
Select col_rfid,col_name,col_sex, col_account,col_mobile
    from lib_user
    order by col_sex, col_account;
```

查询结果如图 4.16 所示，下述代码将"账号"列改为降序，其余不变，如图 4.17 所示。

```
Select col_rfid,col_name,col_sex, col_account,col_mobile
    from lib_user
    order by col_sex, col_account desc;
```

col_rfid VARCHAR(16)	col_name VARCHAR(50)	col_sex CHAR(1)	col_account VARCHAR(20)	col_mobile VARCHAR(16)
2249731839	艾米	F	amy	13512345678
2249738303	李四	F	lisi	13712345678
2249739484	管理员	M	admin	13912345678
2249733829	杰克	M	jack	13987654321
2249738325	张三	M	zhangs	13587654321

图 4.16 两列排序（"账号"列升序）

col_rfid VARCHAR(16)	col_name VARCHAR(50)	col_sex CHAR(1)	col_account VARCHAR(20)	col_mobile VARCHAR(16)
2249738303	李四	F	lisi	13712345678
2249731839	艾米	F	amy	13512345678
2249738325	张三	M	zhangs	13587654321
2249733829	杰克	M	jack	13987654321
2249739484	管理员	M	admin	13912345678

图 4.17 两列排序（"账号"列降序）

4. 分页查询

如果表中的数据太多，例如达到 100 万行，这时显示所有行将是不现实的，可以指定只显示其中的部分行，使用 limit 关键字来实现。例如下述代码。

```
Select * from lib_user limit 3;
```

运行的结果是只显示前 3 行，limit 关键字通常用于分页，例如百度的查询结果是分页显示的。分页的语法格式如下。

```
Select 列名列表 from 表名 limit (页号-1)*每页行数, 每页行数;
```

假设 tab_abc 表有 100 行以上的数据，现在以每页 50 行的要求，查询第 3 页的数据，代码如下。

```
Select * from tab_abc limit 100, 50;
```

其中，100=（页号-1）*每页行数 =（3-1）*50。

4.3.4 【实训 4-7】联合查询

联合查询是将两个查询的结果联合起来，成为一个结果。

假设在图书借阅系统中添加了一组旧的员工数据，其结构和数据如下。

```
Use library;

Create table lib_staff(
    id int(11) not null primary key auto_increment comment '员工 ID',
    name varchar(50) not null comment '姓名',
    sex char(1) default null comment '性别，M=男，F=女',
    mobile varchar(16) default null comment '手机'
) comment = '老的数据';

Insert into lib_staff values (1, '陈佳伟', 'M', '13312345671'),
    (2, '陈科臣', 'M', '13312345672'),
    (3, '崔昕宇', 'M', '13312345673'),
    (4, '方博涵', 'F', '13312345674');
```

查询用户表（lib_user）的代码如下。

```
Select id_lib_user, col_name, col_sex, col_mobile
    from lib_user;
```

查询员工表（lib_staff）的代码如下。这两个查询的结果如图 4.18 所示（上下排列）。

```
Select id, name, sex, mobile
    from lib_staff;
```

可以将两条查询语句用关键字 union 联合起来，成为一个查询，结果是一张表。这张表是两条查询语句的结果的联合，如图 4.19 所示。

```
Select id_lib_user, col_name, col_sex, col_mobile
    from lib_user
union
Select id, name, sex, mobile
    from lib_staff;
```

联合查询的要求如下。

- 两个查询的列数相同，如果不相同，则会出错。
- 两个查询对应列的含义相同，如果不相同，则会造成误解。

id_lib_user INT(11)	col_name VARCHAR(50)	col_sex CHAR(1)	col_mobile VARCHAR(16)
1	管理员	M	13912345678
2	杰克	M	13987654321
3	艾米	F	13512345678
4	张三	M	13587654321
5	李四	F	13712345678

id INT(11)	name VARCHAR(50)	sex CHAR(1)	mobile VARCHAR(16)
1	陈佳伟	M	13312345671
2	陈科臣	M	13312345672
3	崔晰宇	M	13312345673
4	方博涵	F	13312345674

图 4.18　两条查询语句

id_lib_user INT(11)	col_name VARCHAR(50)	col_sex CHAR(1)	col_mobile VARCHAR(16)
1	管理员	M	13912345678
2	杰克	M	13987654321
3	艾米	F	13512345678
4	张三	M	13587654321
5	李四	F	13712345678
1	陈佳伟	M	13312345671
2	陈科臣	M	13312345672
3	崔晰宇	M	13312345673
4	方博涵	F	13312345674

图 4.19　两条查询语句的联合

- 列名以第一个查询的列名为准，第二个查询的列名不显示。
- 两个查询有各自的查询条件等子句，只有排序子句是针对整个联合的。
- 排序列名使用第一个查询的列名，在上述例子中，如果按"性别"列排序时应该用 col_sex，而不能用 sex。

任务 4　复杂数据查询

【**任务描述**】通过本任务的学习，读者将学会编写复杂的查询语句。本任务是复杂查询，主要是基于多表的连接查询，有内连接、外连接、自连接查询等，也包括统计与分组统计等。本任务内容比较重要，要求读者熟练掌握复杂数据查询技术，特别是内连接查询。

任务 3 讲解的主要是针对单张表的查询。实际的查询常常更加复杂，需要将分散在不同表中的数据合并在一起，这些数据在设计时通过拆分表，而分布在不同的表中。

这种复杂的查询主要体现在对多张表的连接查询。连接查询有多种，最常见是的内连接，其次是外连接和自连接。

4.4.1　【实训 4-8】内连接查询

先回顾一下项目 2 的联系人数据库中的 3 张表：类型表、人员表和电话表，这 3 张表的数据如图 4.20～图 4.22 所示。

扫码观看微课视频

id_contact_type INT(11)	col_name VARCHAR(12)
1	常用联系人
2	朋友
3	同事

图 4.20　类型表的数据

id_contact INT(11)	col_name VARCHAR(40)	id_contact_type INT(11)
1	张三	1
2	李四	2
3	王五	3
4	赵六	3

图 4.21　人员表的数据

id_contact_info INT(11)	col_info VARCHAR(40)	col_note VARCHAR(200)	id_contact INT(11)
1	13711112222	(null)	1
2	13711113333	新号码	2
3	13811114444	备用电话	2
4	13911115555	(null)	3
5	wangwu@163.com	(null)	3
6	13511116666	(null)	4

图 4.22　电话表的数据

1. 两张表的内连接

先考虑类型表和人员表，用 Select 语句写一个内连接将它们连接起来。

```
Select
    tab_contact.id_contact as 人员 id,
    tab_contact.col_name as 姓名,
    tab_contact_type.col_name as 联系人类型,
    tab_contact_type.id_contact_type 类型 id
from tab_contact
    inner join tab_contact_type
        on tab_contact.id_contact_type = tab_contact_type.id_contact_type;
```

运行结果如图 4.23 所示。比较图 4.24 和图 4.23，可以看到，结果中就像是人员表外键的位置被所引用的主表的对应数据替换了。

人员ID INT(11)	姓名 VARCHAR(40)	联系人类型 VARCHAR(12)	类型ID INT(11)
1 张三	常用联系人	1
2 李四	朋友	2
3 王五	同事	3
4 赵六	同事	3

图 4.23　内连接查询结果

人员主键 INT(11)	姓名 VARCHAR(40)	联系人类型 VARCHAR(12)	id_contact_type INT(11)	id_contact_type INT(11)	col_name VARCHAR(12)
1 张三	常用联系人	1	1 常用联系人
2 李四	朋友	2	2 朋友
3 王五	同事	3	3 同事
4 赵六	同事	3	

图 4.24　内连接时人员表与类型表的联系

内连接的核心是在 Select 语句的 from 子句上，这部分的代码如下。

```
from tab_contact
    inner join tab_contact_type
        on tab_contact.id_contact_type = tab_contact_type.id_contact_type
```

以上代码的意思是将人员表和类型表连接起来，连接的条件是"人员表的外键 = 类型表的主键"，代码如下。

```
from 人员表
    inner join 类型表
        on 人员表的外键 = 类型表的主键
```

从逻辑上看，是将从表连接到主表，连接的条件是从表的外键等于主表的主键，这个条件其实与外键的定义是一致的。

内连接是关系数据库的核心技术之一，也是主键和外键概念的延伸，因此读者一定要熟练掌握，深刻理解。

在不同的表中会有相同名称的列名（列名相同而表名不同），为了区分它们，需要指定列名所属的表。例如人员表和类型表都有一个名为"col_name"的列，其含义分别是姓名和联系人类型，因此必须指定正确的表名，才能正确地区分它们。

通常对所有列都要指定所属的表名，这样才可以更加准确，没有歧义。对于连接的条件"外键=主键"，就更应该指定外键或主键所属的表名。对应的 SQL 语句如下，重点是显示每列所属的表名，表名和列名之间用小数点分隔。

```
Select
    tab_contact.id_contact AS 人员主键,
    tab_contact.col_name AS 姓名,
    tab_contact_type.col_name AS 联系人类型,
    tab_contact_type.id_contact_type
from tab_contact
    inner join tab_contact_type
        on tab_contact.id_contact_type = tab_contact_type.id_contact_type;
```

内连接是最常用的一种连接，因此inner join中的inner可以省略，不加修饰的关键字join本身就表示内连接。

2．3张表的内连接

3张表的内连接方法是先将两张表连接好，再同第三张表进行一次内连接。因此，在理解了两张表连接的基础上，就很容易理解3张表的连接。

例如要对图4.20～图4.22所示的3张表进行内连接，就要先将类型表和人员表进行内连接，再将连接的结果与电话表进行内连接，如图4.25所示。

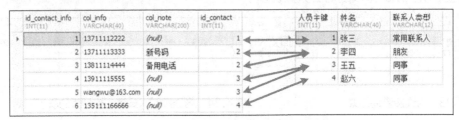

图4.25　将电话表与前一步的结果连接起来

将这3张表进行内连接的代码如下。

```
Select
    tab_contact.col_name as 姓名,
    tab_contact_info.col_info as 联系方式,
    tab_contact_info.col_note as 说明,
    tab_contact_type.col_name as 联系人类型
from tab_contact_info
    inner join tab_contact
        on tab_contact_info.id_contact = tab_contact.id_contact
    inner join tab_contact_type
        on tab_contact.id_contact_type = tab_contact_type.id_contact_type;
```

上述代码中的连接关系是从表（tab_contact_info）先连接到主表（tab_contact），然后再连接到上一层的主表（tab_contact_type），如图4.26所示。

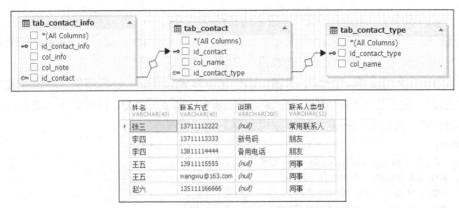

图4.26　3张表的连接关系及连接查询的结果

3．多张表的内连接

SQL语句支持任意多张表的连接，其语法格式如下。

```
Select 列名列表
from 表名 1
        inner join 表名 2
                on 表名 1.外键 1 = 表名 2.主键 2
        inner join ...
                on ...
        inner join 表名 n
                on 表名 n.外键 n = 表名 m.主键 m;
```

对于图书借阅数据库，一共有 5 张表，这 5 张表的联系如图 4.27 所示。

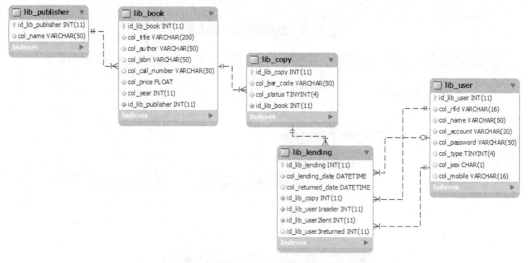

图 4.27　图书借阅数据库的 5 张表及其联系（与图 3.28 相同）

当查询借书信息时，涉及其中的 4 张表，如图 4.28 所示。从借阅表开始，沿两个方向往上追溯，一个方向是用户表，另一个方向是图书副本表、图书表。因此，连接的路径如图 4.28 所示，连接的方向是从下往上。

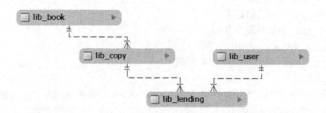

图 4.28　借书信息的连接路径（4 张表）

连接这 4 张表的查询语句如下。

```
Select
    lib_book.col_title 书名,
    lib_book.col_author 作者,
    lib_user.col_name 借阅者姓名,
    lib_copy.col_bar_code 副本条码,
    lib_lending.col_lending_date 借书时间,
    lib_lending.col_returned_date 还书时间
from lib_lending
```

```
        inner join lib_user on lib_lending.id_lib_user1reader = lib_user.id_lib_user
        inner join lib_copy on lib_lending.id_lib_copy = lib_copy.id_lib_copy
        inner join lib_book on lib_copy.id_lib_book = lib_book.id_lib_book;
```

先从借阅表连接到用户表，再连接到图书副本表、图书表，上述代码运行结果如图 4.29
所示。

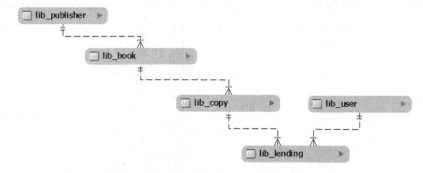

书名 VARCHAR(200)	作者 VARCHAR(50)	借阅者姓名 VARCHAR(50)	副本条码 VARCHAR(50)	借书时间 DATETIME	还书时间 DATETIME
数据库原理（第5版）	[美]大卫	张三	1000002	2020/4/7 8:52:00	2020/4/11 8:34:00
数据库原理（第5版）	[美]大卫	艾米	1000003	2020/4/10 9:17:00	(null)
数据库原理（第5版）	[美]大卫	李四	1000002	2020/4/13 9:54:00	(null)

图 4.29　查询借书信息的结果

如果还需要有关出版社的信息，需要继续连接到出版社表，如图 4.30 所示。

图 4.30　借书信息的连接路径（5 张表）

连接 5 张表的查询语句如下。

```
Select
        lib_publisher.col_name 出版社,
        lib_book.col_title 书名,
        lib_book.col_author 作者,
        lib_user.col_name 借阅者姓名,
        lib_copy.col_bar_code 副本条码,
        lib_lending.col_lending_date 借书时间,
        lib_lending.col_returned_date 还书时间
from lib_lending
        inner join lib_user on lib_lending.id_lib_user1reader = lib_user.id_lib_user
        inner join lib_copy on lib_lending.id_lib_copy = lib_copy.id_lib_copy
        inner join lib_book on lib_copy.id_lib_book = lib_book.id_lib_book
        inner join lib_publisher on lib_book.id_lib_publisher=lib_publisher.id_lib_publisher;
```

编写连接查询语句时，一般是从下向上连接，要一级一级地连接，而不能跳
过某一级直接连到更高的一级。

4．连接查询与其他子句

Select 语句有 from、where、order by 等许多子句，这些子句出现的次序有一定的要
求，语法格式如下。

```
Select 列名列表
```

```
from 表1
    inner join 表2 on 连接条件
where  选择条件
order by 排序列
    limit 行数;
```

例如下述代码查询未还的图书（还书时间为空），并以"借阅者姓名"列排序（同一借阅者的数据排在一起）。

```
Select
    lib_book.col_title 书名,
    lib_book.col_author 作者,
    lib_user.col_name 借阅者姓名,
    lib_copy.col_bar_code 副本条码,
    lib_lending.col_lending_date 借书时间,
    lib_lending.col_returned_date 还书时间
from lib_lending
    inner join lib_user on lib_lending.id_lib_user1reader = lib_user.id_lib_user
    inner join lib_copy on lib_lending.id_lib_copy = lib_copy.id_lib_copy
    inner join lib_book on lib_copy.id_lib_book = lib_book.id_lib_book
where col_returned_date is null
order by lib_user.col_name;
```

以上代码运行结果如图 4.31 所示。

书名 VARCHAR(200)	作者 VARCHAR(50)	借阅者姓名 VARCHAR(50)	副本条码 VARCHAR(50)	借书时间 DATETIME	还书时间 DATETIME
数据库原理（第5版）	[美]大卫	李四	1000002	2020/4/13 9:54:00	(null)
数据库原理（第5版）	[美]大卫	艾米	1000003	2020/4/10 9:17:00	(null)

图 4.31　演示查询中各子句的结果

4.4.2 【实训 4-9】外连接查询

扫码观看微课视频

内连接是将两张表或多张表进行连接，列出满足等值条件的行。如果一张表中的某一行在另一张表中缺少对应的行，则被认为不满足等值条件，而不会出现在查询结果中。

外连接则打破了这个限制，可以将由于缺失而无法满足等值条件的行也显示在查询结果中。外连接有 3 种：左外连接、右外连接和全外连接。

为了说明外连接，这里采用另外一组数据进行讲解。在测试数据库 test 中，创建两张表：男人表和女人表，数据结构如表 4.5 和表 4.6 所示。

表 4.5　男人表（man）

序号	列名	类型	完整性约束	中文列名（说明）
1	id	int	非空，主键	主键
2	name	varchar(10)	非空	姓名
3	wife	int	外键	妻子，外键，参照女人表

表 4.6　女人表（woman）

序号	列名	类型	完整性约束	中文列名（说明）
1	id	int	非空，主键	主键
2	name	varchar(10)	非空	姓名

演示用的数据如图 4.32 所示。

图 4.32　演示用的数据

创建表和初始化数据的代码如下（在测试数据库 test 中）。

```
Use test;   -- 在测试数据库 test 上进行演示，如果没有这个数据库，需要创建它

Drop table if exists man;
Drop table if exists woman;
Create table man (
    id int(11) not null primary key auto_increment,
    name varchar(10) not null,
    wife int(11) default null
);

Create table woman (
    id int(11) not null primary key auto_increment,
    name varchar(10) default null
);

Alter table man
  add constraint fk_man_woman foreign key (wife)
    references woman(id);

insert into woman values
(1, '李晓燕'),
(2, '陈华'),
(3, '王婧雅');

Insert into man values
(1, '张思杨', null),
(2, '林俊杰', null),
(3, '周永明', 1),
(4, '袁晓伟', 2);
```

1. 内连接

对于这两张表，先看看内连接的结果。代码如下。

```
Select
    man.name as 男性,
```

```
    man.wife as 妻子ID,
    woman.name as 女性
from man
    join woman
        on man.wife = woman.id;
```

查询结果如图 4.33 所示，结果显示的是两对夫妻。查询语句中省略了 inner。

2. 右外连接

图 4.33 只显示了已婚的人，未婚的人并没有显示出来。如果还要显示未婚的女性，就要用右外连接，把右边的人全部显示出来。代码如下，运行结果如图 4.34 所示。

```
Select
    man.name AS 男性,
    man.wife AS 妻子ID,
    woman.name AS 女性
from man
    right outer join woman
        on man.wife = woman.id;
```

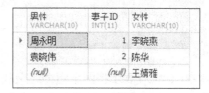

图 4.33　内连接	图 4.34　右外连接

上述代码将 join 连接的两张表中的右边表的全部行都列出来，而不论其是否满足连接条件。查询语句中的 outer 可以省略，但必须保留关键字 right。

3. 左外连接

如果要显示未婚的男性，就要用左外连接，把左边的人全部显示出来。代码如下，运行结果如图 4.35 所示。

```
Select
    man.name as 男性,
    man.wife as 妻子ID,
    woman.name as 女性
from man
    left outer join woman
        on man.wife = woman.id;
```

图 4.35　左外连接

上述代码将 join 连接的两张表中的左边表的全部行都列出来。

　　左外连接和右外连接是互递的，如果将 join 两边的表互换，同时关键字 right 和 left 互换，查询的结果是相同的。

4. 全外连接

有时还需要把左右两边的人全部显示出来。在 SQL Server 中，可以用下述语句实现（MySQL 不支持）。

```
Select
    man.name as 男性,
    man.wife as 妻子ID,
```

```
            woman.name as 女性
    from man
            full outer join woman   -- MySQL 不支持
                on man.wife = woman.id;
```

其中，full outer join 是全外连接的意思。但是 MySQL 不支持这个语法，而是采用将左外连接和右外连接的联合（union）来实现，代码如下。

```
Select
        man.name as 男性,
        man.wife as 妻子 ID,
        woman.name as 女性
from man
        right outer join woman
                on man.wife = woman.id
union distinct
Select
        man.name,
        man.wife,
        woman.name
from man
        left outer join woman
                on man.wife = woman.id;
```

其中，union 表示将两个查询结果联合起来，distinct 表示去除重复的数据（只保留不同的数据，distinct 是不同的意思）。注意，这里 15 行代码属于同一条语句，只能在最后加上一个分号，中间不能加分号。运行结果如图 4.36 所示。

男性 VARCHAR(10)	妻子 ID INT(11)	女性 VARCHAR(10)
周永明	1	李晓燕
袁晓伟	2	陈华
(null)	(null)	王婧雅
张思杨	(null)	(null)
林俊杰	(null)	(null)

图 4.36　全外连接

5. 交叉连接

交叉连接比较特殊，它是列出两张表的行的所有组合，而不考虑其他任何条件。例如下述代码列出男性和女性所有的两两组合，不考虑是否已婚和婚姻关系，结果如图 4.37 所示。

```
Select
        man.name as 男性,
        woman.name as 女性
from man
        cross join woman;
```

交叉连接结果的行数是两张表的行数的乘积，例如图 4.37 的行数是 3×4=12 行。对于行数较多的两张表，交叉连接的结果的行数就会变得相当大。

男性 VARCHAR(10)	女性 VARCHAR(10)
张思杨	李晓燕
张思杨	陈华
张思杨	王婧雅
林俊杰	李晓燕
林俊杰	陈华
林俊杰	王婧雅
周永明	李晓燕
周永明	陈华
周永明	王婧雅
袁晓伟	李晓燕
袁晓伟	陈华
袁晓伟	王婧雅

图 4.37　交叉连接

4.4.3 【实训 4-10】自连接查询

前面讲解的连接都是两张表或多张表之间的连接，在有些情况下，还会出现一张表与自身进行连接的需求。为此，在测试数据库 test 中再创建一张表，其数据结构如表 4.7 所示，用以演示自连接所形成的家庭关系。

表 4.7 家庭成员表（member）

序号	列名	类型	完整性约束	中文列名（说明）
1	id	int	非空，主键	主键
2	name	varchar(10)	非空	姓名
3	sex	char(1)	非空	性别
4	father_id	int	外键	父亲，外键，自连接
5	mother_id	int	外键	母亲，外键，自连接

图 4.38 和图 4.39 所示是家庭成员表的已有数据和家庭成员关系，其中每个人都有两个外键：父亲和母亲，这两个外键都连接到自身，如果外键为空，表示父亲或母亲已去世。

图 4.38 初始数据

图 4.39 家庭成员关系

创建表和初始化数据的代码如下（在数据库 test 中）。

```
use test;

drop table if exists member;
create table member (
    id int(11) not null primary key auto_increment,
    name varchar(10) default null,
    sex char(1) default null,
    father_id int(11) default null,
    mother_id int(11) default null
);

insert into member values
(1, '张发财', 'm', null, null),
(2, '周家旺', 'm', null, null),
(3, '赵小妹', 'f', null, null),
(4, '张为国', 'm', 1, null),
(5, '周小丽', 'f', 2, 3),
(6, '张明敏', 'm', 4, 5);
```

1. 查询每个人的父亲

首先查询每个人的父亲，如果父亲不在世则无须列出，代码如下。

```
Select me.name 姓名, father.name 父亲
from member as me
    join member as father
        on me.father_id=father.id;
```

其中，from member join member 就是自己连接自己。这时，一个最大问题是如何分辨谁是谁，解决的办法是指定一个别名，其中一个是我（me），另一个是父亲（father）。这时可以看成是两张表（"我"和"父亲"两张表）的连接，我的 name 就是姓名，父亲的 name 就是父亲。运行结果如图 4.40 所示。

自连接也可以看成是一张表的两个虚拟副本之间的连接。表的虚拟副本就是表的一个别名，在物理上是同一张表，拥有相同的结构和数据，逻辑上作为不同的表处理。在上述例子中，member 表有两个虚拟副本，一个是 me，另一个是 father。这两个名字的表在物理上是同一张表，在逻辑上是两张表，各自的逻辑用途不同，分别表示自己和父亲，通过这两张表的连接就能查询出父子关系。

2. 查询每个人的父亲和母亲

以同样的方式查询父亲和母亲的信息，代码如下。

```
Select me.name 姓名, father.name 父亲 , mother.name 母亲
from member as me
    join member as father
        on me.father_id=father.id
    join member as mother
        on me.mother_id=mother.id;
```

查询结果如图 4.41 所示，这时只包括父母双全的家庭成员数据。

姓名 VARCHAR(10)	父亲 VARCHAR(10)
▸ 张为国	张发财
周小丽	周家旺
张明敏	张为国

姓名 VARCHAR(10)	父亲 VARCHAR(10)	母亲 VARCHAR(10)
▸ 周小丽	周家旺	赵小妹
张明敏	张为国	周小丽

图 4.40　查询每个人的父亲　　　　　图 4.41　查询每个人的父亲和母亲

3. 查询所有人（包括父母已去世）

如果要在查询结果中包括父亲或母亲已去世的数据，那么将内连接改为左外连接，代码如下。

```
Select me.name 姓名, father.name 父亲 , mother.name 母亲
    from member as me
    left join member as father
        on me.father_id=father.id
    left join member as mother
        on me.mother_id=mother.id;
```

运行结果如图 4.42 所示。

4. 查询所有人（父母至少一人健在）

如果在这个基础上要排除双亲均已去世的数据，那么再加上条件，代码如下。

```
Select me.name 姓名, father.name 父亲 , mother.name 母亲
```

```
from member as me
    left join member as father
        on me.father_id=father.id
    left join member as mother
        on me.mother_id=mother.id
where me.father_id is not null
    or me.mother_id is not null;
```

运行结果如图 4.43 所示。

姓名 VARCHAR(10)	父亲 VARCHAR(10)	母亲 VARCHAR(10)
张发财	(null)	(null)
周家旺	(null)	(null)
赵小妹	(null)	(null)
张为国	张发财	(null)
周小丽	周家旺	赵小妹
张明敏	张为国	周小丽

姓名 VARCHAR(10)	父亲 VARCHAR(10)	母亲 VARCHAR(10)
张为国	张发财	(null)
周小丽	周家旺	赵小妹
张明敏	张为国	周小丽

图 4.42　查询所有人（包括父母已去世）　　　图 4.43　查询所有人（父母至少一人健在）

使用自连接的关键是要为虚拟副本起一个有意义的别名。有了合适的别名，就可以将这个虚拟副本作为一个独立的表来对待，这样就比较容易理解表与表之间的关系，代码也不容易出错。

4.4.4 【实训 4-11】统计与分组统计

本小节以统计图书表（lib_book）的数据为例进行讲解。为此，添加一些图书的数据，所有数据如图 4.44 所示（这些数据仅在分组统计的例子中使用）。

id_lib_book INT(11)	col_title VARCHAR(200)	col_author VARCHAR(50)	col_isbn VARCHAR(50)	col_call_number VARCHAR(50)	col_price FLOAT	col_year INT(11)	id_lib_publisher INT(11)
1	Microsoft SQL Server 2000宝典	[美]鲍尔	9787113057091	TP311.1-4-489	85	2004	1
2	数据库原理（第5版）	[美]大卫	9787302263432	TP311.1-4-497	49.8	2011	2
3	SQL Server 2012数据库应用	李萍等编著	9787111505082	TP311.1-4-591	39	2015	3
4	MySQL数据库应用从入门到精通	崔洋等	9787113151317	TP311.138/674	59.8	2016	1
5	MySQL DBA工作笔记:数据库管理、架构优化与运维开发	杨建荣编著	9787113260347	TP311.138/768	99	2019	1
6	数据库系统设计、实现与管理	Peter Rob著	9787302290124	TP311.13/250	69	2012	2
7	数据库云平台理论与实践	马献章著	9787302421504	TP311.138/670	79	2016	2
8	数据库系统设计、实现与管理:进阶篇	托马斯著	9787111583882	TP311.13/286	129	2018	3
9	MariaDB必知必会	Ben Forta著	9787111464280	TP311.138/604	59	2014	3

图 4.44　图书表（lib_book）的数据

插入数据的代码如下（原来已有 3 行记录），最终共有 9 行数据。

```
Insert into lib_book values
(4, 'MySQL 数据库应用从入门到精通', '崔洋等', '9787113151317', 'TP311.138/674', 59.8, 2016, 1),
(5, 'MySQL  DBA  工作笔记:数据库管理、架构优化与运维开发', '杨建荣编著', '9787113260347',
'TP311.138/768', 99, 2019, 1),
(6, '数据库系统设计、实现与管理', 'Peter Rob 著', '9787302290124', 'TP311.13/250', 69, 2012, 2),
(7, '数据库云平台理论与实践', '马献章著', '9787302421504', 'TP311.138/670', 79, 2016, 2),
(8, '数据库系统:设计、实现与管理.进阶篇', '托马斯著', '9787111583882', 'TP311.13/286', 129, 2018, 3),
(9, 'MariaDB 必知必会', 'Ben Forta 著', '9787111464280', 'TP311.138/604', 59, 2014, 3);
```
当需要对数据进行统计时，可以使用统计函数。常用的统计函数见附录 B。

1. 简单的统计

例如统计所有图书的图书数量、平均价格、最高价格和最低价格的代码如下。

```
Use library;

Select
     count(*) 图书数量,
     round(avg(col_price), 2) 平均价格,
     min(col_price) 最低价格,
     max(col_price) 最高价格
from lib_book;
```

其中，Round()是四舍五入的函数，参数 2 表示保留两位小数。查询结果如图 4.45 所示。

图书数量 BIGINT(21)	平均价格 DOUBLE(19, 2)	最低价格 FLOAT	最高价格 FLOAT
9	74.29	39	129

图 4.45　简单的统计

2. 分组统计

可以分组进行统计，例如统计每个出版社的图书的平均价格、最高价格和最低价格的代码如下。

```
Select id_lib_publisher,
     count(*) 图书数量,
     round(avg(col_price), 2) 平均价格,
     min(col_price) 最低价格,
     max(col_price) 最高价格
from lib_book
group by id_lib_publisher;
```

其中，group by 子句指定分组的依据。查询结果如图 4.46 所示，其中第一列是 3 个出版社的主键，每一行的数据是每个出版社的统计数据。

id_lib_publisher INT(11)	图书数量 BIGINT(21)	平均价格 DOUBLE(19, 2)	最低价格 FLOAT	最高价格 FLOAT
1	3	81.27	59.8	99
2	3	65.93	49.8	79
3	3	75.67	39	129

图 4.46　分组统计

3. having 子句

还可以对统计的结果进行筛选，去除不符合条件的统计结果，例如下述代码去除平均价格大于等于 80 元的行。

```
Select id_lib_publisher,
     count(*) 图书数量,
     round(avg(col_price), 2) 平均价格,
     min(col_price) 最低价格,
     max(col_price) 最高价格
from lib_book
```

```
group by id_lib_publisher
having 平均价格<80;
```
查询结果如图 4.47 所示。

id_lib_publisher INT(11)	图书数量 BIGINT(21)	平均价格 DOUBLE(19, 2)	最低价格 FLOAT	最高价格 FLOAT
2 ▾	3	65.93	49.8	79
3	3	75.67	39	129

图 4.47　having 子句

having 子句与 where 子句不同。where 子句是对统计前的数据进行筛选，不符合条件的行将不会参与统计，而 having 子句是对统计的结果进行筛选，不符合条件的结果行不会出现在结果集中。例如下述代码只对价格小于 80 元的图书进行统计，运行结果如图 4.48 所示（特别注意参与统计的图书数量）。

```
Select id_lib_publisher,
    count(*) 图书数量,
    round(avg(col_price), 2) 平均价格,
    min(col_price) 最低价格,
    max(col_price) 最高价格
from lib_book
where col_price<80
group by id_lib_publisher;
```

id_lib_publisher INT(11)	图书数量 BIGINT(21)	平均价格 DOUBLE(19, 2)	最低价格 FLOAT	最高价格 FLOAT
1 ▾	1	59.8	59.8	59.8
2	3	65.93	49.8	79
3	2	49	39	59

图 4.48　where 子句

4. 分组统计与内连接

图 4.46 所示的分组是出版社主键，而不是出版社。当需要显示出版社时，需要与出版社表建立连接，在这个基础上进行分组统计，代码如下。

```
Select lib_publisher.col_name 出版社,
    count(*) as 图书数量,
    round(avg(col_price), 2) 平均价格,
    min(col_price) 最低价格,
    max(col_price) 最高价格
from lib_book
    inner join lib_publisher on lib_book.id_lib_publisher=lib_publisher.id_lib_publisher
group by lib_publisher.id_lib_publisher;
```
运行结果如图 4.49 所示。

出版社 VARCHAR(50)	图书数量 BIGINT(21)	平均价格 DOUBLE(19, 2)	最低价格 FLOAT	最高价格 FLOAT
中国铁道出版社 ▾	3	81.27	59.8	99
清华大学出版社	3	65.93	49.8	79
机械工业出版社	3	75.67	39	129

图 4.49　分组统计与内连接

4.4.5 【实训4-12】综合练习

下面用一个比较复杂的例子作为综合练习，这个例子是查询所有借还书情况。图书管理员最关心的是图书借还的全局情况，使用下述代码可以列出所有借阅记录。

```
Select
      reader.col_account 借阅者,
      lib_book.col_title 书名,
      lib_copy.col_bar_code 副本条码,
      lib_lending.col_lending_date 借出时间,
      lib_lending.col_returned_date 归还时间,
      lent.col_account 借出经手人,
      returned.col_account 归还经手人
from lib_book
      inner join lib_copy on lib_book.id_lib_book = lib_copy.id_lib_book
      inner join lib_lending on lib_copy.id_lib_copy = lib_lending.id_lib_copy
      inner join lib_user as reader on lib_lending.id_lib_user1reader = reader.id_lib_user
      inner join lib_user as lent on lib_lending.id_lib_user2lent = lent.id_lib_user
      left join lib_user as returned on lib_lending.id_lib_user3returned = returned.id_lib_user
order by col_lending_date;
```

执行的结果如图4.50所示，查询结果显示与需求分析时收集到的信息（见图3.20）是一致的。

借阅者 VARCHAR(20)	书名 VARCHAR(200)	副本条码 VARCHAR(50)	借出时间 DATETIME	归还时间 DATETIME	借出经手人 VARCHAR(20)	归还经手人 VARCHAR(20)
zhangs	数据库原理（第5版）	1000002	2020/4/10 8:52:00	2020/4/11 8:34:00	jack	jack
amy	数据库原理（第5版）	1000003	2020/4/10 9:17:00	*(null)*	jack	*(null)*
lisi	数据库原理（第5版）	1000002	2020/4/13 9:54:00	*(null)*	jack	*(null)*

图4.50　所有借还书情况的查询结果

上述语句只涉及4张表（不含出版社表），却将6张表连接起来，这是什么原因呢？

原因是借还表中有4个外键，其中3个外键参照的都是用户表，这样一张用户表在逻辑上就应该是3张表，分别被这3个外键参照。

为了更好地理解这个问题，现在只考虑借还表的两个外键（借阅者和借书经手人）与用户表的连接，代码如下。

```
Select
      lib_lending.id_lib_lending as 借阅者ID,
      lib_lending.col_lending_date as 借书时间,
      lib_lending.col_returned_date as 还书时间,
      lib_lending.id_lib_copy as 副本ID,
      reader.col_name as 借阅者姓名,
      lent.col_name as 借书经手人
from lib_lending
      inner join lib_user as reader on lib_lending.id_lib_user1reader = reader.id_lib_user
      inner join lib_user as lent on lib_lending.id_lib_user2lent = lent.id_lib_user
```

这段代码有点类似于自连接的代码，当有多个外键参照同一张表时，这张表通过别名创建多个虚拟副本，分别被多个外键参照。例如上述语句中的用户表在逻辑上成为了借阅者表和借书经手人表，表名分别显示为"reader（lib_user）"和"lent（lib_user）"，如图 4.51 所示。运行结果如图 4.52 所示。

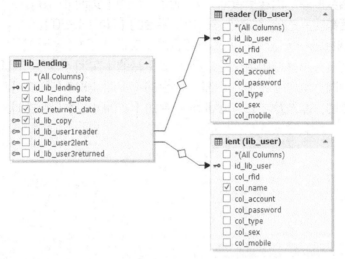

图 4.51　借还表的借阅者外键和借书经手人外键和用户表的连接

借阅者ID INT(11)	借书时间 DATETIME	还书时间 DATETIME	副本ID INT(11)	借阅者姓名 VARCHAR(50)	借书经手人 VARCHAR(50)
2	2020/4/10 9:17:00	(null)	3	艾米	杰克
1	2020/4/13 8:52:00	2020/4/11 8:34:00	2	张三	杰克
3	2020/4/13 9:54:00	(null)	2	李四	杰克

图 4.52　借还表的借阅者、借书经手人和用户表的连接的结果

习题

1. 思考题

① 如何理解数据完整性约束？

② 数据操纵与数据库完整性的关系如何？

③ 什么是模糊查询？模糊查询有什么用途？

④ where 条件表达式中的运算符有哪几类？

⑤ 内连接查询有什么功能？它是如何实现的？

⑥ 外连接查询有哪几种？它们是如何实现的？

⑦ 自连接查询是如何实现的？

⑧ 分组统计有什么功能？它是如何实现的？

⑨ where 子句和 having 子句有什么区别？

2. 实训题

① 单表查询，见 Jitor 平台的【实训 4-13】。

② 排序和分页，见 Jitor 平台的【实训 4-14】。

③ 外连接查询，见 Jitor 平台的【实训 4-15】。

④ 自连接查询，见 Jitor 平台的【实训 4-16】。

⑤ 电子书店数据库的数据操纵，见 Jitor 平台的【实训 4-17】。

⑥ 电子书店数据库的简单查询，见 Jitor 平台的【实训 4-18】。

⑦ 电子书店数据库的内连接查询，见 Jitor 平台的【实训 4-19】。

⑧ 电子书店数据库的分组统计，见 Jitor 平台的【实训 4-20】。

⑨ 项目 4 选择题和填空题，见 Jitor 平台的【实训 4-21（习题）】。

⑩ 基础篇测试：选择题和填空题，见 Jitor 平台的【实训 4-22（测试）】，随机组卷。

⑪ 基础篇测试：操作题之一，见 Jitor 平台的【实训 4-23（测试）】。

⑫ 基础篇测试：操作题之二，见 Jitor 平台的【实训 4-24（测试）】。

【提高篇】

开发"在线商店"项目

【提高篇】专注于一个实战项目——在线商店，让读者体验一个应用项目的开发过程，重点是子查询、视图、索引和数据库编程（存储函数、存储过程、触发器和事务）技术，这些技术都在项目8的开发体验中得到了充分展现。

以"在线商店"项目的开发为例，本项目的目标是设计和开发一个在线商店系统，作为一个实战项目的开发，"在线商店"项目分为4个阶段实施。

- 项目5：实战项目的第一阶段，内容是需求分析、功能设计以及数据结构设计，根据数据结构设计的结果创建数据库。
- 项目6：实战项目的第二阶段，内容是数据查询，包括子查询、视图和索引。
- 项目7：实战项目的第三阶段，内容是数据库编程，包括SQL编程入门、存储函数、存储过程以及触发器的编写，并介绍事务的概念。
- 项目8：实战项目的第四阶段，内容是采用PHP语言进行开发体验。

项目5和项目8是体验式的，仅做简单讲解，项目6和项目7是【提高篇】的主要内容，特别是项目7的数据库编程，是本次项目开发的重点。

项目5

"在线商店"项目的数据建模体验

扫码观看项目5
思维导图

项目5是实战项目"在线商店"开发的第一阶段,讲解项目开发的前期工作,即需求分析、系统功能设计,以及数据结构设计。

▶ 知识目标

① 深刻理解需求分析的地位和作用。　　② 熟悉项目开发的完整过程。

▶ 技能目标

① 能够对小型项目进行需求分析。　　② 熟练使用规范化设计技术设计数据结构。

任务1　需求分析

【任务描述】需求分析是开发阶段十分重要的一个环节,需求分析的好坏决定了一个项目的成败。通过本任务的学习,读者将理解在线商店项目的需求分析的具体内容,从而理解应用程序的功能。

5.1.1　需求描述

扫码观看微课视频

1. 项目概况

项目名称:在线商店。

数据库名:eshop。

2. 需求概述

项目的用户分为两大类:购物的客户和内部员工。项目的功能也分为两大类:一类是面向客户的前台功能,另一类是面向员工的后台功能。

- 购物的客户:客户可以在线注册、浏览商品、将商品加入购物车,最后签收商品并进行评价。只考虑国内客户。
- 内部员工:员工可以在后台对客户、员工、商品、订单进行管理,并实现发货流程,提供统计功能。

5.1.2　信息收集

从项目的委托方收集与项目有关的所有信息,其中有各种基础数据、工作流程、统计报表等。信息收集要越详细越好，例如对客户是否要实名认证，销售时的折扣有哪些以及如何计算，对统计报表有什么要求等。

为简化起见，本项目以较简单的需求为例（例如没有任何折扣，不考虑货款的支付），一些细节在后面的数据结构中体现，在此不做详细讲解。

1. 销售单据

在收集的数据中，最重要的信息如图 5.1 所示，这是一份线下销售时的纸质单据。

XX 商店销售单

收件人姓名	崔昕宇				订单编号	2
收件人电话	13587654322	电子邮件	chuixy@demo.test		订货日期	2020/4/11 13:15:00
收货地址	福建省厦门市思明路 16 号					

商品名	品牌	计量单位	单价		数量	金额
USB 无线网卡	Card-king	个		23.00	2	46.00
USB 分线器	英菲克	只		29.00	1	29.00
总计（人民币）		万 千 百 柒 拾 伍 元 零 角 零 分整				75.00
备注						

审核人：　王五　　审核日期：2020/4/11 15:21:00　发货人：　孙七　　发货日期：2020/4/12 11:33:00

图 5.1　销售单据

图 5.1 所示的销售单据在项目中实现时，可以根据销售单据状态的不同实现不同的用途，从而实现一个完整的购物流程。

- 购物车（状态 0）：当客户购物时，创建一个新的订单，作为购物车使用。
- 订单（状态 1）：当客户对购物车的商品确认下单后，该单据成为正式的订单。
- 发货单（状态 2）：订单经审核后（审核人签字），这个单据成为发货的依据。
- 出库单（状态 3）：订单出货以后（发货人签字），成为出库单。
- 销售单（状态 4）：客户收货后，可以添加评价，这时这个单据成为销售单，长期保存。

2. 分析销售单据

从图 5.1 所示的销售单中可以追踪到客户的有关信息，客户不仅有名称、电话、邮件、收货地址等信息，还有账号、密码等用户注册和登录用的信息。

从图 5.1 所示的销售单中可以追踪到员工的有关信息，员工不仅有姓名、性别、电话、职务等信息，还有账号、密码以及员工类型等信息。员工类型用于标识员工的权限，这些权限可以体现在审核权限、发货权限等。

商品有名称、品牌、计量单位、单价等信息，从委托方可以获悉商品的商品类别属性，这个属性可以独立出来，它只有类别名称一个属性。

因此，在这个阶段可以收集到的实体信息有销售单据、客户、员工、商品、商品类别等实体的信息。随着设计者经验的增长，多数实体可以在需求阶段就独立出来，便于后续设计过程的进行。

5.1.3 系统功能设计

经与委托方进行充分的讨论和沟通，项目的功能设计如图 5.2 所示。

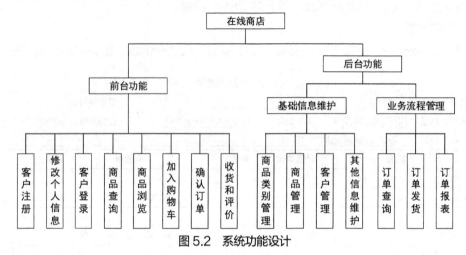

图 5.2 系统功能设计

为精简内容、深入讲解，本书仅对前台功能进行讨论，并加以实现。

5.1.4 业务流程处理

业务流程处理是需求分析中很重要的一部分，不仅涉及数据结构的设计，更重要的是还涉及应用程序的编写。

业务流程处理事关整个项目，涵盖的内容非常广。这里仅以客户从选购商品、确认下单，到公司审核发货、客户签收为例来加以说明。

- 选购商品：客户登录后，在网页上浏览全部商品或分类商品；单击商品查看商品详情，如果满意的话，将商品加入购物车，加入购物车的同时可以指定购买的件数；在加入购物车时，如果该客户没有可用的购物车（状态为 0 的销售单据），则新创建一个购物车。
- 确认下单：客户在结束选购时，单击"我的购物车"，这时显示购物车内的商品和数量，以及总金额；用户单击"确认下单"，将销售单据的状态从 0 改为 1。
- 公司审核发货：公司审核发货分为两道手续，一是审核人员审核，二是发货人员发出商品；前者是将销售单据的状态从 1 改为 2，后者是将销售单据的状态从 2 改为 3。
- 客户签收：客户收到商品后，签收订单，将销售单据的状态从 3 改为 4，同时也可以添加售后评价信息。

为简化处理流程，本项目不考虑货款的处理，没有在线支付功能，而是通过审核人员的审核来决定是否可以发货。

从购物流程来看，选购商品、确认下单和客户签收是前台的功能，公司对订单的审核和发货是后台的功能。由此可以看到，这些需求决定了应用程序的编写，因此在需求分析阶段就应该把所有的需求详细记录下来，用以指导数据结构的设计和应用程序的编写。

任务 2 数据结构设计

【任务描述】通过本任务的学习，读者应该理解在线商店项目的数据建模过程，熟悉在线商店项目的数据结构。

5.2.1 规范化设计

数据结构设计中最重要的是规范化，下面按照"3.1.5 关系数据库设计"小节中规范化设计的 6 步实施法，对在线商店进行规范化设计。

1. 列出所有二维表（实体）

从图 5.1 所示的销售单据的数据和对销售单据的分析，以及图 5.2 所示的系统功能设计中，读者可以尝试列出所有二维表，根据日常经验填入一些测试数据，并按照下面的讲解进行规范化设计。

将销售单据拆分为以下 5 种实体，列出部分属性。

- 客户（customer）：客户有姓名、电话、邮件、收货地址等属性。
- 订单头（order head）：订单头包括订单编号、客户信息、订单日期、备注、审核日期和发货日期等属性。
- 订单行（order line）：订单行是同一个订单内的每一种商品，有商品 ID 和数量等属性。
- 商品（goods）：商品有名称、品牌、计量单位、单价等属性。
- 员工（staff）：员工有姓名、性别、电话、职务（即角色）等属性。

特别要注意的是，要把销售单的订单头和订单行拆分出来。另外根据系统功能设计中的商品类别管理功能，还需要添加一个商品类别表。

- 商品类别（category）：商品类别只有一个名称属性。

2. 设置主键和外键

为每种实体（表）设置主键，在拆分过程中为从表设置外键。

3. 检查属性值的原子性

检查所有表的每一列，发现客户的收货地址不是原子性的，例如可以将"福建省厦门市思明路 16 号"拆分为"福建省""厦门市""思明路 16 号"。经与委托方讨论，将收货地址拆分为 3 列：省市区、地级市和街区地址。

4. 检查属性值是否重复

检查所有表的每一列，发现前一步拆分出来的省市区和地级市列有属性值重复的情况，这时可以将客户表直接拆分为 3 张表。

- 省市区（province）：客户所属的省份、直辖市、自治区，简称省级市。
- 地级市（area）：客户所在的地区（地级市、区、自治州、盟等，简称地级市）。
- 客户（customer）：客户有姓名、电话、邮件、地级市 ID、街区地址等属性。

客户表参照地级市表，地级市表参照省市区表，因此客户表的收货地址改为两列：地级市 ID 和街区地址。

5. 检查表是否包含多种实体

检查所有表，没有发现包含多种实体的表。

6. 合并相同的实体

检查所有表，没有发现相同的实体。

上述实体是按照"3.1.5 关系数据库设计"小节中的要求进行规范化设计，考虑了属性值的原子性和重复性，以及实现了"一个实体集一张表"的结果，达到 3NF，满足了规范化设计的要求。

图 5.3 所示是根据上述实体画出的简化的扩展 ER 图（省略属性），从图中可以非常清晰地看到实体之间的联系，这是简化的扩展 ER 图的优势。

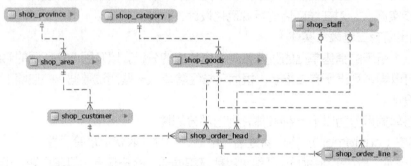

图 5.3　"在线商店"项目的简化的扩展 ER 图（省略属性）

5.2.2　数据结构设计

根据上述规范化设计的结果，经与项目的委托方进行充分讨论，确定每种实体的属性的细节，得到完整的在线商店数据结构（见本书附录 C），对应的扩展 ER 图（采用 MySQL Workbench 绘制，仅支持 MySQL）如图 5.4 所示。

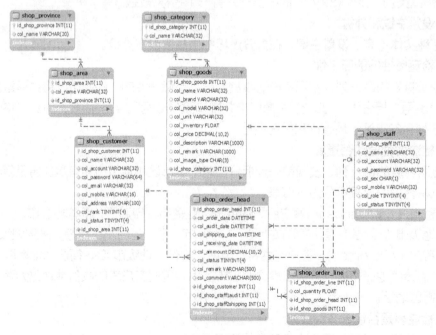

图 5.4　在线商店的扩展 ER 图

任务 3　数据结构的实施和数据的初始化

【任务描述】通过本任务的学习，读者应该巩固数据结构的实施和数据的初始化方面的技能。

本任务以任务 2 建立的数据结构（见附录 C）为依据，创建数据库和数据表。

5.3.1　【实训 5-1】数据结构的实施

创建数据库和数据表的代码录入量比较大，在实际开发中，这些代码通常是自动生成和运行的。因此在实训中，可以从 Jitor 实训指导材料中复制这些代码，粘贴到 MySQL 客户端执行，读者在实训过程中，要通过这些操作，充分理解在线商店的数据结构。

1. 创建数据库

用下述代码创建数据库 eshop。

```
Create database eshop character set utf8;
```

2. 创建数据表

用下述代码创建 8 张表，需严格按照图 5.4（参见附录 C）的设计实施。

```
Use eshop;

Create table shop_province (
    id_shop_province int(11) primary key not null auto_increment comment '省市区 id',
    col_name varchar(20) not null comment '省市区名称'
) comment = '省市区表';

Create table shop_area (
    id_shop_area int(11) primary key not null auto_increment comment '地级市 id',
    col_name varchar(32) not null comment '地级市名称',
    id_shop_province int(11) not null comment '省市区 id'
) comment = '地级市表';

Create table shop_customer (
    id_shop_customer int(11) primary key not null auto_increment comment '客户 id',
    col_name varchar(32) not null comment '收件人姓名',
    col_account varchar(32) not null comment '账号',
    col_password varchar(64) not null comment '密码',
    col_email varchar(32) default null comment '电子邮件',
    col_mobile varchar(16) not null comment '手机号',
    col_address varchar(100) not null comment '收货地址（街区地址）',
    col_rank tinyint(4) default 0 comment '客户等级（0=普通，1=会员，2=vip）',
    col_status tinyint(4) default 0 comment '状态（0=可用，1=禁用）',
    id_shop_area int(11) not null comment '地级市 id'
) comment = '客户表';

Create table shop_category (
    id_shop_category int(11) primary key not null auto_increment comment '商品类别 id',
    col_name varchar(32) not null comment '商品类别名'
) comment = '商品类别表';
```

```
Create table shop_goods (
    id_shop_goods int(11) primary key not null auto_increment comment '商品 id',
    col_name varchar(32) default null comment '商品名',
    col_brand varchar(32) default null comment '品牌',
    col_model varchar(32) default null comment '型号',
    col_unit varchar(32) default null comment '计量单位',
    col_inventory float default null comment '库存量',
    col_price decimal(10, 2) default null comment '单价',
    col_description varchar(1000) default null comment '商品描述',
    col_remark varchar(1000) default null comment '备注',
    col_image_type char(3) default null comment '图片类型（jpg, png, gif）',
    id_shop_category int(11) not null comment '商品类别 id'
) comment = '商品表';

Create table shop_staff (
    id_shop_staff int(11) primary key not null auto_increment comment '员工 id',
    col_name varchar(32) not null comment '姓名',
    col_account varchar(32) not null comment '账号',
    col_password varchar(32) not null comment '密码',
    col_sex char(1) not null comment '性别（M=男，F=女）',
    col_mobile varchar(32) null comment '手机号',
    col_role tinyint(4) default 0 comment '角色（0=普通，1=经理）',
    col_status tinyint(4) default 0 comment '状态（0=可用，1=禁用）'
) comment = '员工表';

create table shop_order_head (
    id_shop_order_head int(11) primary key not null auto_increment comment '订单头 id（作订单编
号用）',
    col_order_date datetime not null comment '订单日期',
    col_audit_date datetime default null comment '审核日期',
    col_shipping_date datetime default null comment '发货日期',
    col_receiving_date datetime default null comment '签收日期',
    col_ammount decimal(10, 2) default 0.00 comment '订单金额',
    col_status tinyint(4) default 0 comment '状态：0=购物车，1=下单，2=审核（已收到货款），3=发
货，4=已签收',
    col_remark varchar(500) default null comment '发货要求',
    col_comment varchar(500) default null comment '售后评价',
    id_shop_customer int(11) not null comment '客户 id',
    id_shop_staff1audit int(11) default null comment '员工 id（审核）',
    id_shop_staff2shipping int(11) default null comment '员工 id（发货）'
) comment = '订单头表';

Create table shop_order_line (
    id_shop_order_line int(11) primary key not null auto_increment comment '订单行 id',
    col_quantity float not null comment '数量',
    id_shop_order_head int(11) not null comment '订单头 id',
    id_shop_goods int(11) not null comment '商品 id'
) comment = '订单行表';
```

3. 建立联系

在创建所有表之后，用下述语句建立表之间的联系。

```
-- 地级市表参照省市区表
Alter table shop_area
    add constraint fk_shop_area_shop_province foreign key (id_shop_province)
        references shop_province(id_shop_province);


-- 客户表参照地级市表
Alter table shop_customer
    add constraint fk_shop_customer_shop_area1 foreign key (id_shop_area)
        references shop_area(id_shop_area);

-- 商品表参照商品类别表
Alter table shop_goods
    add constraint fk_shop_goods_shop_category1 foreign key (id_shop_category)
        references shop_category(id_shop_category);

-- 订单头表参照客户表
Alter table shop_order_head
    add constraint fk_shop_order_head_shop_customer1 foreign key (id_shop_customer)
        references shop_customer(id_shop_customer);

-- 订单头表参照员工表（审核人）
Alter table shop_order_head
    add constraint fk_shop_order_head_shop_staff1 foreign key (id_shop_staff1audit)
        references shop_staff(id_shop_staff);

-- 订单头表参照员工表（发货人）
Alter table shop_order_head
    add constraint fk_shop_order_head_shop_staff2 foreign key (id_shop_staff2shipping)
        references shop_staff(id_shop_staff);

-- 订单行表参照订单头表
Alter table shop_order_line
    add constraint fk_shop_order_line_shop_order_head1 foreign key (id_shop_order_head)
        references shop_order_head(id_shop_order_head);

-- 订单行表参照商品表
Alter table shop_order_line
    add constraint fk_shop_order_line_shop_goods1 foreign key (id_shop_goods)
        references shop_goods(id_shop_goods);
```

5.3.2 【实训 5-2】数据的初始化

接下来是录入数据，向这些表插入数据，用以测试上述数据表的结构是否合理和正确。

1. 基础数据的初始化

基础数据是在项目运行过程中不需要修改或者不经常修改的数据，如图 5.5 所示。
本项目中，省市区以及地级市名称可以从中华人民共和国民政部公布的民政数据（例如

"2020 年中华人民共和国行政区划代码"）中得到，通常不需要修改。图 5.5 中的省市区表和地级市表列出 5 个省和直辖市名称以及 15 个市和区的名称（全国有 34 个省级行政区名称以及 4000 多个地级市名称）。

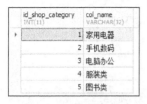
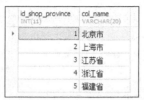

<table>
<tr><td>id_shop_staff INT(11)</td><td>col_name VARCH...</td><td>col_account VARCHAR(...</td><td>col_password VARCHAR(32)</td><td>col_sex CHAR(...</td><td>col_mobile VARCHAR(32)</td><td>col_role TINYI...</td><td>col_status TINYINT...</td></tr>
<tr><td>1</td><td>管理员</td><td>admin</td><td>admin</td><td>M</td><td>13987654321</td><td>2</td><td>0</td></tr>
<tr><td>2</td><td>张三</td><td>zhangs</td><td>123456</td><td>M</td><td>13987654322</td><td>0</td><td>1</td></tr>
<tr><td>3</td><td>李四</td><td>lisi</td><td>123456</td><td>F</td><td>(null)</td><td>0</td><td>1</td></tr>
<tr><td>4</td><td>王五</td><td>wangwu</td><td>123456</td><td>F</td><td>13987654324</td><td>1</td><td>0</td></tr>
<tr><td>5</td><td>赵六</td><td>zhaoliu</td><td>123456</td><td>M</td><td>13987654325</td><td>0</td><td>0</td></tr>
<tr><td>6</td><td>孙七</td><td>sunqi</td><td>123456</td><td>F</td><td>(null)</td><td>1</td><td>0</td></tr>
<tr><td>7</td><td>周八</td><td>zhouba</td><td>123456</td><td>M</td><td>13987654327</td><td>0</td><td>0</td></tr>
</table>

图 5.5　在线商店的基础数据

商品类别和员工名单是不经常修改的数据，图 5.5 中有两张表列出了 5 种商品类别以及 7 位员工（含两位离职员工，状态为 1）的信息。

2．业务数据的初始化

业务数据是在运行过程中经常需要修改的数据。

图 5.6 所示为客户数据，由客户从前端网站自主注册生成，它记录了客户的信息。

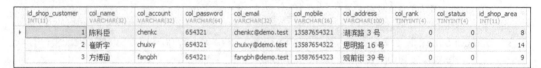

图 5.6　客户数据

图 5.7 所示为商品数据，通常需要公司员工在后台新增和修改，例如新增商品，修改商品的库存数据等（本项目为简化起见，没有设计进货功能）。

图 5.7　商品数据（部分）

图 5.8 所示为订单号为 2 的订单头表和订单行表，它们是由客户在网上选购商品时，创建购物车并将商品加入购物车而生成的。从客户外键（值为 2）可知，客户是主键为 2 的"崔昕宇"，下单的时间是 2020/4/11 13:15:00，该订单的状态是 4，表明已经发货并签收，审核人外键是 4，对应的员工是"王五"，发货人外键是 6，对应的员工是"孙七"，客户没有添加备注和评论。

从订单号为 2 的订单行表中看到,该客户订购了两件商品,商品外键为 4 的商品是"USB 无线网卡",订购数量是两个,商品外键为 9 的商品是"USB 分线器",订购数量是一只。

图 5.8　订单头表和订单行表(订单编号为 2)

订单的总金额是从订单行表的商品、数量和商品表的单价计算得到,再填入订单头表。将图 5.8 所示的数据与图 5.1 所示的数据进行比较,可以发现两者是一致的。

3. 验证数据结构设计

下面通过查询来验证数据结构设计,也就是查询与图 5.1 所示的销售单据相同的数据。下述代码可以查询 id 为 2 的订单头的信息。

```
Select
        shop_customer.col_name 收件人姓名,
        shop_order_head.id_shop_order_head 订单编号,
        shop_customer.col_mobile 收件人电话,
        shop_customer.col_email 电子邮件,
        shop_order_head.col_order_date 订货日期,
        concat( shop_province.col_name, shop_area.col_name, shop_customer.col_address ) 收货
地址,
        shop_order_head.col_ammount 金额,
        shop_order_head.col_remark 备注,
        shop_staff.col_name 审核人,
        shop_order_head.col_audit_date 审核日期,
        shipping.col_name 发货人,
        shop_order_head.col_shipping_date 发货日期
from shop_order_head
        inner join shop_customer on shop_order_head.id_shop_customer = shop_customer.id_
shop_customer
        inner join shop_area on shop_customer.id_shop_area = shop_area.id_shop_area
        inner join shop_province on shop_area.id_shop_province = shop_province.id_shop_province
        inner join shop_staff on shop_order_head.id_shop_staff1audit = shop_staff.id_shop_staff
        inner join shop_staff shipping on shop_order_head.id_shop_staff2shipping = shipping.id_shop_staff
    where id_shop_order_head = 2;
```

下述代码可以查询订单 2 的订单行的信息。

```
Select
        shop_goods.col_name 商品名,
        shop_goods.col_brand 品牌,
        shop_goods.col_unit 计量单位,
        shop_goods.col_price 单价,
        shop_order_line.col_quantity 数量,
        shop_goods.col_price * shop_order_line.col_quantity 金额
from shop_order_line
        inner join shop_goods on shop_order_line.id_shop_goods = shop_goods.id_shop_goods
where id_shop_order_head = 2;
```

127

上述两段代码的查询结果与原始单据（见图 5.1）的比较如图 5.9 所示，读者可以从查询结果中加深对订单头表和订单行表的设计的理解。

图 5.9　订单查询结果与原始单据的比较

习题

1. 思考题

① 为什么一张销售单据要设计为订单头表和订单行表两张表？

② 在线商店的设计是否支持客户保存多个收货地址？如果不支持，要如何修改数据结构，才能使其支持多个收货地址？

③ 如果要为在线商店增加订单金额的折扣功能，需要对其数据结构做什么样的修改？

2. 实训题

项目 5 选择题和填空题，见 Jitor 平台的【实训 5-3（习题）】。

项目 6
子查询、视图和索引

扫码观看项目 6
思维导图

　　项目 6 是实战项目"在线商店"开发的第二阶段，本项目在项目 4 讨论过的查询语句的基础上，通过在线商店项目进一步讲解查询语句中的子查询，并讲解与查询有关的视图和索引。

▶ 知识目标

① 理解子查询技术，理解嵌套子查询和相关子查询的区别，了解增、删、改与子查询的联合应用。

② 掌握视图的特点、创建和使用方法。

③ 掌握索引的作用、创建和使用方法，理解使用和不需要使用索引的场景。

▶ 技能目标

① 学会嵌套子查询和相关子查询。

② 学会视图的创建和管理，学会在查询语句中使用视图。

③ 学会索引的创建和管理。

///// 任务 1　使用子查询

　　【任务描述】子查询用于增强查询和增、删、改语句的功能，可以编写出具有强大功能的、复杂的 SQL 语句。通过本任务的学习，读者将学会嵌套子查询和相关子查询，理解嵌套子查询和相关子查询的区别，学习在增、删、改语句中使用子查询，从而增强数据操纵功能。

　　子查询是指被包含在一条语句中的查询语句，这条被包含的查询语句就称为子查询。包含子查询的语句可以是查询语句，也可以是插入语句、更新语句或删除语句。

　　最常见的子查询是被包含在查询语句中的，就是在 Select 语句中还有一个 Select 查询，这类子查询分为两种：嵌套子查询和相关子查询。

6.1.1　【实训 6-1】嵌套子查询

　　下面用一个例子加以说明，这个例子是查询购买金额大于所有订单平均金额的订单。为实现这个目标，先查询所有订单的平均金额（已下单的订单的平均金额），代码如下。

```
Select avg(col_ammount) from shop_order_head
          where col_status > 0;              -- 状态为 0 的订单（购物车）不参与统计
```

查询的结果是平均金额为 173.80 元，如图 6.1 所示。

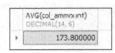

AVG(col_ammount) DECIMAL(14, 6)		id_shop_order_head INT(11)	id_shop_customer INT(11)	col_order_date DATETIME	col_ammount DECIMAL(10, 2)
▶ 173.800000		▶ 1	1	2020/4/9 11:12:00	879.00
		3	1	2020/4/11 9:22:00	280.00

图 6.1   查询购买金额大于所有订单平均金额的订单

然后再写一条如下的查询语句，所得结果就是购买金额大于所有订单平均金额的订单。结果一共有两个订单，两个订单都是客户 1 的，如图 6.1 所示。

```
Select id_shop_order_head, id_shop_customer, col_order_date, col_ammount
    from shop_order_head
    where col_ammount > 173.80 and col_status > 0;
```

上面的讨论用了两条查询语句，并且是手动地将平均金额从第一条语句的执行结果中复制到第二条语句的查询条件中。

一个很好的解决办法是将这两条语句合并在一起，形成一条嵌套的查询语句。也就是说，将第一条语句（整条 Select 语句）复制到第二条语句的查询条件中，而不是复制第一条语句的执行结果（平均金额），这样就避免了每一次运行时都要手动复制平均金额的尴尬。代码如下（子查询要用一对括号括起来）。

```
Select id_shop_order_head, id_shop_customer, col_order_date, col_ammount
    from shop_order_head
    where col_ammount > (
        Select avg(col_ammount) from shop_order_head
            where col_status > 0)
        and col_status > 0;
```

嵌套子查询的执行过程是先执行子查询，然后再执行父查询，一共执行两次查询。注意如下几点。

- 子查询的结果应该返回一行一列，或多行一列的值。
- 父查询通常是将子查询返回的值作为查询条件，如果返回的结果是一行一列，则可以在关系表达式中使用，如果返回的结果是多行一列，则只能在集合表达式中使用，例如 in （集合）或 not in（集合）。

6.1.2 【实训 6-2】相关子查询

还是用一个例子加以说明，这个例子是查询购买金额大于本人订单平均金额的订单。与前面嵌套子查询的要求有一点不同，一个是"所有订单"，另一个是"本人订单"。为此，先看看已确认订单的数据，代码如下，结果如图 6.2 所示。

```
Select id_shop_order_head, id_shop_customer,
col_ammount
    from shop_order_head
    where col_status > 0
    order by id_shop_customer, col_ammount;
```

id_shop_order_head INT(11)	id_shop_customer INT(11)	col_ammount DECIMAL(10, 2)
▶ 10	1	29.00
6	1	33.00
8	1	68.00
4	1	136.00
3	1	280.00
1	1	879.00
7	2	23.00
2	2	75.00
5	2	79.00
9	2	136.00

图 6.2   按客户 id 和金额排序的有效订单

为达到目的，应该先分别计算每一个客户的订单的平均金额，代码如下。

```
Select id_shop_customer, avg(col_ammount)
    from shop_order_head
```

```
    where col_status > 0   -- 状态为 0 的订单（购物车）不参与统计
    group by id_shop_customer;
```

运行结果是客户 id 为 1 的订单的平均金额是 237.5，客户 id 为 2 的订单的平均金额是 78.25。

然后再从图 6.2 所示的数据中查询出这两个客户的高于本人订单平均金额的订单。代码如下，运行结果如图 6.3 所示。

```
Select id_shop_order_head, id_shop_customer, col_ammount
    from shop_order_head
    where col_status > 0 and
    id_shop_customer=1 and col_ammount>237.5 --  客户 1 的高于本人订单平均金额的订单
union
Select id_shop_order_head, id_shop_customer, col_ammount
    from shop_order_head
    where col_status > 0 and
    id_shop_customer=2 and col_ammount>78.25; --  客户 2 的高于本人订单平均金额的订单
```

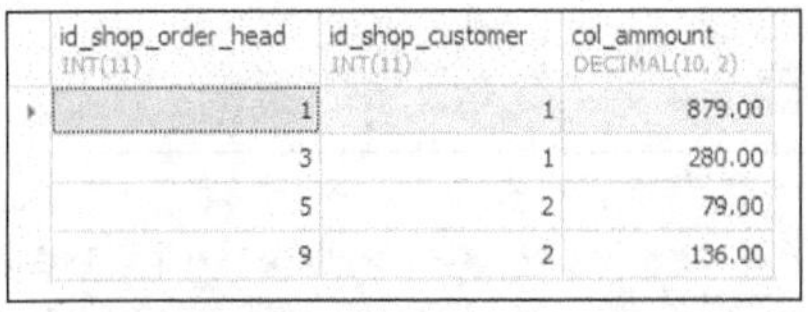

id_shop_order_head INT(11)	id_shop_customer INT(11)	col_ammount DECIMAL(10, 2)
1	1	879.00
3	1	280.00
5	2	79.00
9	2	136.00

图 6.3　查询购买金额高于本人订单平均金额的订单

图 6.3 所示的结果显示每个客户都有自己的高于本人订单平均金额的订单。用相关子查询可以很好地实现这个目标，代码如下。注意代码中大写的别名（PARENT，含义是父查询的表），通过别名将子查询和父查询关联起来，成为相关子查询。

```
Select id_shop_order_head, id_shop_customer, col_ammount
    from shop_order_head as PARENT
    where col_ammount > (
        Select avg(col_ammount) from shop_order_head
            where col_status > 0 and id_shop_customer= PARENT.id_shop_customer
    )
    and col_status > 0;
```

相关子查询的执行过程是先执行父查询，然后根据父查询的查询结果，再多次执行子查询。注意如下几点。

- 子查询的 where 条件中需要引用父查询的表，这时父查询的表要指定一个别名，便于子查询引用。

- 子查询的查询次数取决于父查询的结果。在这个例子中，子查询的查询次数就是父查询结果的行数，父查询结果的每一行都会引起一次子查询。

嵌套子查询和相关子查询有一些区别，适用于不同的需求，如表 6.1 所示。

表 6.1　嵌套子查询和相关子查询比较

比较项	嵌套子查询	相关子查询
子查询能否独立执行	能独立执行	不能独立执行
子查询的次数	一次	取决于父查询结果的行数
子查询是否引用父查询	否	是，因此父查询的表需要指定别名

6.1.3 【实训6-3】增、删、改与子查询

前述的子查询是作为 Select 语句的子查询，子查询还能够作为 Insert 语句、Update 语句或 Delete 语句的子查询，这大大增强了增、删、改语句的功能。

1. 子查询与 Update 语句

（1）更新用户的级别

一个例子是根据一定的条件（例如下单次数或总金额），更新用户的等级。例如下述语句将下单次数（不含未确认的订单）大于 5 的客户设置为会员级别（col_rank 为 1）。

```
Update shop_customer as outer_table set col_rank=1
    where (Select count(*) from shop_order_head
        where col_status>0 and id_shop_customer = outer_table.id_shop_customer
        )>5;
```

上述语句类似于相关子查询，子查询引用了外部语句的表（别名 outer_table）。更新后的客户表数据如图 6.4 所示。

```
Select * from shop_customer;
```

id_shop_customer INT(11)	col_name VARCHAR(32)	col_account VARCHAR(32)	col_password VARCHAR(64)	col_email VARCHAR(32)	col_mobile VARCHAR(16)	col_address VARCHAR(100)	col_rank TINYINT(4)	col_status TINYINT(4)	id_shop_area INT(11)
1	陈科臣	chenkc	654321	chenkc@demo.test	13587654321	湖滨路 3 号	1	0	8
2	崔昕宇	chuixy	654321	chuixy@demo.test	13587654322	思明路 16 号	0	0	14
3	方博通	fangbh	654321	fangbh@demo.test	13587654323	观前街 39 号	0	0	9

图 6.4　根据下单次数更新客户的级别

通过下述语句查询客户的下单次数，从而验证上述结果的正确性。

```
Select id_shop_customer, count(*) from shop_order_head
    where col_status>0
    group by id_shop_customer;
```

结果发现只有一位客户的下单次数大于 5（见图 6.5），还有一位客户（id 为 3）从来没有下过订单。

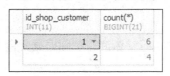

id_shop_customer INT(11)	count(*) BIGINT(21)
1	6
2	4

图 6.5　客户的下单次数

（2）更新订单总金额

下面这个例子演示了子查询的强大功能。在录入测试数据时，需要自动更新订单的总金额，而不是手动计算和输入。使用下述语句可以自动更新所有订单的总金额。

```
Update shop_order_head set col_ammount =
    (Select sum(col_quantity*shop_goods.col_price) from shop_order_line
        join shop_goods on shop_order_line.id_shop_goods = shop_goods.id_shop_goods
        where shop_order_line.id_shop_order_head = shop_order_head.id_shop_order_head);
```

2. 子查询与 Insert 语句

查询的结果也是一张二维表，因此可以将查询结果插入另一张表中，查询结果的行数就是插入的行数。

例如新增一张每月报表，在每月月初将上个月的销售数据保存到这个表中，以便今后的分析统计。这样虽然增加了数据的冗余，但是提高了系统的效率。

先新增一张每月销售表，代码如下。

```
Create table shop_sales (
    id_shop_sales int(11) not null primary key auto_increment,
    col_year int(11) not null,
    col_month tinyint(4) not null,
    col_sum_ammount decimal(12, 2) not null,
    col_remark varchar(500) default null
);
```

为了避免重复插入数据，还要为它的年和月属性添加一个双属性的唯一性约束，代码如下。

```
Alter table shop_sales add unique uidx_col_year_col_month (col_year, col_month);
```

然后将统计的月销售金额插入这张表中，代码如下。

```
Insert into shop_sales (col_year, col_month, col_sum_ammount)
Select 2020, 4, sum(col_ammount) from shop_order_head
        where col_audit_date between '2020-04-01' and '2020-04-30'
            and col_status>=2;
```

这条语句中的 Select 子句的执行结果如图 6.6 所示。执行 Insert 语句后，每月销售表（shop_sales）的数据如图 6.7 所示，可以看到，这时插入的数据就是查询时得到的数据。

图 6.6 Select 子句的结果	图 6.7 将查询的结果插入销售表

如果每个月的订单数据有几百万甚至上千万条时，每月定时将数据统计汇总到一张表中，可以减少计算机再次执行这类统计时占用的 CPU 和内存资源，从而提高性能。

与普通 Insert 语句一样，这时仍然要求插入的列与查询的列在数量、类型和含义上完全相同。

3. 子查询与 Delete 语句

例如删除从来没有使用过购物车的用户，这类用户一般已经放弃使用本系统，删除后可以避免占用资源（假设具有唯一约束的账号名是一种重要的资源）。

下述代码将删除从来没有使用过购物车的用户。

```
Delete from shop_customer
    where id_shop_customer not in (Select distinct id_shop_customer from shop_order_head);
```

其中的子查询 Select distinct id_shop_customer from shop_order_head 将返回订单头表中的客户 id（关键字 distinct 将会消除返回结果中的重复值）。在这个例子中，将返回（1，2）这两个客户 id，两行数据是作为一个集合返回给父语句（Delete 语句）。上述语句将删除这个 id 名单之外（not in）的所有客户，在这个例子中就是删除 id 为 3 的客户。

任务 2 使用视图

【任务描述】视图是另一种与查询有关的技术，视图是一种通过Select语句构建出来的虚拟的表，数据是从基表中动态生成的。通过本任务的学习，读者将理解视图与表的关系，学会视图的编写，理解和领会视图的优势，从而在项目中运用视图。

Select 查询的结果是一张二维表，它与普通的表在许多方面是相同的，因此可以给 Select 的查询结果一个名称，这就是视图。

视图是虚拟的表，其作用与普通的表几乎是完全相同的。不同之处在于视图并不实际保存数据，数据的来源是 Select 语句的 from 子句中涉及的表，这些表被称为视图的基表，基表中数据的改变将动态地反映到视图中。

6.2.1 视图的优点

视图是一个简单却又十分有用的工具，可以将复杂的代码封装在视图中。视图的优点如下。

- 简单性：视图可以简化对数据的理解，也可以简化对数据的操作。可以将经常使用的查询定义为视图，在使用时不必每次指定连接操作等复杂的子句，简化查询语句的编写。

- 安全性：通过视图可以屏蔽某些数据，也可以只赋予特定的用户查看特定数据的权限，而对其他数据既无法查看，更无法修改，从而保障数据的安全。

- 独立性：视图可以屏蔽基表结构变化带来的影响，如果基表的结构发生变化，可以修改视图，而使视图的功能保持不变。

6.2.2 【实训6-4】创建和使用视图

扫码观看微课视频

创建视图的语法格式如下。

```
Create view <视图名>
as
    <Select ...>;
```

- 视图名是在数据库范围内唯一的标识符，通常以 v_ 起头。

- 视图中的 Select 语句中的每列必须有唯一的列名，不允许出现二义性的列名（不同表的同名列），也不允许出现未定义的列名（无列名的计算列）。

- 视图中的 Select 语句不能有 order by 子句。

- 当基表的结构改变时，如果改变的部分涉及视图的 Select 语句，则必须重建视图。

例如使用下述语句将商品表和商品类别表连接起来，查询结果如图 6.8 所示。

```
Select shop_category.col_name, shop_goods.*
    from shop_goods inner join shop_category
        on shop_goods.id_shop_category = shop_category.id_shop_category;
```

col_name VARCHAR(32)	id_shop_goods INT(11)	col_name1 VARCHAR(32)	col_brand VARCHAR(32)	col_model VARCHAR(32)	col_unit VARCHAR(32)	col_inventory FLOAT	col_price DECIMAL(10, 2)	col_description VARCHAR(1000)
手机数码	1	运动相机	摄徒	GO8	台	12	879.00	适用于越野、滑雪
手机数码	2	无线麦克风话筒	KAXISAIER	E208	个	12	79.00	教师网课、讲课
图书类	3	《艺术的故事》	贡布里希 著	广西美术出版社	本	3	280.00	《艺术的故事》
手机数码	4	USB无线网卡	Card-king	KW-1578N	个	12	23.00	台式机笔记本通用
图书类	5	《人类简史：从动物到上帝》	尤瓦尔·赫拉利 著	中信出版社	本	12	68.00	从认知革命、农

图 6.8 含类别信息的商品表

这时可以将这个查询语句命名为"v_goods"的视图，代码如下。

```
Create view v_goods
as
Select shop_category.col_name as category, shop_goods.*
      from shop_goods inner join shop_category
           on shop_goods.id_shop_category = shop_category.id_shop_category;
```

由于商品表和商品类别表都有"col_name"列，因此将商品类别表的该列指定一个别名 category，从而使列名没有重复。

这时在数据库中，相当于在数据结构上增加了一张名为"v_goods"的表，它的数据结构是在商品表的基础上加上了商品类别名称。它是一张虚拟表，数据来自商品表和商品类别表。

视图的作用与表基本相同，可以用在 Select 语句中使用表的任何地方，在一定的条件下，甚至还可以用于 Insert 语句和 Update 语句等。

例如下述代码使用前面创建的视图 v_goods。

```
Select * from v_goods;
```

结果如图 6.9 所示。比较图 6.8 和图 6.9，可以发现差别仅在于列名，视图中的列名都必须明确指定，并且不能存在二义性。

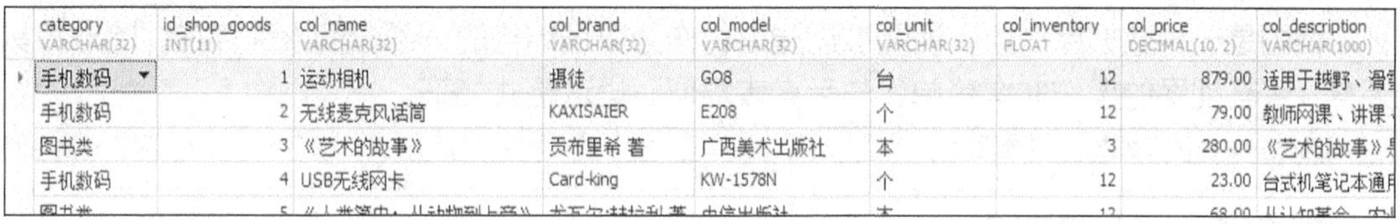

category VARCHAR(32)	id_shop_goods INT(11)	col_name VARCHAR(32)	col_brand VARCHAR(32)	col_model VARCHAR(32)	col_unit VARCHAR(32)	col_inventory FLOAT	col_price DECIMAL(10, 2)	col_description VARCHAR(1000)
手机数码 ▼	1	运动相机	摄徒	GO8	台	12	879.00	适用于越野、滑雪
手机数码	2	无线麦克风话筒	KAXISAIER	E208	个	12	79.00	教师网课、讲课
图书类	3	《艺术的故事》	贡布里希 著	广西美术出版社	本	3	280.00	《艺术的故事》是
手机数码	4	USB无线网卡	Card-king	KW-1578N	个	12	23.00	台式机笔记本通用
图书类	5	《人类简史…从物种到与…	书籍	中信出版社		12	68.00	从认知革命、农

图 6.9 运行视图的结果

又如下述视图，从订单头表选择状态为 0 的行，也就是作为购物车用途的行，代码如下。

```
Create view v_cart_head
as
Select shop_order_head.*
      from shop_order_head
           where shop_order_head.col_status=0;
```

这个视图相当于是一个购物车表，查询视图的结果是购物车的订单头信息，代码如下。

```
Select * from v_cart_head;
```

6.2.3 【实训 6-5】管理视图

视图是一种数据库对象，因此创建视图后，可以在 dbForge Studio 的数据库对象浏览区看到创建的视图，如图 6.10 所示。

1. 查看视图列表

视图与表在许多方面是相同的，因此，用相同的命令查看表和视图的列表。

```
Show tables;
```

2. 查看视图的数据结构

用相同的命令查看表和视图的数据结构，视图的数据结构与表的数据结构是类似的。

```
Describe 表名或视图名;
```

例如查看视图 v_goods 的结构，代码如下，结果如图 6.11 所示。

```
Describe v_goods;
```

图 6.10　数据库对象浏览区中的视图

Field VARCHAR(64)	Type MEDIUMTEXT	Null VARCHAR(3)	Key VARCHAR(3)	Default' MEDIUMTEXT	Extra VARCHAR(27)
category	varchar(32)	NO		(null)	
id_shop_goods	int(11)	NO		0	
col_name	varchar(32)	YES		(null)	
col_brand	varchar(32)	YES		(null)	
col_model	varchar(32)	YES		(null)	
col_unit	varchar(32)	YES		(null)	
col_inventory	float	YES		(null)	
col_price	decimal(10,2)	YES		(null)	
col_description	varchar(1000)	YES		(null)	
col_remark	varchar(1000)	YES		(null)	
col_image_type	char(3)	YES		(null)	
id_shop_category	int(11)	NO		(null)	

图 6.11　视图 v_goods 的结构

3. 变更视图

可以使用 Alter view 语句变更一个已经存在的视图，其语法格式与 Create view 相同，不同的是如果原视图不存在，将会在运行时出现错误。

4. 丢弃视图

视图是一种数据库对象，视图被创建后将作为数据结构的一部分而永久存在，除非将其丢弃。丢弃视图的操作非常简单，与丢弃表类似，语法格式如下。

```
Drop view [if exists] <视图名>;
```

任务 3　使用索引

【任务描述】索引是一种提高查询效率的技术，可以有效地提高数据库的查询性能。通过本任务的学习，读者将了解多种索引的区别和作用，理解索引的设计原则，学会创建和管理索引。

使用索引可以极大地提高查询的速度，这就像在新华字典中查找一个字的读音时，如果没有索引，就需要从第一页翻到最后一页，一个字一个字地查找，而通过笔画索引或偏旁索引就可以很快找到这个字。

索引的优点如下。

- 提高查询数据的速度。
- 通过唯一性索引，可以实现唯一性约束。
- 提高实现外键约束、分组查询和排序子句的速度。

索引的缺点如下。

- 索引的创建和维护需要耗费计算机资源，会降低插入、更新、删除的速度。
- 索引本身需要占用磁盘空间，会消耗计算机硬盘资源。

6.3.1　索引及其分类

1. 按用途分类

根据用途分类，索引可以分为下述两种。

- 普通索引：为提高查询效率而创建的普通索引。
- 唯一性索引：为实现唯一性约束而创建的索引，它也具有普通索引提高查询效率的作用。

2. 按列的数量分类

根据参与索引的列的数量进行分类，索引可以分为下述两种。

- 单列索引：仅对一列进行的索引，可以是普通索引，也可以是唯一性索引。
- 复合索引：对多列进行的索引，同样可以是普通索引，也可以是唯一性索引。

还有一些其他类型的索引，如聚簇索引、全文索引等，本书不予讲解。

6.3.2 索引的设计原则

1. 应该建立索引的情形

在下列情况下需要建立索引，通常根据业务需求来决定哪些列需要建立索引，以及索引的类型。

- 主键必须建立索引，这是默认的和强制性的，这种索引是唯一性索引。
- 不允许出现重复值的单列或多列，这时必须建立唯一性索引。
- 外键应该建立索引，创建外键时会自动建立索引。
- 经常查询（where）的列应该建立索引。
- 参与分组统计（group by）或排序（order by）的列应该建立索引。

前两种是为实现唯一性而建索引，是必须建的，后三种是为提高性能而建索引，是应该建的。

2. 不应该建立索引的情形

在下列情况下不应该建立索引，主要考虑的因素是在这种情况下建立索引并不能有效地提高效率。

- 从来不查询或很少查询的列不应建立索引，例如备注列。
- 行数少的表不需要建立索引，例如全国省级行政区表，只有 34 行。
- 取值范围很小的列不应建立索引，例如"性别"列，只有"男"和"女"两种值。

主键与唯一性索引类似，主要区别是主键不允许出现空值。主键、外键和唯一性索引的区别如表 6.2 所示。

表 6.2　主键、外键和唯一性索引的区别

说明	主键	外键	唯一性索引
定义	唯一标识一条记录，不能重复，不允许为空	表的外键是主表的主键，外键可以重复，可以为空或不为空	不允许重复，可以为空（最多一个空值）或不为空
作用	用来保证数据完整性	用来和其他表建立联系	用来保证数据完整性
唯一性	唯一的	可以唯一，也可以不唯一	唯一的
个数	一张表只有一个主键	一张表可以有多个外键	一张表可以有多个唯一性索引

6.3.3 【实训 6-6】创建索引

1. 间接创建索引

在创建表时，读者通过定义列的主键、唯一性约束等可以同时创建索引。例如下述代码在创建表的同时创建了两个唯一性索引。

```
Create table shop_province (
```

id_shop_province int(11) *primary key* not null auto_increment comment '省市区 ID',
col_name varchar(20) not null *unique* comment '省市区名称'
) comment = '省市区表';

其中，primary key 创建一个主键约束，它具有唯一性约束，也是唯一性索引。而关键字 unique 为 col_name 创建一个唯一性约束，也是唯一性索引。

2. 直接创建索引

在创建表之后通过 Create…index 语句创建，语法格式如下。

Create [unique] index <索引名> on <表名(列名 1, 列名 2, …, 列名 n)>;

例如下述语句为客户表（shop_customer）的姓名列（col_name）添加一个普通索引，索引名为 idx_shop_customer_col_name，从而提高查询客户姓名的性能。

Create index idx_shop_customer_col_name on shop_customer(col_name);

3. 变更表，添加索引

也可以通过为表添加一个索引来实现，语法格式如下。

Alter table 表名
add [unique] index 索引名(列名 1, 列名 2, …, 列名 n);

在项目 3 的"3.4.2 数据结构的维护"小节中已做过讲解，此处不赘述。

6.3.4 【实训 6-7】管理索引

索引是一种数据库对象，因此创建索引后，读者可以在 dbForge Studio 的数据库对象浏览区看到创建的索引，如图 6.12 所示。主键上也有索引，在图中是列入 Constraints 项下的。

图 6.12　数据库对象浏览区中的索引

（1）列出所有索引
例如下述语句列出了 shop_customer 表的所有索引，如图 6.13 所示。

Show keys from shop_customer;

Table VARCHAR(64)	Non_unique BIGINT(1)	Key_name VARCHAR(64)	Seq_in_index BIGINT(2)	Column_name VARCHAR(64)	Collation VARCH…	Cardinality BIGINT(21)	Sub_part BIGINT(3)	Packed VARC…	Null VA…	Index_type VARCHAR(16)	Comment VARCH…	Index_comment VARCHAR(1024)
shop_customer ▾	0	PRIMARY	1	id_shop_customer	A	3	(null)	(null)		BTREE		
shop_customer	1	fk_shop_customer_shop_area1	1	id_shop_area	A	3	(null)	(null)		BTREE		
shop_customer	1	idx_shop_customer_col_name	1	col_name	A	3	(null)	(null)		BTREE		

图 6.13　shop_customer 表的所有索引

图 6.13 显示 shop_customer 表有 3 个索引：一个唯一性索引（"Non_unique"列的值为 0），即主键 id_shop_customer 的唯一性索引；两个非唯一性索引（"Non_unique"列的值非 0），一个是外键（索引名以 fk_起头），另一个是前面直接创建的"col_name"列

的索引，索引名是"idx_shop_customer_col_name"。

（2）删除索引

可以直接丢弃一个索引，也可以通过修改表，从表中丢弃一个索引。例如下述两条语句都可以删除名为"idx_shop_customer_col_name"的索引。

```
Drop index idx_shop_customer_col_name ON shop_customer;
```

下述语句具有相同的结果。

```
Alter table shop_customer
    drop index idx_shop_customer_col_name;
```

（3）修改索引

MySQL 不提供修改索引的语句，当需要修改索引时，应该是先删除索引，然后重新创建索引。

习题

1. 思考题

① 嵌套子查询和相关子查询有什么区别？

② 什么是视图？视图有什么优点？

③ 在什么情况下应该建立索引？什么情况下不应该建立索引？

2. 实训题

① 嵌套子查询，见 Jitor 平台的【实训 6-8】。

② 相关子查询，见 Jitor 平台的【实训 6-9】。

③ 创建和使用视图，见 Jitor 平台的【实训 6-10】。

④ 创建索引，见 Jitor 平台的【实训 6-11】。

⑤ 项目 6 选择题和填空题，见 Jitor 平台的【实训 6-12（习题）】。

项目 7
数据库编程

扫码观看项目 7
思维导图

项目 7 是实战项目"在线商店"开发的第三阶段，本项目首先讲解 MySQL 编程基础，然后重点讲解存储函数、存储过程和触发器，并初步讲解事务和锁的概念。

▶ 知识目标

① 掌握 MySQL 编程的基础，理解命名规范。

② 了解游标的使用方法。

③ 掌握常用内置函数的使用方法。

④ 掌握存储函数的创建、使用和管理。

⑤ 掌握存储过程的创建、使用和管理。

⑥ 掌握触发器的创建、触发场景和管理。

⑦ 理解事务的概念，了解事务的应用，了解事务隔离和锁机制。

▶ 技能目标

① 学会 MySQL 编程，包括数据类型、3 种变量、运算符和表达式、条件分支和循环。

② 初步学会游标的使用方法。

③ 学会常用内置函数的使用方法。

④ 学会存储函数的创建、使用和管理。

⑤ 学会存储过程的创建、使用和管理。

⑥ 学会触发器的创建、触发场景和管理。

⑦ 学会事务的提交和回滚。

任务 1　学习 MySQL 编程

【任务描述】 MySQL的编程能力为MySQL数据库带来了强大的功能。通过本任务的学习，读者将了解MySQL的关键字，掌握MySQL的数据类型、变量和常量、运算符和表达式，以及分支、循环等流程控制结构，学会使用常见的内置函数，了解游标的使用方法。

到目前为止，我们编写的 SQL 语句都是独立执行的，SQL 语言也支持编程语言的功能，拥有分支、循环等程序结构，可以编写存储函数、存储过程或触发器等存储程序。

7.1.1　MySQL 编程概述

编程语言的基础是关键字、数据类型、变量和常量、运算符、表达式，以及流程控制，下面分别讲解。

1. 关键字

关键字是有特殊含义的单词，MySQL 5.5 的关键字有 565 个，其中包括 226 个保留字。保留字是不能用于表名或列名的关键字，例如 Select 和 Delete 等，非保留关键字虽然有特殊含义，但可以用于表名或列名中。表 7.1 所示为本书【基础篇】和【提高篇】（包括项目 7，但不包括【管理篇】）中用到的一些常用关键字。

表 7.1　本书【基础篇】和【提高篇】中用到的 MySQL 关键字

after	charset	decimal	engine	insert	limit	return	transaction
alter	close	declare	exists	int	loop	returns	trigger
and	collate	default	fetch	interval	new	right	union
as	column	delete	float	into	not	rollback	unique
asc	comment	delimiter	for	is	null	row	until
auto_increment	commit	desc	foreign	isolation	on	select	update
before	constraint	describe	from	iterate	open	set	use
begin	continue	distinct	function	join	or	show	values
between	create	do	group	key	order	signal	varchar
by	cross	drop	handler	keys	outer	sqlstate	variables
call	cursor	each	if	leave	primary	start	view
case	database	else	in	left	procedure	table	when
char	databases	elseif	index	level	references	then	where
character	datetime	end	inner	like	repeat	tinyint	while

如果要将保留字作为表名或列名使用，则需要用反撇号括起来，例如 order 是关键字，作为列名时要写成 `order`（键盘左上角与 "~" 同一个键）。因此，不建议将保留字作为表名、列名等使用。在项目 2 的 "2.1.3 命名规范" 小节中初步讲解了命名规范，这里补充了表 7.2 所示的命名建议，避免与关键字（包括保留和非保留关键字）同名。

表 7.2　命名建议

命名的对象	命名建议
表名（Table）	加上前缀 tab_、tbl_，或以模块命名的前缀，如 lib_、shop_，全部小写
普通列名（Column）	加上前缀 col_
主键列名（Primary Key, Identity）	加上前缀 id_
外键列名（Foreign Key）	与主键同名，含有前缀 id_
系统变量名（System Variable）	用前缀 @@ 表示，这是 MySQL 的强制要求
用户变量名（User Variable）	加上前缀 @，这是 MySQL 的强制要求
局部变量名（Local Variable）	加上前缀 var_（不能加前缀 @）
参数名（存储函数和存储过程）	加前缀 _（一个下划线，不能加前缀 @）
索引名（Index）	加上前缀 idx_
视图名（View）	加上前缀 v_，全部小写
游标名（Cursor）	加上前缀 c_

续表

命名的对象	命名建议
存储函数名（Function）	加上前缀 f_，全部小写
存储过程名（Procedure）	加上前缀 p_，全部小写
触发器名（Trigger）	加上前缀 t_，全部小写
事件名（Event）	加上前缀 e_

建议所有命名采用小写，但对表名、存储函数名、存储过程名和触发器名等，特别强调采用小写，因为在 Linux 操作系统中，这些命名是区分大小写的，而在 Windows 操作系统中则不区分大小写。要养成区分大小写的习惯，避免在向 Linux 平台移植时产生问题。

按照这个命名规范，所有命名都带有下划线，因此，只要是不带下划线的就是关键字（极少数例外，如 auto_increment 也是关键字）。

2. 数据类型

变量的数据类型与列的数据类型相同，见附录 A，并参见项目 2 的"任务 2 理解 MySQL 的数据类型"一节对数据类型的讲解。

7.1.2 【实训 7-1】MySQL 语言基础

本节主要讲解变量、常量、运算符和表达式。

1. 变量

MySQL 支持的变量有 3 种，如表 7.3 所示。

表 7.3　变量的类型

	系统变量	用户变量	局部变量
命名	以@@作为前缀	以@作为前缀	无前缀，建议用 var_作为前缀
用途	保存系统的参数和配置	用户定义的变量，保存数据	在语句块中定义的临时变量
声明	无须声明，直接引用其值	无须声明，直接赋值	用 Declare 声明
赋值	多数系统变量是只读的，不允许赋值	用 Set 或 Select 赋值	用 Set 赋值或 Select 赋值
查看	Select 语句	Select 语句	Select 语句

这 3 种变量的最大区别是用途不同，因此需要根据用途来选择合适的变量类型。下面分别讲解。

（1）系统变量

系统变量是 MySQL 系统内部定义的变量，保存了系统的配置参数，以及软件和硬件参数（操作系统类型、CPU 类型等），多数系统变量是只读的，不允许赋值。例如用下述代码可以查看系统变量@@wait_timeout 的值。

```
Select @@wait_timeout;
```

有些系统变量可以被重新赋值，赋值后将会影响 MySQL 的配置。例如下述代码。

```
Set @@wait_timeout=20000;
Select @@wait_timeout;
```

可以用下述命令查询所有系统变量及其当前值。

Show global variables;

不允许自定义系统变量，也不应该修改系统变量的值，只有在充分了解系统变量的含义及其影响的情况下才可以修改系统变量的值。

（2）用户变量

用户变量是用户定义的变量，用于保存数据，具有较长的生命周期。例如下述代码。

Set @text = "Hello";
Select @text;

也可以用 Select 语句来赋值，例如下述代码将查询结果赋给两个变量@ammout 和@average。

Select sum(col_ammount), avg(col_ammount) *into* @ammout, @average from shop_order_head;
Select @ammout;
Select @average;

（3）局部变量

局部变量是在语句块（用 begin 和 end 定义语句块）中声明的变量，用于保存临时数据。它的生命周期很短，并且需要声明它的数据类型。

局部变量必须先用 Declare 声明，然后才能使用，语法格式如下。

Declare 局部变量名 数据类型 [default 初始值];

例如下述代码中的局部变量 var_tmp，它只在语句块中有效，因为语句块必须存在于存储程序中，因此用存储过程（存储程序的一种，详见任务 3）来演示。

```
Drop procedure if exists p_proc;-- 丢弃名为 p_proc 的存储过程，如果它存在

Delimiter %% -- 指定新的分隔符，参见"7.2.1 存储程序"小节第 3 部分"语句块和语句分隔符"中的说明
Create procedure p_proc()          -- 创建存储过程，语句块放在存储过程中
begin
    Declare var_tmp int;   -- 使用默认的分隔符
    Set var_tmp = 12;
    Select var_tmp;
end%%  -- 使用新的分隔符，作为创建存储过程语句的结束
Delimiter ; -- 恢复默认的分隔符（分号）
```

上述代码创建了一个名为"p_proc"的存储过程（存储过程将在"任务 3 使用存储过程"一节讲解），这个存储过程只有 3 行代码，没有实质性功能，仅演示局部变量的使用。

调用这个存储过程的语句如下，运行的结果是显示局部变量的值，如图 7.1 所示。

Call p_proc();

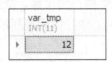

图 7.1　局部变量 var_tmp 的值

用户变量的生命周期与数据库连接有关，在一个连接期间，用户变量的值仍然存在，而局部变量的值只是在语句块中存在。例如下述代码有一个用户变量和一个局部变量，在语句块中，用户变量和一个局部变量都是有效的，而在语句块之外，用户变量仍然有效，局部变量是无效的。

Drop procedure if exists p_proc;-- 丢弃名为 p_proc 的存储过程，如果它存在

```
Delimiter %% -- 指定新的分隔符，参见"7.2.1 存储程序"小节第3部分"语句块和语句分隔符"中的说明
Create procedure p_proc()
begin
     Declare var_tmp int default 12;
     Set @tmp = 22;
     Select var_tmp;        -- 可以访问局部变量
     Select @tmp;           -- 可以访问用户变量
end%%    -- 使用新的分隔符，作为创建存储过程语句的结束
Delimiter ; -- 恢复默认的分隔符（分号）

Call p_proc();

Select @tmp;           -- 仍然可以访问，并有原来的值
Select var_tmp;        -- 不能访问，因为超出了作用域范围
```

声明局部变量的Declare语句应该是begin后的第一条语句，中间不能有其他语句。

2. 字面常量

字面常量是直接用文字表示的固定不变的数据，常用的字面常量有整数、浮点数、字符串和日期等，如 12、1.23 和"Hello"，如表 7.4 所示，详见项目 2 中"任务 2 理解 MySQL 的数据类型"一节对字面常量的讲解。

表 7.4　常量的表示方法

常量	说明	例子
整数值	十进制整数	12
浮点数值	带小数的十进制数，也可以用科学记数法表示	3.14、5.1E5（表示 5.1×10^5）
字符串值	用单引号或双引号引起来的0到多个字符，可用转义字符	"It's me."、'It\'s me.'
日期时间值	用单引号或双引号引起来的表示日期、时间或日期时间的字符串	'2020-05-15' '2020-05-15 16:42:02'
布尔值	只有 True 和 False 两个值，分别表示真和假	True
Null 值	只有 Null 一个值，表示空	Null

3. 运算符和表达式

表达式是以一定的运算规则，用运算符将常量、变量以及函数等连接而成的算式，表达式可以用在 Select 语句中作为计算列，也可以用在其他需要值的地方。

（1）常用运算符

常用的运算符如表 7.5 所示，其中一部分在"4.3.2 【实训 4-5】理解查询条件"一节中讲解过。

表 7.5　常用的运算符

类型	运算符	含义
算术运算	+、-、*、/、%	加、减、乘、除、模除
赋值运算	=	赋值

续表

类型	运算符	含义
关系运算	=、>、<、>=、<=、<>	等于、大于、小于、大等于、小等于、不等于
范围查询	between ... and ...、not between ... and ...	在……到……范围之间、不在……到……范围之间
集合查询	in (...)、not in (...)	在……集合之内、不在……集合之内
模糊查询	like、not like	类似于、不类似于（模糊查询）
逻辑运算	and、or、not	并且、或者、非
空值判断	is null、is not null	为空、不为空
位运算符	&、|、^、～、<<、>>	与、或、异或、取反、左移、右移（位运算）

另外还有 3 个运算符 if、ifnull 和 case，可以使用它们组成表达式。

（2）If 运算符

If 运算符类似于 C/C++或 Java 语言中的三元运算符，语法格式如下。

```
If(条件表达式, 为真时的结果, 为假时的结果)
```

例如使用下述语句可以将以 M、F 表示的性别转换为"男"和"女"。

```
Select col_name, if(col_sex='M', '男', '女') from shop_staff;
```

（3）Ifnull 运算符

Ifnull 运算符判断一个值是否为空。如果不为空返回该值，如果为空返回另一个值（类似于默认值），语法格式如下。

```
Ifnull(值, 值为空时的返回值)
```

例如下述语句，将列出所有手机号。如果手机号为空，则显示"缺手机号"。

```
Select col_name, ifnull(col_mobile, '缺手机号') from shop_staff;
```

（4）Case 运算符

Case 运算符的作用是实现多条件的 If 运算符，语法格式有两种，第一种格式如下。

```
Case 表达式
    when 等于值 1 时 then 结果 1
    when 等于值 2 时 then 结果 2
    ...
    else 结果 n
end case
```

第二种格式如下。

```
Case
    when 表达式 1 为真时 then 结果 1
    when 表达式 2 为真时 then 结果 2
    ...
    else 结果 n
end case
```

例如上述以 M、F 表示的性别转换为"男"和"女"的 If 表达式可以改写为如下代码，采用 Case 运算符时还可以多加一个选择。

```
Select col_name,
    case col_sex
        when 'M' then '男'
```

```
                when 'F' then '女'
                else '未知'
            end
    from shop_staff;
```

采用第二种方式时可以写成下述代码（具有相同的结果）。

```
Select col_name,
    case
            when col_sex='M' then '男'
            when col_sex='F' then '女'
            else '未知'
    end
from shop_staff;
```

后一种写法更加灵活，甚至可以引用多个列的值。例如下述代码不仅根据库存量，还参考价格来决定是否需要补货。价格低于 200 元的商品，库存（inventory）小于 10 件就要补货；而价格大于等于 200 元的商品，库存小于 5 件时才需要补货。

```
Select col_name, col_inventory, col_price,
    case
            when col_price>=200 and col_inventory<5 then '需补货'
            when col_price<200 and col_inventory<10 then '需补货'
            else '库存充足'
    end
    from shop_goods;
```

7.1.3 【实训 7-2】MySQL 流程控制

流程控制必须写在由 begin 和 end 括起来的语句块中，而语句块又必须写在存储程序中。下述代码将创建一个存储过程（存储程序的一种），用于演示流程控制语句。

```
Drop procedure if exists p_proc;-- 丢弃名为"p_proc"的存储过程，如果它存在

Delimiter %% -- 指定新的分隔符，参见"7.2.1 存储程序"小节第 3 部分"语句块和语句分隔符"中的说明
Create procedure p_proc()-- 创建一个名为 p_proc 的存储过程
begin
    -- 流程控制的代码写在这里
end%%
Delimiter ; -- 恢复默认的分隔符（分号），参见"7.2.1 存储程序"小节第 3 部分"语句块和语句分隔符"

Call p_proc;     -- 调用名为"p_proc"的存储过程
```

本小节的流程控制代码以及含有多行语句的代码块都应该写在上述代码中的 begin 和 end 之间。

1. 条件分支语句

MySQL 支持两种条件分支语句。

（1）If 语句

条件分支采用 if…elseif…else…end if 的结构，例如下述语句。

```
Set @id=3;
If @id=1 then
    select "语句 1";
elseif @id=2 then
```

```
    select "语句 2";
else
    select "语句 n";
end if;
```

（2）Case 语句

也可以采用 Case 语句实现条件分支，例如下述代码的作用与前述 If 条件分支的作用相同。

```
Set @id=2;
Case
when @id=1 then
    select "语句 1";
when @id=2 then
    select "语句 2";
else
    select "语句 n";
end case;
```

If运算符、Case运算符与If语句、Case语句是不同的，前者用于表达式，后者用于流程控制。

2. 循环语句

MySQL 支持 3 种循环语句。

（1）While 循环语句

语法格式如下。

```
[标签:] While  循环条件表达式  do
    语句块;
end while;
```

可以用 leave 关键字强制退出当前循环，或用 iterate 关键字强制进入下一次循环。

与C/C++、Java语言比较，两者的While循环是类似的，leave相当于是break，iterate相当于是continue。而后面讲解的Repeat循环则与do…while循环类似。

下面是一个计算 1 到 100 的累加和的例子，代码如下。

```
Declare _i int default 0;
Set @sum = 0;
While _i<100 do
    set _i = _i + 1;
    set @sum = @sum + _i;
end while;
Select @sum;
```

下述代码加了一个 iterate 部分，在指定条件下跳过了循环体后面的语句，因此只计算 1 到 50 的累加和（虽然循环条件是到 100）。

```
    Declare _i int default 0;
    Set @sum = 0;
r:    While _i<100 do        -- 用标签 r 命名这个循环
        set _i = _i + 1;
        if _i>50 then
            iterate r; -- 跳过后面的循环体，进入 r 指定的循环的下一次循环
```

```
        end if;
        set @sum = @sum + _i;
    end while;
    Select @sum;
```

（2）Repeat 循环语句

语法格式如下。

```
[标签:] Repeat
    语句块;
    until 结束条件表达式
end repeat;
```

下面是一个计算 1 到 100 的累加和的例子，代码如下。

```
Declare _i int default 0;
Set @sum = 0;
Repeat
    set _i = _i + 1;
    set @sum = @sum + _i;
    until _i>=100    -- 到达 100 后，结束循环
end repeat;
Select @sum;
```

下述代码演示了 leave 的使用，只计算 1 到 50 的累加和（虽然循环条件是到 100 ）。

```
        Declare _i int default 0;
        Set @sum = 0;
r:      Repeat    -- 用标签 r 命名这个循环
            set _i = _i + 1;
            if _i>50 then
                leave r; -- 退出标签 r 指定的循环（提前退出了）
            end if;
            set @sum = @sum + _i;
            until _i>=100    -- 到达 100 后，结束循环
        end repeat;
        Select @sum;
```

（3）Loop 循环语句

语法格式如下。

```
标签: Loop
    语句块;
end loop;
```

从这个格式中看到，Loop 循环没有结束条件，因此它是无限循环的，需要 leave 语句的帮助才能结束。因此，标签是必需的，否则无法结束循环。

下面同样是一个计算 1 到 100 的累加和的例子，代码如下。

```
        Declare _i int default 0;
        Set @sum = 0;
r:      Loop -- 用标签 r 命名这个循环
            set _i = _i + 1;
            set @sum = @sum + _i;
            if _i>=100 then
                leave r; -- 退出标签 r 指定的循环（否则无限循环）
            end if;
        end loop;
        Select @sum;
```

这 3 种循环各有特点，其比较如表 7.6 所示。

表 7.6　3 种循环语句的比较

比较项	While 循环	Repeat 循环	Loop 循环
循环类型	当型循环	直到型循环	无限循环
条件表达式	循环条件，为真时继续循环	结束条件，为真时结束循环	无，需要 leave 语句来结束
特点	可以循环 0 次到多次	循环 1 次到多次，至少 1 次	取决于 leave 语句
与 C/Java 比较	While 循环	do...while 循环	例如 for(;;)或 while(1)

7.1.4 【实训 7-3】使用内置函数

内置函数是 MySQL 本身提供的，可以被直接调用。MySQL 函数可以用在表达式中，包括 Select 语句中的计算表达式。MySQL 提供了丰富的内置函数，涵盖了编程的各种需要。附录 B 是常用内置函数的总结。

1. 统计函数

在"4.4.4 【实训 4-11】统计与分组统计"小节使用过统计函数，它有计算累加和、平均值、最大值、最小值、计数等功能。例如下述语句计算所有订单的总金额。

```
Select sum(col_ammount) from shop_order_head;
```
下述语句计算员工表的行数。

```
Select count(*) from shop_staff;
```
下述语句计算员工表中手机号（col_mobile）不为空的行数。

```
Select count(col_mobile) from shop_staff;
```

2. 数学函数

数学函数包括常用的数学计算（如幂函数和三角函数等），例如下述语句计算 3 的平方根。

```
Select sqrt(3);
```
下述语句对 3.14159 进行四舍五入（保留 3 位小数）。

```
Select round(3.14159, 3);
```

3. 字符串函数

字符串函数用于对字符串进行处理，常用的字符串函数如表 7.7 所示。

表 7.7　常用的字符串函数

函数名	功能	例子	结果
length(string)	求字符串长度	length('abc汉字')	5
substring(string, start, [length])	求字符串的子串	substring('12345678', 2, 3) substring('12345678', 2)	'234' 2345678
replace(string, s1, s2)	替换字符串	replace('12345678', '23', 'abc')	'1abc45678'
concat(string1, string2, ...)	连接字符串	concat('12345678', '23', 'abc')	'1234567823abc'
ascii(character)	求字符的 ASCII 值	ascii('abc')	97
char(integer)	从 ASCII 值得到字符	char(97)	'a'

不能用加号（＋）来连接字符串，加号只能做算术加法运算。连接字符串只能用 concat 函数，concat 函数接受任意多个参数，并将它们按次序连接起来。

4．日期和时间函数

使用日期和时间函数可以返回当前的日期时间、对日期时间进行加减等。

例如用下述语句获得当前日期的月份值（其中 NOW()函数返回当前的日期时间）。

```
Select month(now());
```

用下述语句获得指定日期加上 50 天的日期，以及减去 500 小时的日期时间。

```
Select adddate('2020-01-01', interval 50 day);
Select subdate('2020-01-01', interval 500 hour);
```

5．系统函数

系统函数与 MySQL 服务器有关，例如可以从 version()函数获得 MySQL 版本号。

```
SELECT version();
```

表的主键值通常是自动生成的，有时需要知道这个自动生成的值是多少。下述语句演示了插入语句之后，立即取得这个自动生成的主键值。

```
Insert into shop_province values (null, "XX 省");
Select last_insert_id();
```

6．转换函数

转换函数用于将一种数据类型的值转换为另一种数据类型的值。例如下述两条语句的作用相同，都是将字符串转换为数字。

```
Select cast('1.234' as decimal(5,2));
Select convert('1.234', decimal(5,2));
```

日期与字符串可以进行双向转换。日期时间转换为字符串的例子如下。

```
Select date_format(now(), '%Y-%m-%d %H:%i:%s');
```

字符串转换为日期时间的例子如下。

```
Select date_format('2021-06-20 20:43:35', '%Y-%m-%d %H:%i:%s');
```

其中格式字符的含义见附录 B 的附表 3。

7.1.5 【实训 7-4】使用游标

本小节通过游标（Cursor）来演示流程控制语句的使用，游标的作用是对查询结果的每一行进行分别处理。

使用游标一共有 4 个步骤，下面先讲解这 4 个步骤，然后再用一个例子加以说明。

1．使用游标的步骤

（1）声明游标

使用游标之前必须先声明游标，语法格式如下。

```
Declare 游标名 cursor for
     查询语句;
```

为避免与关键字冲突，游标名通常加上前缀 c_。

游标不是数据库对象，并不保存在数据库中，因此需要在每次使用前声明，这有点类似于局部变量，游标也是用 Declare 声明的。

　　　　游标和视图都是为一条查询语句起了一个别名，但两者的意义是不同的。视图所起的别名与表的地位类似，而游标所起的别名类似的局部变量，用于临时保存查询的结果。

（2）打开游标

声明游标之后就可以打开游标，语法格式如下。

```
Open 游标名;
```

打开游标是把查询语句的执行结果赋值给游标（相当于局部变量），用于下一步遍历游标。

（3）遍历游标

游标的作用是遍历查询结果集中的每一行（循环访问每一行），遍历一个打开的游标的典型代码结构如下。

```
r:    loop
          fetch 游标名 into 局部变量列表;
          if _done then
              leave r;
          end if;
          -- 其他语句
      end loop;
```

局部变量列表在个数和含义上必须与游标的查询语句中的列的个数和含义相一致。

其中，局部变量 _done 是一个自定义的局部变量，用于记录捕获到的"找不到"出错信息（表示已经是最后一行），这时结束遍历。捕获出错信息的代码如下。

```
Declare continue handler for sqlstate '02000' set _done= 1;
```

上述代码即捕获到状态为'02000'的信息后（意思是找不到下一行），置局部变量 _done 的值为 1，表示已经到最后一行。

（4）关闭游标

游标在使用后必须被关闭，语法格式如下。

```
Close 游标名;
```

2. 游标实例

下述代码的功能是显示订单头表的主键列表（以订单金额从小到大排序），执行的结果如图 7.2 所示，这个结果没有实用意义，仅演示游标的使用方法。

```
Drop procedure if exists p_proc;

Delimiter %% -- 指定新的分隔符，参见"7.2.1 存储程序"小节第 3 部分"语句块和语句分隔符"中的说明
Create procedure p_proc()
begin
    declare _done int default 0;              -- 遍历结束条件，为 1 时结束遍历
    declare _list varchar(100) default '';    -- 保存结果（主键值列表）
    declare _id int default 0;                -- 保存每一行的主键值

    declare c_cursor cursor for select id_shop_order_head      -- 声明游标
        from shop_order_head order by col_ammount;

    -- 捕获系统抛出的 not found 错误，如果捕获到，将 _done 置为 1（作为结束条件）
    declare continue handler for sqlstate '02000' set _done= 1;
    open c_cursor;                                    -- 打开游标
r:    loop
          fetch c_cursor into _id;
          if _done then
              leave r;
```

```
                    end if;
                    set _list = concat(_list, ', ', _id);        -- 将主键值添加到 list 的末尾
            end loop;
            close c_cursor;                                       -- 关闭游标
            select _list;
        end%%
Delimiter ;  -- 恢复默认的分隔符（分号），参见"7.2.1 存储程序"小节第 3 部分"语句块和语句分隔符"

        Call p_proc;
```

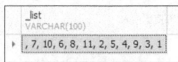

图 7.2   游标实例的执行结果

   处理游标时，声明局部变量的语句在前，声明游标的语句在后，然后是声明 handler的语句。

任务2   使用存储函数

【任务描述】存储函数是存储例程的一种。通过本任务的学习，读者将理解存储程序、存储例程等概念，理解存储程序的优点，学会创建、使用和管理存储函数，特别是学会使用创建多行语句的存储函数。

任务 2、任务 3、任务 4 将分别讲解存储函数、存储过程和触发器，它们都属于存储程序，因此先对存储程序进行介绍。

7.2.1   存储程序

下面对存储程序的种类和含义进行简要的介绍。

1. 存储程序和存储例程

（1）存储程序

存储程序（Stored programs）是存储在数据库中的一段程序，由一行语句或多行语句组成，并给予一个命名，通过该名字来运行或管理这些语句。MySQL 提供下述 4 种存储程序。

• 存储函数（Stored function：它返回一个计算结果，该结果可以用在表达式里（例如 Select 语句中的计算列）。

• 存储过程（Stored procedure）：它不直接返回一个结果，但可以用来完成一般的运算或是用 Select 语句生成一个结果集并传递回调用方，它被 call 命令调用。

• 触发器（Trigger）：它与数据表相关联，不能被直接运行，而是在该表执行 Insert、Delete 或 Update 语句时触发它的执行。

• 事件（Event）：它也不能被直接运行，而是根据设置的时间，在设置的预定时刻自动执行，将在项目 11 进行讲解。

（2）存储例程

存储例程（Stored routine）仅指存储函数和存储过程两种。之所以将存储函数和存储过程单独归类于存储例程，是由于在数据库备份时，有一个例程选项，专门备份存储函数和存储过程，详情见项目 11 的表 11.2。

2. 存储程序的优点

存储程序（特别是存储例程和触发器）具有如下优点，曾经受到广泛应用，有些项目甚至将所有的业务逻辑都写在各种存储程序中。

- 编译后执行：存储程序经过编译之后会比单独的 SQL 语句一条一条执行要快，可以将编译后的存储程序缓存起来，从而提高系统性能。
- 减少网络传输：存储程序保存在 MySQL 服务器中，距离数据最近，可以减少网络传输，从而提高效率。
- 代码复用：存储程序被创建后，可以被不同的进程甚至是不同的语言调用，避免开发人员编写相同的 SQL 语句，从而提高开发效率。
- 流程控制：可以使用流程程控语句实现复杂的判断和运算，编写比较通用的存储程序，从而提高灵活性。

随着新技术的出现，存储程序的优势正在逐渐丧失，而缺点却变得日益突出，主要是开发和调试困难、移植性差、不适应新技术的应用。因此，存储程序已被许多公司限制使用。

3. 语句块和语句分隔符

在存储程序中，如果组成程序体的语句只有一条，则不需要做特别的处理。例如下述代码用于创建一个单语句的存储程序（以存储过程为例）。

```
Create procedure 存储过程名(参数)
    一条语句;
```

如果组成程序体的语句有多条，这时就需要用 begin 和 end 关键字将多条语句括起来，成为一个语句块。在语句块中可以使用局部变量、条件语句、循环和嵌套语句块等多种语法构造。例如用下述代码创建一个多语句的存储程序（以存储过程为例）。

```
Create procedure 存储过程名(参数)
begin
    第一条语句;
    ……
    第 n 条语句;
end;
```

为了区别语句块中语句的结束分号和存储程序创建语句的结束分号，MySQL 要求指定一个新的分隔符，以区别于语句块中的结束分号。例如下述命令用于指定双百分号为新的分隔符（这条命令不能以分号结束）。

```
Delimiter %%
```

这时语句块内使用分号作为分隔符，语句块外用双百分号作为分隔符，直到重新指定分号为分隔符（这里分号前应该有一个空格，分号作为 Delimiter 命令的参数）。

```
Delimiter ;
```

因此，可以正常运行的代码的格式如下。

```
Delimiter %%          -- 指定新的分隔符（即创建存储程序的分隔符）为%%

Create procedure 存储过程名(参数)
```

```
begin
    第一条语句;
    ……
    第 n 条语句;          -- 分号作为语句块内的结束符
end%%                    -- 双百分号作为存储程序创建语句（Create procedure）的结束符

Delimiter ;       -- 恢复默认的分隔符
```

7.2.2 【实训 7-5】存储函数

扫码观看微课视频

下面讲解存储函数。创建存储函数的语法格式如下。

```
Create function 存储函数名称(参数列表) returns 返回值类型 [存储函数特征]
    存储函数体
        return 返回值
```

为避免函数名与关键字冲突，函数名通常加上前缀 f_，每一个参数都要指定数据类型。参数列表后是 "returns 返回值类型"（return 动词的单数形式，词尾加 s，主语函数名是单数的），用于说明函数的返回值类型，在函数体中必须有至少一条 return 语句（return 动词的原型，无主句的动词用动词原型）。

将前述 "7.2.1 存储程序" 小节第 3 部分 "语句块和语句分隔符" 中讲到的语句块应用于这里的函数体，根据函数体中语句数量的多少，存储函数可以分为单行语句的存储函数和多行语句的存储函数。

1. 单行语句的存储函数

例如下述语句用于创建一个存储函数 f_add()，这是一个单行语句的存储函数。

```
Drop function if exists f_add;

Create function f_add(_a int, _b int)
    returns int no sql
        return _a + _b;
```

其中，no sql 是存储函数特征，它的含义是这个存储函数不包含 SQL 语句。

通过 Select 查询语句使用这个存储函数的语句如下。

```
Select f_add(3, 5);  -- 使用存储函数
```

前述存储函数的返回值是一个表达式，这个表达式与 SQL 无关。返回值也可以是一个 Select 语句的查询结果，例如下述代码。

```
Drop function if exists f_get_total;

Create function f_get_total()
    returns float reads sql data
        return (Select sum(col_ammount) from shop_order_head);
```

其中，reads sql data 的含义是这个存储函数里有读数据的 SQL 语句。在 return 语句中的 Select 语句应该用圆括号括起来，并且只能返回一个值（单行单列）。

通过 Select 查询语句使用这个存储函数的语句如下。

```
Select f_get_total();  -- 使用存储函数
```

2. 多行语句的存储函数

如果存储函数体有多行语句，就需要用 begin 和 end 关键字将多条语句括起来，并且

用 Delimiter 指定新的分隔符。

例如下述代码定义了一个存储函数，它返回指定客户（主键）的订单数和购买商品数，并将结果作为一个字符串返回，如图 7.3 所示。

```
Drop function if exists f_get_count;

Delimiter %%
Create function f_get_count(_id int)
    returns varchar(20) reads sql data
begin
    declare var_order_count int; -- 订单数量
    declare var_goods_count int; -- 购买商品件数
    select count(*) into var_order_count from shop_order_head
        where id_shop_customer=_id and col_status>0; -- 查询订单数量

    select sum(col_quantity) into var_goods_count
        from shop_order_line inner join shop_order_head
            on shop_order_line.id_shop_order_head = shop_order_head.id_shop_order_head
        where shop_order_head.id_shop_customer = _id and col_status>0; -- 查询购买商品件数

    return concat('(', var_goods_count, "/", var_order_count, ')');
end%%
Delimiter ;
```

通过 Select 查询语句使用这个存储函数的语句如下，运行结果如图 7.3 所示。

```
Select f_get_count(2);   -- 使用存储函数，查询客户 2 的订单数和购买商品数
```

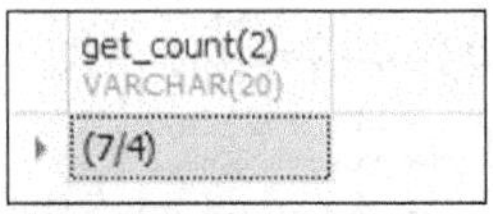

图 7.3　调用存储函数 f_get_count() 的结果

7.2.3 【实训 7-6】管理存储函数

存储函数是一个数据库对象，它与表和视图一样，保存在数据库中，可以创建、修改和丢弃，因此称为"存储函数"，储存过程与存储函数相似，因此，"7.3.3 【实训 7-9】管理存储过程"与小本节很相近。

1. 列出存储函数

下述语句列出数据库 eshop 中的所有存储函数。

```
Show function status where db = 'eshop';
```

2. 查看存储函数的定义

可以使用 Show 命令查看存储函数的定义，代码如下。

```
Use eshop;

Show create function f_get_count;
```

由于这个存储函数是在 eshop 数据库中创建的，所以要先用 Use 打开数据库，执行结果如图 7.4 所示。将鼠标指针移到"Create Function"列时，会弹出一个提示框，显示存储函数的定义。

图7.4　查看存储函数的定义

3. 删除存储函数

删除存储函数的语法非常简单，格式如下。

Drop function [if exists] 存储函数名;

加上 if exists 后，可以保证即使存储函数不存在也不会出错。

4. 修改存储函数

不能修改存储函数的定义，如果要修改存储函数的定义，需要先删除该存储函数，然后重新创建，这也是为什么在前述代码中创建存储函数之前总是先删除存储函数。

可以修改存储函数的函数特征，语法格式如下。

Alter function 函数名 函数特征;

创建存储函数时可以指定函数特征，前面的例子中已经使用了函数特征，这里再详细讲解。这些特征有如下几种。

- deterministic 或 not deterministic：前者指明执行结果是确定的，相同的参数必定得到相同的结果。后者指明执行结果是不确定的，例如含有日期时间函数或随机数函数等，即使参数相同每次执行都会有不同的结果。
- contains sql：表示包含 sql 语句，但不包含读或写数据的语句。
- no sql：表示不包含 sql 语句。
- reads sql data：表示包含读（查询）数据的语句。
- modifies sql data：表示包含修改（增删改）数据的语句。
- sql security {definer | invoker}：指明谁有权限执行这个存储函数。
- comment '注释内容'：指定注释。

例如下述语句修改存储函数 f_add()的函数特征为不包含 SQL 语句，任何人都可以执行。

Alter function f_add no sql, sql security invoker;

任务 3　使用存储过程

【任务描述】存储过程是存储例程的一种。通过本任务的学习，读者将学会创建、使用和管理存储过程，特别是学会创建具有输出型和输入输出型参数的存储过程。

存储过程是用得较多的一种存储程序。存储过程与存储函数有点类似，它们最大的区别是存储过程没有返回（return）语句，也就不需要 returns 来说明返回值的类型，因此存储过程的使用场景与存储函数不同，存储过程不能用于 Select 语句中，而是直接被被 Call 命令调用。

7.3.1 【实训 7-7】创建和使用存储过程

创建存储过程的语法格式与存储函数类似，格式如下。

```
Create procedure 存储过程名称(参数列表)
    [存储过程特征]
    存储过程体
```

为避免存储过程名与关键字冲突，存储过程名通常加上前缀 p_。

其中，存储过程特征与存储函数特征完全相同，见"7.2.3【实训 7-6】管理存储函数"小节的第 4 部分"修改存储函数"。

如果存储过程体由多行语句组成，这时创建存储过程与创建多行的存储函数相同，需要用 begin 和 end 将多行语句组成一个语句块，参见"7.2.2【实训 7-5】存储函数"小节中的讲解。

下述代码用于创建一个名为"p_goods_by_catgory"的存储过程。

```
Drop procedure if exists p_goods_by_catgory;

Create procedure p_goods_by_catgory(_id int)
    Select * from shop_goods where id_shop_category = _id;
```

通过 Call 关键字调用这个存储过程的语句如下。

```
Call p_goods_by_catgory(2);
```

执行存储过程 p_goods_by_catgory 的结果就是执行过程体中的查询语句，区别是商品类型是通过存储过程的参数传入的，如图 7.5 所示。对调用者来说，不需要知道数据库设计的细节就可以得到查询的结果。

id_shop_goods INT(11)	col_name VARCHAR(32)	col_brand VARCHAR(32)	col_model VARCHAR(32)	col_unit VARCHAR(32)	col_inventory FLOAT	col_price DECIMAL(10, 2)	col_description VARCHAR(1000)
1	运动相机	摄徒	GO8	台	12	879.00	适用于越野、滑雪、潜
2	无线麦克风话筒	KAXISAIER	E208	个	12	79.00	教师网课、讲课、录课
4	USB无线网卡	Card-king	KW-1578N	个	12	23.00	台式机笔记本通用 迷你
9	USB分线器	英菲克	线长1米	只	12	29.00	一拖四多接口笔记本台

图 7.5　调用存储过程的结果

如果要根据传入的 id 值的情况执行不同的查询，代码可以改为如下。

```
Drop procedure if exists p_goods_by_catgory;

Delimiter %%
Create procedure p_goods_by_catgory(_id int)
begin
    if (_id > 0) then
        select * from shop_goods where id_shop_category = _id;
    else
        select * from shop_goods;
    end if;
end%%
Delimiter ;
```

通过 Call 关键字用不同的参数调用这个存储过程的语句如下。

```
Call p_goods_by_catgory(2);
```

```
Call p_goods_by_catgory(0);
```

由于过程体的语句不止一行，所以要使用语句块，同时还要使用 Delimiter 命令。当传入参数为 2 时，查询商品类型为 2 的商品（结果只有 4 行）；当传入参数为 0 时，表示不指定商品类型，这时查询所有商品（结果共有 9 行）。

7.3.2 【实训 7-8】存储过程的参数

存储过程可以没有参数，也可以有参数。有参数时，默认为输入型参数。存储过程的参数也可以是输出型的，或者是输入输出型的。

1. 输入型参数

见"7.3.1 【实训 7-7】创建和使用存储过程"小节中的例子。

2. 输出型参数

输出型参数在变量名前加上 out 关键字。例如下述代码，这个存储过程通过参数返回有效订单的总金额。

```
Drop procedure if exists p_total_ammout;

Create procedure p_total_ammout(out _ammount float)
    select sum(col_ammount) into _ammount from shop_order_head
        where col_status>0;
```

通过 Call 关键字调用这个存储过程的语句如下，需要通过一个用户变量来接收输出型参数的值。

```
Set @ammount = 0;                -- 必须要有一个变量用于接收输出的数据
Call p_total_ammout(@ammount);
Select @ammount;
```

3. 输入输出型参数

输入输出型参数需要在变量名前加上 inout 关键字。例如下述代码，参数是输入输出型的，它的输入是客户 id 值，它的输出是该客户的有效订单数，输入和输出使用同一个变量_id。

```
Drop procedure if exists p_total_quantity;

Create procedure p_total_quantity(inout _id int)
    select count(*) into _id from shop_order_head
        where id_shop_customer = _id and col_status>0;
```

通过 Call 关键字调用这个存储过程的语句如下，此时需要通过一个用户变量来接收输出型参数的值，同时这个用户变量也用于传入参数的值。

```
Set @id = 1;                -- 这个变量的值用于输入
Call p_total_quantity(@id);
Select @id;                 -- 调用后这个变量含有输出值
```

7.3.3 【实训 7-9】管理存储过程

管理存储过程与管理存储函数类似，只需要将 function 改为 procedure。

1. 列出存储过程

列出指定数据库中的存储过程的语句如下。

```
Show procedure status where db = '数据库名';
```

2. 查看存储过程的定义

使用 Show 命令查看存储过程的定义，语法格式如下。

Show create procedure 存储过程名;

3. 删除存储过程

删除存储过程的语法非常简单，格式如下。

Drop procedure [if exists] 存储过程名;

4. 修改存储过程

与存储函数一样，存储过程的定义不能修改，只能先删除再重新创建。因此，在前述代码中，创建存储过程之前总是先删除存储过程。

可以修改存储过程的特征，语法格式如下。

Alter procedure 存储过程名 存储过程特征;

存储过程特征与函数特征相同，参见"7.2.3【实训7-6】管理存储函数"小节的第 4 部分"修改存储函数"。

任务4 使用触发器

【任务描述】触发器是一种在增、删、改事件发生时被自动调用的存储程序，用于实现复杂的业务逻辑。通过本任务的学习，读者应该学会创建和管理触发器，理解触发器与增、删、改事件的关系，理解after和before触发器的区别和使用，学会在触发器内部访问新行和旧行的数据。

7.4.1 触发器概述

扫码观看微课视频

触发器（Trigger）是一种特殊类型的存储程序，它不能被直接调用，只能当用户对数据表进行某些操作（插入、更改或删除行）时被自动激活。触发器类似于其他语言的事件处理机制，触发器对应的事件主要有 insert、update 和 delete 等 3 种。

1. 触发器的优缺点

触发器的功能十分强大，优势明显，但缺点也非常突出，读者应该根据项目的需求选择使用。

（1）触发器的优点

• 实现复杂约束：触发器可以实现复杂的约束。例如触发器可以引用其他表中的列，通过其他表中的数据来决定如何操作。

• 比较数据状态：触发器可以比较数据修改前后的差异，并根据这些差异采取不同的操作。

• 方便统一管理：触发器集中保存在服务器端，方便统一管理和维护。

（2）触发器的缺点

• 维护困难：触发器是不能直接调用的，从应用层面难以觉察底层触发器的运行情况，会造成调试和排错困难，有时会引起莫名其妙的后果。这是其最大的缺点。

• 可移植性差：不同的数据库管理系统的触发器语法差别较大，因此可移植性很差。

• 占用资源：触发器占用服务器端较多的资源，对服务器造成较大的压力，有时会严重影响服务器的性能。

由于这些缺点，越来越多的公司开始限制触发器的使用，而改用新的替代技术。

2. 触发器的类型

触发器的类型有两种：before 触发器和 after 触发器。这两种触发器的差别在于被激活的时机不同。

- before 触发器：在触发它的语句之前执行，这时可以验证新数据是否满足条件，如果不满足条件，可以不执行触发语句。
- after 触发器：在触发它的语句之后执行，这时可以在触发语句执行之后完成一个或更多的操作。

3. 触发条件

根据不同的触发条件，触发器可以分为 3 种：insert 触发器、update 触发器和 delete 触发器。

- insert 触发器：在插入行的前或后时触发触发器的执行。
- update 触发器：在更新行的前或后时触发触发器的执行。
- delete 触发器：在删除行的前或后时触发触发器的执行。

根据类型和触发条件，每张表最多有 6 个不同的触发器，对同一张表不能重复定义相同的触发器。

4. 创建触发器

创建触发器的语法格式如下。

```
Create trigger 触发器名 <before | after> <insert | update | delete >
    on 表名 for each row
    触发器体
```

为避免触发器名与关键字冲突，触发器名通常加上前缀 t_。

其中，需要指定触发器的类型（before 或 after）和一种触发条件（insert、update 或 delete），并指定所针对的表，for each row 是指影响多行时，每一行都会触发一次。

7.4.2 【实训 7-10】before 触发器

下述代码在测试数据库 test 上创建一张名为"tbl_person"的表。它的"年龄"列只允许输入 0～120 的年龄值，超过这个范围将提示出错信息，因此可以用触发器进行检查，不接收超出范围的值。

一个 MySQL 触发器只能指定一种触发条件，因此需要写两个触发器，一个是 insert 触发器，另一个是 update 触发器。因为是检查值的有效性，两个触发器都是 before 类型的。下述例子中这两个触发器的代码是相近的。

```
Use test;  -- 在测试数据库 test 上进行演示，如果没有这个数据库，需要创建它
Drop table if exists tbl_person;  -- 同时丢弃表上的触发器

Create table tbl_person(
    id int(11) not null primary key auto_increment,
    name varchar(20),
    age tinyint(4)
);
```

```
Delimiter %%
Create trigger t_before_insert_person before insert
    on tbl_person for each row
begin
    if new.age<0 or new.age>120 then
        signal sqlstate 'HY000' set message_text = "插入时，年龄范围是 0～120。";
    end if;
end%%

Create trigger t_before_update_person before update
    on tbl_person for each row
begin
    if new.age<0 or new.age>120 then
        signal sqlstate 'HY000' set message_text = "更新时，年龄范围是 0～120。";
    end if;
end%%
Delimiter ;
```

其中，signal sqlstate 'HY000' set message_text 用于设置出错信息，并中止激发它的语句继续执行，在这个例子中就是分别中止插入和更新语句继续执行。

这时不论是从图形界面，还是用 SQL 语句插入或更新 tbl_person 表，都会检查年龄值。如果检查失败，插入或更新就无法完成，并且提示出错信息，分别如图 7.6 和图 7.7 所示。

图 7.6　触发器返回的出错信息（图形界面）　　　图 7.7　触发器返回的出错信息（SQL 语句）

7.4.3 【实训 7-11】after 触发器

为了演示 after 触发器，下述代码创建了两张表（tbl_person 和 tbl_log），第二张表用于记录操作日志。编写 after 触发器，可以实现对第一张表进行插入或更新操作时在 tbl_log 表中记录操作的信息。

```
Use test;

Drop table if exists tbl_person;          -- 同时丢弃表上的触发器
Drop table if exists tbl_log;

Create table tbl_person(
    id int(11) not null primary key auto_increment,
    name varchar(20),
    age tinyint(4)
);

Create table tbl_log(
```

```
        id int(11) not null primary key auto_increment,
        log_text varchar(500),
        log_date datetime
);


Delimiter %%
Create trigger t_after_insert_person after insert
    on tbl_person for each row
Begin
    Insert into tbl_log values(null,
            concat('插入新行：id=', new.id, '，姓名=', new.name, '，年龄=', new.age), now());
End%%

Create trigger t_after_update_person after update
    on tbl_person for each row
Begin
    insert into tbl_log values(null, concat('更新行：id=', new.id,
        '，姓名=', new.name, '(old=', old.name, ')，年龄=', new.age, '(old=', old.age, ')'), now());
End%%
Delimiter ;
```

其中的 new 和 old 在"7.4.4 触发器中的新行和旧行"小节中讲解。如果对 tbl_person 表进行了插入或更新操作，则 tbl_log 表将记录操作的内容，图 7.8 所示的操作的记录如图 7.9 所示（从记录中看到，第一行的数据在插入后，年龄值还被更新过）。

图 7.8　对表的操作

图 7.9　记录的操作日志

对于这个例子，还可以在日志中记录删除操作，代码请读者补充。

7.4.4　触发器中的新行和旧行

在触发器的触发体中，有两个特殊的对象 new 和 old。对象 new 表示将要插入的新行，对象 old 表示将要删除的旧行。在触发器中通过 new 和 old 可以方便地获取新行或旧行的列的值，并进行判断或记录。这两个对象与增、删、改事件的关系如表 7.8 所示。

表 7.8　new 和 old 对象与增、删、改事件的关系

事件	说明	old	new
Insert	插入时，只有新行，没有旧行	无（不可访问）	有
Delete	删除时，只有旧行，没有新行	有	无（不可访问）
Update	更新时，是把旧行替换为新行，这时新行旧行都有	有	有

对于更新操作，可以理解为将旧行替换为新行，因此这时还可以比较新行和旧行的值，根据比较的结果进行操作。

7.4.5 【实训 7-12】管理触发器

1. 列出触发器

列出当前数据库中的触发器的语句如下。

```
Show triggers;
```

2. 查看触发器的定义

上述列出触发器语句的结果中含有触发器定义，也可以使用 Show 命令查看触发器的定义，语法格式如下。

```
Show create trigger  触发器名;
```

3. 删除触发器

删除触发器的语法非常简单，格式如下。

```
Drop trigger [if exists] 触发器名;
```

4. 修改触发器

与存储函数一样，触发器的定义不能修改，只能先删除再重新创建。因此，在前述代码中，创建触发器之前总是先删除触发器。

与存储函数和存储过程不同，触发器没有触发器特征，也不需要修改。

7.4.6 数据库对象总结

到目前为止，已经讲解了用 Create 语句创建的许多数据库对象，这些数据库对象包括表、视图、存储函数、存储过程、触发器和事件（事件将在项目 11 讲解）等，另外还有属于表的索引等数据库对象，如图 7.10 所示。

图 7.10 dbForge Studio 中显示的数据库对象

这些数据库对象分为两大类，一类是用于保存数据的表对象，另一类是用于保存 SQL 语句的视图、存储函数、存储过程、触发器和事件等对象，后者在 MySQL 中称为存储对象。

1. 表对象

表对象保存的是数据结构和具体数据，表是二维表（关系），这是关系数据库的特点，关系数据库采用 SQL 语言来实现数据库的数据定义、数据操纵和数据查询。

与表对象相关的对象还有索引，使用索引可以极大地提高查询的速度，索引只能在表中创建，而不能在视图中创建。

2. 存储对象

存储对象（Stored objects）包括以下几种。

- 存储过程：用 Create procedure 语句创建并用 Call 语句调用，存储过程没有返回值，但它可以通过输出型参数将值传递到存储过程之外，变相地返回一个或多个值。同时，它也可以用 Select 语句产生一个结果集，返回给调用者。
- 存储函数：用 Create functiony 语句创建，它返回一个值，可以像内置函数一样用在表达式里。
- 触发器：用 Create trigger 语句创建，它与某张表关联，当这张表发生 insert、update 或 delete 事件时被触发而执行，分为触发事件的前或后执行。
- 事件：用 Create event 语句创建，根据时间进程的安排，在指定的时间执行。
- 视图：用 Create view 语句创建，通过它产生一个从基表得到的结果集，通常可以认为它是一个虚拟的表。

存储函数、存储过程和触发器比较相似，但是它们有不同的作用，它们的比较如表 7.9 所示。

表 7.9　存储函数、存储过程和触发器的比较

比较项	存储函数	存储过程	触发器
参数	不能有 out 和 inout 参数	具有 in、out 和 inout 参数	没有任何参数
返回值	必须有 return 语句	不能有 return 语句	不能有 return 语句
调用	用 Select 语句调用	用 Call 语句调用	无法调用（触发时执行）

任务 5　了解事务和锁

【任务描述】事务和锁都是用于保证数据库的完整性和一致性的复杂技术，用于解决意外事故和并发访问时产生的冲突。通过本任务的学习，读者将了解事务的概念和特性，理解事务和并发控制的关系，学会使用事务控制语句，了解锁和事务隔离级别的关系。

7.5.1　事务

1. 事务的概念

事务是一个最小的、不可再分的工作单元，通常它对应一个完整的业务，其中包含了多个数据操纵（如 insert、update、delete 等）语句，共同完成这个业务。

下面用一个例子来说明事务的概念。首先创建一个简单的银行表（bank），其中有两个账户 A 和 B，分别向其中存入 2 000 元和 3 000 元。

```
Create table bank(            -- 说明概念的代码，无须执行
      account varchar(20) not null primary key,      -- 账户，主键
      ammount decimal(10,2)                          -- 存款数目
);
Insert into bank values('A', 2000);                  -- 账户 A 有存款 2000 元
Insert into bank values('B', 3000);                  -- 账户 B 有存款 3000 元
```

```
Select * from bank;
```

存款总数是 5 000 元。现在账户 A 想转 500 元给账户 B，该操作的代码如下。

```
Set @transfer = 500;
Update bank set ammount = ammount - @transfer        -- 转账第一步，从账户 A 中减去 500 元
    where account = 'A';
        -- 特定时间点
Update bank set ammount = ammount + @transfer        -- 转账第二步，向账户 B 里加上 500 元
    where account = 'B';
Select * from bank;
```

考虑下述两种情况。

● 第一种情况。在第一条 Update 语句执行后，第二条 Update 语句还没有执行时，由于某种原因（例如停电）在这个特定的时间点出现了一个致命的错误，而使第二条 Update 语句无法执行。这时转账没有完成，但是账户 A 的钱却被意外地扣除了。这种情况出现的概率极其微小，但并不是不可能出现，一旦出现，将大大影响银行的信誉。

● 第二种情况。另一个用户（例如银行经理）想要查询银行的存款总额，如果他的查询操作是在第一条 Update 语句执行完后的这个特定时间点进行的，那么查询到的结果是存款总额为 4 500 元，而不是 5 000 元。引起这个错误的原因是两个用户（转账用户和银行经理用户）的操作在时间上极其接近，而系统又没有任何防范措施。

因此，一个完善的数据库管理系统必须提供一个妥善的解决方法，以避免上述两类事件对数据库的影响，这个机制就是事务。事务能够保证上述两条语句要么都执行，要么都不执行，并且一个事务的内部处理不会对其他操作造成影响。

2. 事务的特性

事务具有 4 个特性：原子性（Atomicity）、一致性（Consistency）、隔离性（Isolation）和持久性（Durability）。这 4 个特性也简称为 ACID 特性。

● 原子性：原子性是事务的最基本的特性，是指一个事务中的操作要么全部完成（提交），要么全部撤消（回滚）。

● 一致性：若数据库只包含成功事务提交的结果，则称数据库处于一致性状态。在事务的执行过程中，数据库会从一个一致性状态（执行前）变到另一个一致性状态（执行后），而不会处于中间状态（不一致的状态）。

● 隔离性：并发执行的事务之间不能相互干扰，并发事务间保持互斥的特性即为隔离性。

● 持久性：事务一旦提交，事务对数据库中数据的改变是永久的，接下来的其他操作或故障不应该对其执行结果有任何影响，这种特性称为持久性。

3. 并发控制

两个或多个事务在同一时刻（时间间隔极其短暂）访问同一个数据库对象（例如同一行）的现象称为并发（Concurrency）。并发控制（Concurrency control）能够确保当多个事务同时存取数据库中同一数据时不破坏事务的隔离性、一致性。

事务是并发控制的基本单位，事务应该保证下述两类事件发生时，数据库管理系统能够正常运行。

● 事务在运行过程中被强行停止（例如停电、系统崩溃）。这时，数据库管理系统必须

保证被强行终止的事务对数据库和其他事务没有任何影响。

- 多个事务并发运行时，不同事务的操作交叉执行。这时，数据库管理系统必须保证多个事务交叉运行而不会产生相互影响。

4．事务控制语句

一个事务的开始、提交与回滚可以用 SQL 语句来实现，在 MySQL 中，控制事务的语句主要有 3 条。

- Begin（或 Start transaction）：显式地开启一个事务。
- Commit：提交事务，即提交事务的所有操作，具体来说就是将事务中所有对数据库的更新写到磁盘上的物理数据库中去，事务正常结束。
- Rollback：回滚事务，当事务运行的过程中发生了错误或故障，事务无法继续执行时，数据库管理系统将事务中对数据库的所有已执行的操作全部撤销，回滚到事务开始时的状态。

事务的开始与结束可以由用户使用上述事务控制语句显式控制。如果用户没有显式地定义事务，数据库管理系统将按一定的策略自动处理事务。

MySQL 的默认事务处理策略是，将每一条 SQL 语句作为一个独立的事务，一旦执行完成，立即提交。而使用 Start transaction 语句则可以定义一个事务，将多条 SQL 语句作为一个整体提交，或者在出现故障时回滚。

7.5.2 【实训 7-13】体验事务控制语句

下面用前述的例子加以修改，演示事务的提交和回滚操作。

```
Use test;  -- 在测试数据库 test 上进行演示，如果没有这个数据库，需要创建它

Drop table if exists bank;

Create table bank(
    account varchar(20) not null primary key,            -- 账户，主键
    ammount decimal(10,2)                                -- 存款数目
);
Insert into bank values('A', 2000);                      -- 账户 A 有存款 2000 元
Insert into bank values('B', 3000);                      -- 账户 B 有存款 3000 元

-- 存款总数是 5000 元。现在账户 A 想转 500 元给账户 B，这时的操作应该如下。
SET @transfer = 500;

Start transaction;
Update bank set ammount = ammount - @transfer           -- 转账第一步，从账户 A 中减去 500 元
    where account = 'A';
Update bank set ammount = ammount + @transfer           -- 转账第二步，向账户 B 里加上 500 元
    where account = 'B';
Commit;  -- 把 Commit 改为 Rollback ，看看有什么区别

Select * from bank;
```

每次执行上述代码都会删除数据表并重新创建，并初始化数据，保证每次执行时的初始

数据完全相同。

分两次执行上述代码。第一次执行时，用 Commit 提交，这时的结果如图 7.11 所示。第二次执行时，将 Commit 改为 Rollback（回滚），这时的结果如图 7.12 所示。

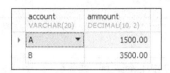

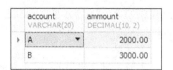

图 7.11　事务提交的结果　　　　　　　图 7.12　事务回滚的结果

这个事务从 Start transaction 开始，到 Commit 或 Rollback 结束，其中有两条更新语句。这个事务要么都完成（Commit），结果如图 7.11 所示，要么都不完成（Rollback），回到事务开始时的状态，结果如图 7.12 所示，而不可能出现只完成一条语句的状态。

7.5.3　事务隔离和锁机制

7.5.1 小节和 7.5.2 小节重点讲解的是事务的原子性和持久性，本小节主要讲解事务的隔离性和一致性。

1. 事务并发产生的问题

如果事务之间没有隔离的话，当多个事务之间并发访问时，可能出现脏读、不可重复读或幻读等现象，其危害程度由高到低，如表 7.10 所示。

表 7.10　并发问题

并发问题	问题描述	严重程度
脏读	A 用户修改了数据但未提交，随后 B 用户读出修改后的数据，但 A 用户因为某些原因取消了对数据的修改，数据恢复原值，这时 B 用户得到的数据就与数据库内的数据不一致	很严重
不可重复读	A 用户读取数据，随后 B 用户读出该数据并修改，这时 A 用户在同一个事务中再次读取数据时发现前后两次的值不一致	较严重
幻读	A 用户读取数据，随后 B 用户插入或删除了一条或多条数据，这时 A 用户在同一个事务中再次读取数据时发现数据条数不一致	不严重

2. 锁机制

MySQL 使用锁机制来实现事务之间的隔离。例如一个事务对表或表中的某一行进行修改操作时，不允许另一个事务对同一张表或同一行进行操作，直到修改操作完成，第二个事务才能进行操作。这时第一个事务就要对表或表中的行进行锁定，这就是锁机制。

MySQL 的锁有多种，例如共享（Share，S）锁、排他（eXclusive，X）锁、意向共享（Intent Share，IS）锁和意向排他（Intent eXclusive，IX）锁等，如表 7.11 所示。

表 7.11　MySQL 的 4 种锁

锁类型	说明
共享锁	共享锁锁定一行或多行，当一个事务获得了共享锁之后，可以对锁定范围内的数据执行读操作

续表

锁类型	说明
排他锁	排他锁锁定一行或多行，当一个事务获得了排他锁之后，可以对锁定范围内的数据执行写操作
意向共享锁	意向锁是表级锁。一个事务在请求表中某些行的共享锁之前，要先获得所在表的意向共享锁
意向排他锁	意向锁是表级锁。一个事务在请求表中某些行的排他锁之前，要先获得所在表的意向排他锁

3. 隔离级别

为了解决上述的脏读、不可重复读或幻读等现象，MySQL 提供了 4 种隔离级别，如表 7.12 所示。

表 7.12　4 种隔离级别

隔离级别	说明	脏读	不可重复读	幻读
Read Uncommitted（未提交读）	最低级别，只保证不读取物理上损坏的数据	可能有	可能有	可能有
Read Committed（已提交读）	语句级	避免	可能有	可能有
Repeatable Read（可重复读）	事务级，MySQL 的默认级别	避免	避免	可能有
Serializable（可序列化）	最高级别，事务级	避免	避免	避免

MySQL 使用锁机制来实现隔离级别。锁机制是非常复杂的，处理得不好还会造成死锁。幸运的是，用户只需要指定 4 种隔离级别中的某一种，MySQL 会根据隔离的要求自动选择合适的锁机制，而不需要用户进行太多的干预。

可以用下述语句查看隔离级别。

Show variables like '%isolation%';

执行结果如图 7.13 所示，显示的是"REPEATABLE-READ"（Repeatable-read，可重复读）。这是 MySQL 默认的隔离级别，这个默认的隔离级别适合大多数的需求。

图 7.13　查看隔离级别

习题

1. 思考题

① SQL 的关键字有什么特点？

② MySQL 有哪几种变量？这几种变量的命名有什么强制要求？

③ 什么是存储程序？什么是存储例程？

④ 存储函数、存储过程和触发器有什么共同的特点？

⑤ 存储函数、存储过程和触发器各自的作用是什么？它们有什么区别？

⑥ 触发器有什么特点？触发器有什么类型？有哪些触发条件？

⑦ 什么是事务？事务有什么特点？

⑧ 什么是隔离级别？通常要达到什么隔离级别才能取得比较好的隔离性？

2. 实训题

① MySQL 编程基础，见 Jitor 平台的【实训 7-14】。

② 使用游标，见 Jitor 平台的【实训 7-15】。

③ 创建和使用存储函数，见 Jitor 平台的【实训 7-16】。

④ 创建和使用存储过程（输入型参数），见 Jitor 平台的【实训 7-17】。

⑤ 创建和使用存储过程（输出型参数），见 Jitor 平台的【实训 7-18】。

⑥ 创建 before 触发器，见 Jitor 平台的【实训 7-19】。

⑦ 创建 after 触发器，见 Jitor 平台的【实训 7-20】。

⑧ 项目 7 选择题和填空题，见 Jitor 平台的【实训 7-21（习题）】。

项目 8

"在线商店"项目的开发体验

扫码观看项目 8
思维导图

本项目是实战项目"在线商店"开发的第四阶段,本阶段采用 PHP 语言开发在线商店应用程序(网站),让读者理解 SQL 语句在项目开发中的使用,并体验一个应用项目开发的完整过程。

知识目标

① 了解 PHP 语言。

② 了解使用 PHP 开发数据库程序(可选)。

③ 了解实际项目的开发过程。

技能目标

① 初步学会编写简单的 PHP 代码(可选)。

② 初步学会用 PHP 语言编写数据库程序(可选)。

③ 认识实际项目的开发过程。

任务 1 安装和认识 PHP

【任务描述】大多数MySQL应用项目的开发语言都是PHP。通过本任务的学习,读者将体验Apache + MySQL + PHP开发环境的安装,初步学会PHP语言的基础。

8.1.1 安装开发环境 XAMPP

XAMPP 是 Apache + MySQL + PHP + Perl 的缩写,其核心是 AMP(Apache + MySQL + PHP),为了表示它可以在 Windows、Linux、Solaris、Mac OS 等多种操作系统下安装使用,加上前缀 X。XAMPP 的最新版本用 MariaDB 替换了 MySQL,以示对 MySQL 的创始人蒙蒂·维德纽斯创立的新的开源数据库产品 MariaDB 的支持。

1. 安装

从本书主页提供的网盘链接下载精简版的 XAMPP 1.8.2(文件名 xampp-x.zip,文件大小为 33MB)到任一盘符的根目录下,注意必须解压到根目录下。

精简版的 XAMPP 1.8.2 只包含 Apache 2.4.9 和 PHP 5.4.27,移除了 MySQL 和其他模块,可以与任何版本的 MySQL 集成,因此可以直接使用本书安装的 MySQL。

2. 启动和停止 XAMPP

运行解压目录中的 xampp-control.exe 可执行文件,从打开的 XAMPP 控制面板

（XAMPP Control Panel）中启动或停止 Apache，如图 8.1 所示，控制面板的版本是3.2.1，实际运行的 XAMPP 版本则是 1.8.2。

启动 Apache 以后，XAMPP 控制面板显示 Apache 的端口号是 1443 和 8082，前者是加密的 HTTP 端口号，后者是普通的 HTTP 端口号。因此，访问这个网站的地址有两个，这两个地址访问的是同一个网站，内容完全相同。

普通的 HTTP 地址（协议名为 http）如下。

http://localhost:8082/

加密的 HTTP 地址（协议名为 https，其中 s 表示加密）如下。

https://localhost:1443/

由于加密必需的证书没有通过第三方的认证，这时反而会提示"不安全"。

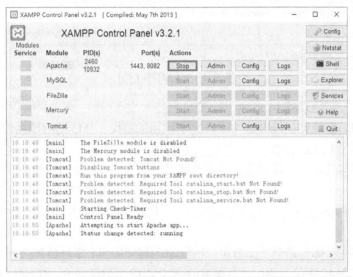

图 8.1　XAMPP 控制面板（XAMPP Control Panel）

如果无法启动 XAMPP，最常见的原因是没有将其解压到根目录下。例如，图 8.2 所示的信息提示启动 Apache 失败，并列出几种可能的原因，最常见的原因是解压时，选择了"解压到 xampp-x"，而不是"解压到当前文件夹"，从而使解压出来的文件位于\xampp-x\xampp 文件夹下，因为不是根目录下（见图 8.3），所以无法启动。正确的做法应该是先将下载的文件保存在根目录下，在解压时再选择"解压到当前文件夹"。

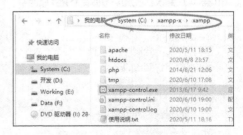

图 8.2　启动失败的提示信息　　　　　　　图 8.3　文件位置错误

3. 访问首页

打开浏览器，输入下述地址。

171

http://127.0.0.1:8082/

这时读者将看到首页，如图 8.4 所示，说明精简版的 XAMPP 运行正常。

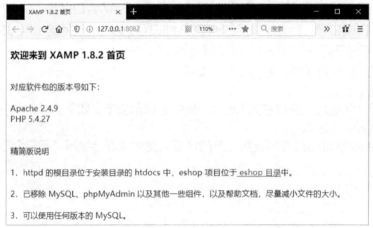

图 8.4　XAMPP 首页

该页面位于安装目录的 htdocs 中，文件名是 index.php，这个页面仅是一个静态页面，它有一个超链接，链接到在线商店（eshop）项目的首页。在线商店项目位于 eshop 目录下，首页文件名是 index.php。

在实际的项目开发中，用户通常会采用集成开发工具，例如 Eclipse for PHP、Zend Studio、PhpStorm 等。对于简单的项目，也可以用任意的文本编辑器（如 Notepad++、UltraEdut、EditPlus 或记事本等）来编写 PHP 代码，本书采用 Windows 自带的记事本编写 PHP 代码。

本项目只是一个体验项目，读者可以继续学习后续内容（本任务和任务 2），也可以在安装好开发环境 XAMPP 后，跳过本任务和任务 2 直接学习任务 3，在 Jitor 校验器中按照指导材料的说明完成这个项目。

8.1.2 【实训 8-1】PHP 基本语法

1. HTML 文件

HTML 文件就是通常所说的网页，是由超链接标记语言写成的，它的扩展名是.html，它的基本元素是标签。例如下述代码。

```html
<html>
<head>
<meta charset="UTF-8">
<title>网页标题</title>
</head>
<body>
    欢迎学习 PHP 语言。
</body>
</html>
```

将上述内容复制到记事本中，另存为 page.html 文件（位于 htdocs 下的 test 目录中），在“保存”或“另存为”时要将编码改为 UTF-8，如图 8.5 所示，否则会有中文乱码。

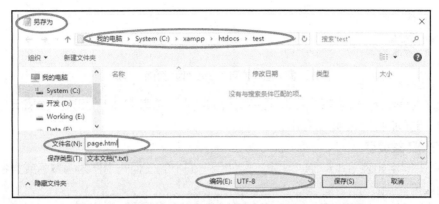

图 8.5　在记事本中将文本文件另存为 UTF-8 编码格式

当启动 Apache+PHP 后，可以通过下述网址访问这个页面。

http://127.0.0.1:8082/test/page.html

访问的结果如图 8.6 所示。

图 8.6　访问 page.html 页面

2. PHP 文件

PHP 文件是嵌入了 PHP 代码（又称为 PHP 脚本）的 HTML 文件，它的扩展名是.php。在 PHP 文件中，PHP 代码以<?php 开始，以?>结束，格式如下。

```
<?php
    // PHP  代码
?>
```

例如下述网页中插入了一小段 PHP 代码。

```
<html>
<head>
<meta charset="UTF-8">
<title>第一个 PHP 页面</title>
</head>
<body>
    以下是 PHP 语言的输出: <br>
<?php
    date_default_timezone_set("ETC/GMT-8");  // 设置中国的时区（东 8 区）
    echo "Hello, PHP! 今天的日期是 " . date("Y-m-d H:i:s");
?>
</body>
</html>
```

将上述网页保存为 page.php 文件（位于 htdocs 下的 test 目录），通过下述网址访问它。

http://127.0.0.1:8082/test/page.php

结果如图 8.7 所示。

图 8.7　访问 page.php 页面

图 8.7 中第二行的内容是 PHP 程序执行的结果，含有 PHP 代码的页面是动态页面，刷新页面，时间的显示会随之变化。

3．PHP 关键字

PHP 关键字如表 8.1 所示，注意不能使用它们中的任何一个作为函数名或类名，PHP 关键字有如下特点。

- 所有关键字都是小写。PHP 语言是区分大小写的，而 SQL 是不区分大小写的，例如对于标识符 abc 和 Abc，PHP 认为是两个不同的名字，SQL 认为是同一个名字。
- 多数关键字由一个单词组成，也有的由两个单词组成，这时单词之间有的有下划线分隔，有的没有下划线分隔。
- 有的关键字与函数类似，可以使用由括号括起来的参数。

表 8.1　PHP 关键字（PHP v5 版本）

abstract	continue	endfor	foreach	list()	static
and	declare	endforeach	function	new	switch
array()	default	endif	global	or	throw
as	die()	endswitch	if	print	try
break	do	endwhile	implements	private	unset()
case	echo	eval()	include	protected	use
catch	else	exit()	include_once	public	var
class	elseif	extends	instanceof	require	while
clone	empty()	final	interface	require_once	xor
const	enddeclare	for	isset()	return	–

4．PHP 变量和值

（1）PHP 变量

PHP 变量的命名规则如下。

- 变量以$符号开始，后面跟着变量的名称。
- 变量名必须以字母或者下划线字符开始。
- 变量名只能包含大小写字母、数字和下划线（A~Z、a~z、0~9 和_ ）。
- 变量名不能包含空格。
- 变量名是区分大小写的（$a 和$A 是两个不同的变量）。
- PHP 变量不需要声明，它在第一次赋值的时候被创建。

PHP 的变量是没有数据类型的（与 Python 语言的变量非常相近），也不需要先声明再使用，同一个变量可以先后保存不同类型的值。例如下述代码。

```php
<?php
```

```
$a = "abc";     // 变量 a 保存一个字符串
$a = 5;         // 变量 a 这时保存一个整数
$b = 10.5;      // 变量 b 保存一个浮点数
?>
```

上述代码中，变量$a 先是保存一个字符串，然后用同一个变量还可以保存一个整数。因此，PHP 变量是没有数据类型的，但变量的值是有数据类型的，也可以说 PHP 变量的类型就是它的值的类型。

 所有PHP变量必须以$符号开头，而MySQL的用户变量是以@符号开头的，注意这两者的区别。

（2）PHP 变量的值

PHP 变量的值的数据类型有字符串、整型、浮点型等，如表 8.2 所示。PHP 变量的类型就是它的值的类型。

表 8.2　PHP 变量的值的数据类型

类型名称	类型	说明
字符串	String	用单引号或双引号引起来，例如 $txt = "你好！"
整型	Integer	整数可以是十进制、十六进制（以 0x 为前缀）或八进制（前缀为 0）
浮点型	Float	浮点数是带小数的数字（如 3.14），或是指数形式（如 1.23E5，即 1.23×10^5）
布尔型	Boolean	布尔型只有两个值 true 或 false，例如$ok = true;
数组	Array	数组是在单个变量中存储多个值，例如$a=array("One", "Two", "Three")中的变量 a 存储了 3 个值
对象	Object	对象是类的实例，类是可以包含属性和方法的结构，使用 class 关键字声明一个类
空值	Null	只有一个值 null，表示空（没有值），例如$x=2; $x=null; 将清空变量 a 的数据

5．PHP 的运算符和表达式

与大多数计算机语言一样，PHP 的运算符有算术运算符（+、-、*、/、%）、赋值和复合赋值运算符（=、+=、*=）、增量和减量运算符（++、--，分前置与后置）、比较运算符（>、<、==、!=）、逻辑运算符（&&、||），以及三元运算符（?:）等。

例如下述代码将计算两个变量的和，然后输出到网页（浏览器屏幕）上。

```
<?php
$a = 3;
$b = 5;
echo $a + $b;        -- echo 是输出命令
?>
```

有两个运算符比较特别，它们是连接运算符和绝对相等运算符。

（1）连接运算符

PHP 用小数点"."来连接两个变量或值，先把变量或值转换为字符串，然后将两者连接成为一个字符串。例如将 abc 和 xyz 连接起来的表达式是"abc"."xyz"，结果是 abcxyz，又如表达式 5 . 6（小数点前后有空格）的运算结果是字符串 56。

因此，下述代码中的表达式是不同的。

```php
<?php
    echo 4 . 5 * 3;
    echo "<br>";
    echo 4.5 * 3;
?>
```

前者的结果是字符串 415（4 连接 15，其中 15 是 5 乘以 3 的结果，连接运算符的优先级低于乘法运算符），后者的结果是浮点数 13.5（4.5 乘以 3）。

在这个例子中，小数点前后要么都没有空格（这时是作为小数点使用），要么都有空格（这时是作为连接运算符使用），不允许单边有空格的情况出现。

（2）绝对相等运算符

用三等号===来判断两个变量的值和类型是否相等，与此相对的，用双等号==来判断两个变量的值是否相等（这时类型可能不相同）。例如数字 5 和字符串'5'的值是相同的，但类型不同，用双等号比较的结果是 true，而用三等号比较的结果是 false。

6. PHP 的输出

PHP 是输出到网页上的，PHP 有两个输出命令：echo 命令和 print 命令。这两条命令功能上基本相同，多数程序员使用 echo 命令而不是 print 命令。

下面举例说明 echo 命令的几种使用方式（输出内容本身说明了使用方式）。

```php
<?php
echo "<br>输出字符串，在网页上显示换行，要用 HTML 断行标签";
echo("<br>输出字符串，也可以加上括号（类似函数的调用）");
echo "<br>半径为 10 的圆的面积是（用小数点连接两个部分）: " . 10*10*3.14;
$txt = "变量 txt 的值";
echo "<br>变量的值是【" . $txt . "】";
echo "<br>也可以嵌入在字符串中【 $txt 】，变量名前后要有空格";
echo "<br>输出", "多个", "字符串", "，以逗号分隔";
?>
```

例如下述代码的输出结果如图 8.8 所示。

```php
以下是 PHP 语言的输出: <br>
<?php
$a = 3;
$b = 5;
echo "$a + $b = " . ($a + $b);
?>
```

以下是PHP语言的输出:
3 + 5 = 8

图 8.8　echo 命令的输出结果

7. PHP 的输入

PHP 是专门为网页而设计的一种语言，因此 PHP 的输入和输出都必须通过网页来实现。

通过网页输入的办法有两种：一种是获得网页地址中的参数，即 URL 查询字符串；另一种是获得用户以 POST 方式提交的数据（如通过表单提交的账号和密码）。

（1）URL 查询字符串

这是以 URL 地址来传递数据，向 PHP 传递变量的值。

PHP 使用一个 $_GET 内置变量来获得 URL 中的查询字符串的数据，例如下述代码。

```php
<?php
$a = $_GET["a"];
$b = $_GET["b"];
echo "$a + $b = " . ($a + $b);
?>
```

直接访问这个页面时，会出现图 8.9 所示的错误。

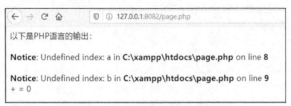

图 8.9　缺少查询字符串时的出错信息

这时需要加上查询字符串?a=6&b=9，访问以下地址。

http://127.0.0.1:8082/test/page.php?a=6&b=9

URL 地址中问号之后的部分就是查询字符串，它是以"参数名=值"的形式表示的，多个参数之间用符号&分隔。当以这个 URL 地址访问这个页面时，将会输出图 8.10 所示的内容。

图 8.10　获取查询字符串中的参数值

（2）POST 数据

这是以表单的形式来传递数据，向 PHP 提交用户在表单中填写的变量的值。

例如登录页 login.php 文件的内容如下。

```html
<!DOCTYPE HTML>
<html lang='zh'>
<head>
<meta charset="utf-8" />
</head>
<body>
<br>
<form action="data.php" method="post">
账号: <input type="text" name="account"><br>
密码: <input type="password" name="password"><br>
<input type="submit" value="提交">
</form>
</body>
</html>
```

其中，表单的 action 属性指定 data.php 文件用于接收用户提交的数据，data.php 文件的内容如下。

```
<!DOCTYPE HTML>
<html lang='zh'>
<head>
<meta charset="utf-8" />
</head>
<body>
<br>
<?php
$param1 = $_POST["account"];
echo "用户提交的 account 是" . $param1;
$param2 = $_POST["password"];
echo "<br>用户提交的 password 是" . $param2;
?>
</body>
</html>
```

先访问 index.php 文件，用户输入账号和密码，如图 8.11 所示，单击"提交"按钮，将数据提交给 data.php 文件，这时 data.php 页面的显示如图 8.12 所示。

图 8.11　填写登录表单

图 8.12　登录数据

在表单中，用户在名为"account"的表单元素中填写数据（账号）的 HTML 代码如下。

```
账号: <input type="text" name="account">
```

与此对应，接收用户提交的 account 变量的值的 PHP 代码如下。

```
$param1 = $_POST["account"];
```

8.　编程语法

在编程的基本结构方面，PHP 与 C/C++和 Java 语言非常相近，与 Python 语言在某些方面也有相似的部分，如表 8.3 所示。

表 8.3　PHP 编程语法与 C/C++、Java 和 Python 语言的比较

比较项	PHP 语言	C/C++、Java 语言	Python 语言
语句块	{}	{}	代码行的缩进
运算符	算术、增量、比较、逻辑等	算术、增量、比较、逻辑等	算术、比较、逻辑等
条件分支	if…else…、switch case	if…else…、switch case	if…elif…else…
循环	while、do…while、for、foreach	while、do…while、for	while、for（有较多不同）

函数	function add(a, b) {
	　　return a+b;
	}
		int add(int a, int b) {
		　　return a+b;
		}
			def add(a, b) {
			　　return a+b;
			}

因此，用户只要学过 C/C++、Java、Python 或类似的计算机语言，就能很快学会 PHP 语言。

8.1.3 【实训 8-2】PHP 数组

PHP 的数组有些特别，分为两种：数值数组和关联数组。

1. 数值数组

数值数组是一种索引值为整数的数组，这种数组有点类似于 Java 语言中的 List，或 Python 语言中的列表。

（1）为数组赋值

可以用关键字 array() 创建数值数组，代码如下。

```php
<?php
$arr1=array("One", "Two", "Three");  // 使用关键字 array()创建数组
?>
```

也可以通过直接为元素赋值的方式来创建数值数组，代码如下。

```php
<?php
$arr2[0] = "One";  // 无须事先声明，直接赋值
$arr2[1] = "Two";
$arr2[2] = "Three";
?>
```

或者混合使用上述两种方式。

```php
<?php
$arr3=array("One", "Two");// 使用关键字 array()创建数组
$arr3[2] = "Three";  // 动态添加新的元素
?>
```

以上 3 种方式的结果相同。

（2）访问数组

在为数组的元素赋值后，就可以访问这个元素，代码如下。

```php
<?php
$arr4[3] = "Three";  // 直接添加元素
echo $arr4[3];
?>
```

（3）遍历数组

遍历数值数组可以采用 for 循环，代码如下。

```php
<?php
$arr5=array("One", "Two", "Three");  // 使用关键字 array()创建数组
for($i=0; $i<count($arr5); $i++){
    echo $arr5[$i];
    echo "<br>";
}
?>
```

其中的 count() 函数用来获取一个数组的长度。

如果索引值是不连续的，则不能用 for 循环，需要改为 foreach 循环，代码如下。

```php
<?php
$arr6=array("One", "Two");// 使用关键字 array()创建数组
```

```
$arr6[5] = "Three";  // 动态添加新的元素，目前共有 3 个元素，索引值分别是 0、1、5
foreach($arr6 as $value) {
    echo "Value=" . $value;
    echo "<br>";
}
?>
```

这时无法得到索引值，如果要得到索引值，可以参考下面关联数组的操作。

2. 关联数组

关联数组是一种索引值为字符串的数组，这种数组类似于 Java 语言中的 Map，或 Python 语言中的字典。

（1）为数组赋值

可以用关键字 array()创建关联数组，代码如下。

```
<?php
$arr1=array("Chinese"=>78, "Math"=>92,"English"=>85);  // 记录 3 门课程的成绩
?>
```

也可以通过直接为元素赋值的方式来创建关联数组，这时索引值为字符串，代码如下。

```
<?php
$arr2["Chinese"] = 78;  // 无须事先声明，直接赋值
$arr2["Math"] = 92;
$arr2["English"] = 85;
?>
```

或者混合使用上述两种方式。

```
<?php
$arr3=array("Chinese"=>78, "Math"=>92);  // 记录两门课程的成绩
$arr3["English"] = 85;  // 动态添加新的课程
?>
```

以上 3 种方式的结果相同。

（2）访问数组

在为数组的元素赋值后，就可以访问这个元素，代码如下。

```
<?php
$arr4["English"] = 85;  // 直接添加元素
echo $arr4 ["English"];
?>
```

（3）遍历数组

采用 foreach 循环遍历关联数据，代码如下。

```
<?php
$arr5=array("Chinese"=>78, "Math"=>92,"English"=>85);  // 记录 3 门课程的成绩
foreach($arr5 as $key=>$value) {
    echo "Key=" . $key . ", Value=" . $value;
    echo "<br>";
}
?>
```

任务 2　用 PHP 开发数据库项目

【**任务描述**】MySQL和PHP是一对很好的搭档。通过本任务的学习，读者应该初步掌握

使用PHP语言访问MySQL数据库，包括查询、插入、更新、删除数据，使用存储函数、存储过程等存储例程。

PHP 的主要应用是开发数据库应用程序，可以访问 MySQL 数据库，对数据库中的数据进行操纵或查询（增、删、改、查）。

8.2.1 【实训 8-3】从 PHP 访问 MySQL 数据库

1. 建立与数据库的连接

在使用 dbForge Studio 时，首先要建立与 MySQL 的连接，然后才能对数据库进行操作，关闭 dbForge Studio 时，这个连接也同时关闭。

同理，在 PHP 代码中访问数据库时，需要先建立 PHP 与 MySQL 的连接，然后才能对数据库进行操作，结束时需要关闭这个连接。

```php
<?php
$servername = "localhost";        // localhost 与 127.0.0.1 同义，都是表示本机
$username = "root";               // 账号
$password = "sa";                 // 密码
$dbname = "eshop";                // 将要访问的数据库名称

// 创建连接
$conn = new mysqli($servername, $username, $password, $dbname);

// 检测连接
if ($conn->connect_error) {
        die("连接失败: " . $conn->connect_error);        // die 函数用于失败时退出
}
echo "连接成功<br> <br>";

// 在这里编写访问 MySQL 的代码

$conn->close();
echo "关闭连接";
?>
```

上述代码仅用于建立和关闭连接，访问 MySQL 的代码就写在这两部分代码之间。

2. 页面结构

为了避免每个页面中出现相同的部分，需要将页面共用的部分提取出来，保存为单独的文件。在这个例子中，这样的文件有两个：页头文件和页尾文件。这是共用的部分，其他不是共用的部分则写在各自的文件中。

（1）页头文件

文件名为 header.php，它的功能有以下两个。

- HTML 文件的开始部分：把共用的部分放到这个文件中。
- 连接数据库：把连接的参数以及代码放到这个文件中。

文件 header.php 的内容如下。

```html
<!DOCTYPE HTML>
<html lang='zh'>
<head>
```

```
<meta charset="utf-8" />
</head>
<body>
<?php
$servername = "localhost";// localhost 与 127.0.0.1 同义，都是表示本机
$username = "root"; // 账号
$password = "sa";   // 密码
$dbname = "eshop"; // 将要访问的数据库名称

// 创建连接
$conn = new mysqli($servername, $username, $password, $dbname);

// 检测连接
if ($conn->connect_error) {
        die("连接失败: " . $conn->connect_error);
}
?>
```

（2）页尾文件

文件名为 footer.php，它的功能有以下两个。

- 关闭数据库连接的代码。

- HTML 文件的最后一部分。

文件 footer.php 的内容如下。

```
<?php
$conn->close();
echo "<br>关闭连接<br>";
?>
<br><a href="list.php">返回省市列表</a>
</body>
</html>
```

其他页面内容每一页都不相同，具体见下面的讲解。

3. 查询数据

接下来讲解如何对省市区表（shop_province）进行查询，以及插入、更新和删除操作。

查询数据的页面文件名为 list.php，功能是执行一条查询语句，然后将查询的结果显示到页面上，代码如下（前后分别是页头文件和页尾文件）。

```
<?php
include "header.php";
?>
<h3>省市列表</h3>
<a href="add.php">添加省市</a><br>
<?php
$sql = "Select * from shop_province;";
$result = $conn->query($sql);

if ($result->num_rows > 0) {
    // 输出数据
    while($row = $result->fetch_assoc()) {
        echo "省市名称: " . $row["col_name"] . ', <a href="update.php?id=' . $row["id_shop_
```

```
province"] . "">【更新】</a><a href="Delete.php?id=' . $row["id_shop_province"] . '">【删除】</a><br>';
        }
    } else {
        echo "查询结果为空";
    }
    ?>
    <?php
    include "footer.php";
    ?>
```

在文件的起始处，引入页头文件 header.php，在文件的最后引入页尾文件 footer.php。页头文件和页尾文件分别负责数据库的连接和关闭，同时也包含了 HTML 文件的头部和尾部。把共用的内容保存到共用的文件中，list.php 文件本身就只需要关注自身的功能。

查询数据的结果如图 8.13 所示，这些数据是使用 Select * from shop_province;语句查询的结果，并且加上了增、删、改的超链接。

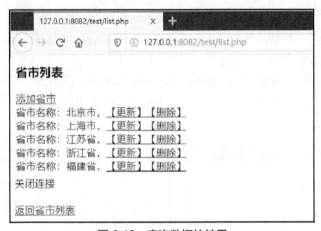

图 8.13　查询数据的结果

4. 添加数据

添加数据需要两个文件，功能如下。

- 显示一张表单：用户可以填写新增行的数据，然后提交给接收数据的 PHP 页面。
- 接收表单数据：真正实现向数据库插入一行数据（表单中的数据）。

这两个文件分别是 add.php 和 add1.php。文件 add.php 的功能是显示一个表单，供用户填入新的数据，代码如下。

```
<?php
include "header.php";
?>
<h3>新增省市</h3>
<form action="add1.php" method="POST">
省市名称：<input type="text" name="col_name"><br>
<input type="submit" name="submit" value="提交">
</form>
<?php
include "footer.php";
?>
```

文件 add1.php 的功能是接收表单的数据，并将数据插入数据库中，代码如下。

```php
<?php
include "header.php";

$name = $_POST["col_name"];
$sql = "Insert into shop_province (col_name)";
$sql .= "values ('" . $name . "')";
echo "插入用的 SQL 语句是：<br>" . $sql;

if ($conn->query($sql) === TRUE) {
    echo "<br>新的数据插入成功";
} else {
    echo "<br>错误: " . $sql ."<br>" . $conn->error;
}

include "footer.php";
?>
```

通过查询页面的"添加省市"超链接访问 add.php 页面，浏览器显示"新增省市"表单，填写新增的省级行政区名称"广东省"，如图 8.14 所示，单击"提交"按钮，页面跳转到 add1.php 页面，这时，add1.php 接收 add.php 页面提交的数据"广东省"，拼装成一条 Insert 语句，然后交给 MySQL 在后台执行。并显示插入语句的代码和"新的数据插入成功"等相关信息，如图 8.15 所示。

图 8.14　新增省市的界面　　　　图 8.15　新增省市的插入语句

由此可以看出，PHP 代码负责界面显示以及与用户的交互，对数据库的操作是通过 SQL 语句在 MySQL 的后台实现的。

5. 更新数据

更新数据与添加数据有点类似，它们最大的区别在于，更新数据时必须显示原始数据，然后在原始数据的基础上进行编辑，将编辑后的数据提交给服务器，进行数据的更新。因此显示的表单中应该有原来的省市名称，这就需要知道将要修改的行的主键的值。在 list.php 文件中，已经将这个主键值作为超链接的查询字符串提供给 update.php 文件，访问 update.php 的 URL 的代码如下（其中的 id 值是从数据库中得到的）。

```
http://127.0.0.1:8082/test/update.php?id=12
```

更新数据的两个文件分别是 update.php 和 update1.php，文件 update.php 的功能是根据查询字符串中 id 的值查询数据（修改前的数据），并显示到页面上供用户修改，代码如下。

```php
<?php
include "header.php";

$id = $_GET["id"];

$sql = "Select * from shop_province where id_shop_province=" . $id . ";";

echo '查询语句是: <br>' . $sql;
$result = $conn->query($sql);

if ($result->num_rows > 0) {
    $row = $result->fetch_assoc();
    $col_name = $row["col_name"]; // 从数据库得到要修改的原始数据
}
?>
<h3>更新省市</h3>
<form action="update1.php?id=<?php echo $id?>" method="POST">
省市名称: <input type="text" name="col_name" value="<?php echo $col_name?>"><br>
<input type="submit" name="submit" value="提交">
</form>

<?php
include "footer.php";
?>
```

文件 update1.php 的功能是接收用户提交的数据,并更新到指定主键值的行,代码如下。

```php
<?php
include "header.php";

$id = $_GET["id"];
$name = $_POST["col_name"];

$sql = "Update shop_province set col_name='" . $name . "' where id_shop_province=" . $id;
echo "更新用的 SQL 语句是: <br>" . $sql;

if ($conn->query($sql) === TRUE) {
    echo "<br>数据更新成功";
} else {
    echo "<br>错误: " . $sql . "<br>" . $conn->error;
}

include "footer.php";
?>
```

访问 update.php 页面,浏览器显示"更新省市"表单,update.php 还执行一条查询语句,查询当前要修改的省级行政区名称"广东省",并将其显示在表单中,如图 8.16 所示,这时将"广东省"修改为"广东",单击"提交"按钮,页面跳转到 update1.php 页面,这时 update1.php 接收 update.php 提交的 id 值和用户修改的数据"广东",拼装出一条 Update 语句,更新 id 指定的行的数据。并显示更新语句的代码和"数据更新成功"等相关信息,如图 8.17 所示。

图 8.16　修改省市的界面 　　　　　　　　　　图 8.17　修改省市的更新语句

6. 删除数据

删除行时，同样需要知道行的主键，删除行的 URL 的代码如下。

http://127.0.0.1:8082/test/delete.php?id=12

除了主键值外，删除行时不需要提供额外的信息，因此只有一个文件，功能是执行一条删除语句，删除指定主键值的行，代码如下。

```php
<?php
include "header.php";

$id = $_GET["id"];

$sql = "Delete from shop_province where id_shop_province=" . $id;
echo "删除用的 SQL 语句是：<br>" . $sql;

if ($conn->query($sql) === TRUE) {
    echo "<br>数据删除成功";
} else {
    echo "<br>错误: " . $sql . "<br>" . $conn->error;
}

include "footer.php";
?>
```

删除行的过程比较简单，通过"【删除】"超链接访问 delete.php 页面时，执行其中的删除语句，删除 id 指定的行，然后显示删除语句的代码和"数据删除成功"等相关信息，如图 8.18 所示。

图 8.18　删除省市的删除语句

8.2.2 【实训 8-4】从 PHP 调用存储函数和存储过程

"8.2.1【实训 8-3】从 PHP 访问 MySQL 数据库"小节讲解了对数据表的查询，以及增、删、改功能的实现。可以看到，所有这些功能的实现都是基于 SQL 语句的，也就是说，在 PHP 中动态地生成 SQL 语句，然后执行它。

有时，SQL 语句会相当复杂，这时在 PHP 中生成 SQL 语句就会使 PHP 变得很复杂，并且也不利于 SQL 语句的重用。

把复杂的 SQL 语句保存到 MySQL 的存储函数和存储过程中，就可以解决这个问题。

1. 调用存储函数

调用存储函数只要直接使用 Select 语句就可以。例如下述代码定义了一个存储函数。

```
Use eshop;
Drop function if exists f_add;

Create function f_add(_a int, _b int)
    returns int
    return _a + _b;
```

在 MySQL 中使用存储函数的代码如下。

```
Select f_add(3, 5);
```

在 PHP 中调用这个存储函数的代码如下（此处省略了建立和关闭数据库连接的代码）。

```php
<?php
$result = $conn->query("Select f_add(3,5) as sum;");          // 指定计算结果的别名 sum

if ($result->num_rows > 0) {
    while($row = $result->fetch_assoc()) {
        echo $row['sum'];                                    // 通过别名 sum 访问计算结果
        echo '<br>';
    }
}
?>
```

2. 调用存储过程

例如"7.3.1【实训 7-7】创建和使用存储过程"小节中编写的存储过程。

```
Use eshop;
Drop procedure if exists p_goods_by_catgory;

Delimiter %%
Create procedure p_goods_by_catgory(_id int)              -- 7.3.1 小节中的第 2 个版本
Begin
    if (_id > 0) then
        Select * from shop_goods where id_shop_category = _id;
    else
        Select * from shop_goods;
    end if;
End%%
Delimiter ;
```

在 MySQL 中调用存储过程的代码如下。

```
Call p_goods_by_catgory(2);
```

在 PHP 中调用存储过程的代码如下。

```php
<?php
$id = 2;
```

```
$sql = "Call p_goods_by_catgory($id);";    // 传入一个 PHP 变量，或直接传入一个值
$result = $conn->query($sql);

if ($result->num_rows > 0) {
        while($row = $result->fetch_assoc()) {
        echo $row['col_name'];            // 访问存储过程中 Select 语句的结果
        echo '<br>';
    }
}
?>
```

采用这种方法，可以将复杂的 SQL 语句隐藏在存储过程中，从而使 PHP 代码变得非常简洁，同时也提高了 SQL 代码的复用性。

3. 调用存储过程（输出型参数）

对于下述输出型参数的存储过程。

```
Drop procedure if exists p_total_ammout;

Create procedure p_total_ammout(out _ammount float)          -- 输出型参数 out
        Select sum(col_ammount) into _ammount from shop_order_head
                where col_status>0;
```

在 MySQL 中调用代码如下。

```
Set @ammount = 0;                        -- 必须要有一个变量用于输出
Call p_total_ammout(@ammount);
Select @ammount;
```

在 PHP 中调用代码如下。

```
<?php
$conn->query("Call p_total_ammout(@total);"); // 调用存储过程，参数的初始值与 PHP 无关
$result = $conn->query("Select @total;");        // 取出 MySQL 中的变量@total

if ($result->num_rows > 0) {
        while($row = $result->fetch_assoc()) {
        echo $row['@total'];                    // 在 PHP 取得结果的值
        echo '<br>';
    }
}
?>
```

4. 调用存储过程（输入输出型参数）

对于下述输入输出型参数的存储过程。

```
Drop procedure if exists p_total_quantity;

Create procedure p_total_quantity(inout _id float)              -- 输入输出型参数 inout
        Select count(*) into _id from shop_order_head
                where id_shop_customer = _id and col_status>0;
```

在 MySQL 中调用代码如下。

```
Set @id = 1;                        -- 这个变量同时用于输入和输出
Call p_total_quantity(@id);
Select @id;                         -- 调用后这个变量含有输出值
```

在 PHP 中调用代码如下。

```php
<?php
$id = 2;
$conn->query("Set @total = $id;");            // 将 PHP 的变量值（或常量）赋给 MySQL 变量
$conn->query("Call p_total_quantity(@total);"); // 变量@total 将值传到存储过程
$result = $conn->query("Select @total;");       // 同一个变量获得输出值

if ($result->num_rows > 0) {
        while($row = $result->fetch_assoc()) {
        echo $row['@total'];                    // 在 PHP 取得结果的值
        echo '<br>';
    }
}
?>
```

任务 3　体验"在线商店"应用的开发过程

【任务描述】这是【提高篇】的最后一部分。通过本任务的学习，读者将体验"在线商店"应用的开发过程，并使用Jitor校验器提供的全套代码完成应用程序的创建、测试和运行。

参考项目 5 的图 5.2，在线商店的功能包括前台功能和后台功能两大部分。这两个部分可以认为是两个子项目，各自有一套登录系统，分别面向客户和内部员工。因此，在 htdocs 目录下创建两个目录 eshop 和 eshop_admin，分别用于这两个子项目的开发。

8.3.1　前台功能的实现

作为一个演示案例，本书完成了前台功能大部分的开发工作，所有代码在【实训 8-5】中在线提供。读者可以按照"8.3.3【实训 8-5】体验"在线商店"应用开发过程"一节的要求，将 Jitor 校验器提供的代码解压到 htdocs/eshop 目录中，实现项目的前台功能。

项目采用 PHP 语言实现，为使项目简单起见，这里不使用 CSS 以及 JavaScript 等前端设计元素。前台功能的界面如图 8.19 所示。

图 8.19　前台功能的界面

前台登录的账号和密码可以从数据库中的客户表（shop_customer）查询得到，共有3个可登录的账号。

8.3.2 后台功能的实现

有兴趣的读者可以在前台功能的基础上，参考已有代码，继续编写后台功能的代码。后台代码应该与前台代码完全分开，因此建议新建一个目录 eshop_admin，用于保存后台功能的 PHP 代码。

8.3.3 【实训 8-5】体验"在线商店"应用开发过程

1. 数据库初始化

数据库初始化包括创建数据库、创建表、输入测试数据，这部分工作已经在项目 5 中完成了。

扫码观看微课视频

2. 编程实现

（1）数据库连接

数据库连接的代码如下，当需要修改数据库连接密码时，只要修改这个文件即可。

```php
<?php
$servername = "localhost";      // localhost 与 127.0.0.1 同义，都是表示本机
$username = "root";             // 访问数据库的用户
$password = "sa";              // 访问数据库的密码
$dbname = "eshop";

// 创建连接
$conn = new mysqli($servername, $username, $password, $dbname);

if ($conn->connect_error) {      // 检测连接
        die("连接失败: " . $conn->connect_error);
}
?>
```

这些代码保存在 inc/connection.php 文件中，每个页面都要包含它。

（2）界面和菜单

界面和菜单的代码可以从 Jitor 校验器提供的压缩文件中解压得到。共用的代码分为头和尾两个部分，分别保存在 inc/header.php 和 inc/footer.php 中，每个页面都要包含它们。

（3）浏览商品和商品详情

浏览商品有两种情况，第一种是浏览所有商品，SQL 语句如下。

```
Select * from shop_goods
```

第二种是浏览指定类别的商品，SQL 语句如下。

```
Select * from shop_goods where id_shop_category = 类别 ID
```

浏览商品的 PHP 文件是 index.php，代码见 Jitor 校验器提供的压缩文件。

客户单击商品后打开商品详情页面的文件是 detail.php，SQL 语句如下。

```
Select * from shop_goods where id_shop_goods = 商品 ID
```

在商品详情页面还可以购买商品，并指定购买的数量。

（4）登录和退出

与登录有关的 SQL 语句如下。

Select * from shop_customer where col_account='用户提交的账号' and col_password='密码'

根据用户提交的账号和密码，如果在客户表中找到这一条记录（用户注册账号时提供的），表示登录成功，否则登录失败。退出功能与数据库没有关系，本书不作讨论。登录的文件是 login.php，退出的文件是 logout.php，代码见 Jitor 校验器提供的压缩文件。

登录的SQL语句有一个安全漏洞，无须密码就能登录，这个漏洞叫作"SQL注入漏洞"，有兴趣的读者可以查阅资料，尝试找出这个漏洞。

3. 视图、存储函数、存储过程和触发器的编写

在应用开发过程中会将主要的 SQL 代码保存在视图、存储函数、存储过程和触发器中，下面分别列出在线商店前台功能用到的 SQL 存储程序和视图。

（1）订单数/商品数

在图 8.19 中，左侧"我的订单"之后的（7/6）是指该客户共有 6 个历史订单，这些订单共计购买了 7 件商品。这是从 PHP 调用"7.2.2【实训 7-5】存储函数"小节的第 2 部分"多行语句的存储函数"中的 f_get_count()存储函数实现的，代码如下。

```sql
Drop function if exists f_get_count;

Delimiter %%
Create function f_get_count(_id int)
    returns varchar(20) reads sql data
begin
    declare var_order_count int; -- 订单数量
    declare var_goods_count int; -- 购买商品件数
    select count(*) into var_order_count from shop_order_head
        where id_shop_customer=_id and col_status>0; -- 查询订单数量

    select sum(col_quantity) into var_goods_count
        from shop_order_line inner join shop_order_head
            on shop_order_line.id_shop_order_head = shop_order_head.id_shop_order_head
        where shop_order_head.id_shop_customer = _id and col_status>0; -- 查询购买商品件数

    return concat('(', var_goods_count, "/", var_order_count, ')');
end%%
Delimiter ;

Select f_get_count(2);  -- 测试，客户 2 的订单数/商品数
```

（2）我的购物车

"我的购物车"是状态为 0 的订单，可以用一个视图来查询购物车。

```sql
Use eshop;

Drop view if exists v_cart;
Create view v_cart
as
Select
    shop_customer.id_shop_customer, shop_order_head.id_shop_order_head,
```

```
            shop_customer.col_address, shop_order_head.col_ammount,
            shop_goods.col_model, shop_goods.col_name,
            shop_goods.col_brand, shop_goods.col_price,
            shop_order_line.col_quantity
    from
            shop_order_head
            inner join shop_order_line on shop_order_head.id_shop_order_head = shop_order_line.id_
shop_order_head
            inner join shop_goods on shop_order_line.id_shop_goods = shop_goods.id_shop_goods
            inner join shop_customer on shop_order_head.id_shop_customer = shop_customer.id_
shop_customer
    where shop_order_head.col_status=0;

    Select * from v_cart where id_shop_customer=2;  -- 测试，客户 2 的购物车
```

　　使用该视图的文件在"我的购物车"my_car.php 中，如果不存在状态为 0 的订单，则表明该客户当前没有购物车。当选购商品时，会自动生成购物车。

　　（3）加入购物车

　　在将商品加入购物车之前，需要检查库存是否足够。下述两个 before 触发器在对订单行表进行插入或更新操作之前检查对应的商品库存是否足够，如果库存少于订单数量，则不允许插入或更新。

```
Use eshop;
Drop trigger if exists t_before_insert_order_line;
Drop trigger if exists t_before_update_order_line;

Delimiter %%
Create trigger t_before_insert_order_line before insert --  插入行之前
    on shop_order_line for each row
begin
    declare var_inventory float default 0;
    select col_inventory into var_inventory
        from shop_goods
        where id_shop_goods = new.id_shop_goods;
    if new.col_quantity>var_inventory then --  订单数量超过了库存数量
        signal sqlstate 'HY000' set message_text = "该商品库存不足";
    end if;
end%%

Create trigger t_before_update_order_line before update --  更新行之前（下述触发器体基本相同）
    on shop_order_line for each row
begin
    declare var_inventory float default 0;
    select col_inventory into var_inventory
        from shop_goods
        where id_shop_goods = new.id_shop_goods;
    if new.col_quantity - old.col_quantity > var_inventory then -- 订单数量的增量超过了库存数量
        signal sqlstate 'HY000' set message_text = "该商品库存不足";
    end if;
end%%
```

```
Delimiter ;
```
在添加或更新商品数量后，要自动更新商品的库存，以及更新订单头表的销售金额。下述两个 after 触发器在对订单行表进行插入、更新操作之后更新商品表中的库存，以及更新订单头表中的销售金额。

```
Use eshop;
Drop trigger if exists t_after_insert_order_line;
Drop trigger if exists t_after_update_order_line;

Delimiter %%
Create trigger t_after_insert_order_line after insert -- 插入行之后
    on shop_order_line for each row
begin
    declare var_ammount float default 0;
    -- 插入行时更新库存：新库存 = 旧库存 - 订购数量
    update shop_goods set col_inventory = col_inventory – new.col_quantity
        where id_shop_goods = new.id_shop_goods;
    -- 计算订单的金额
    select sum(col_quantity*col_price) into var_ammount
        from shop_order_line join shop_goods
            on shop_order_line.id_shop_goods = shop_goods.id_shop_goods
        where id_shop_order_head = new.id_shop_order_head;
    -- 更新订单的金额
    update shop_order_head set col_ammount = var_ammount
        where id_shop_order_head = new.id_shop_order_head;
end%%

Create trigger t_after_update_order_line after update -- 更新行之后（下述触发器体基本相同）
    on shop_order_line for each row
begin
    declare var_ammount float default 0;
    -- 更新行时更新库存：新库存 = 旧库存 + 原来的订购数量 - 新的订购数量
    update shop_goods set col_inventory = col_inventory + old.col_quantity – new.col_quantity
        where id_shop_goods = new.id_shop_goods;

    -- 计算订单的金额
    select sum(col_quantity*col_price) into var_ammount
        from shop_order_line join shop_goods
            on shop_order_line.id_shop_goods = shop_goods.id_shop_goods
        where id_shop_order_head = new.id_shop_order_head;
    -- 更新订单的金额
    update shop_order_head set col_ammount = var_ammount
        where id_shop_order_head = new.id_shop_order_head;
end%%
Delimiter ;
```
最后，加入购物车的功能通过一个存储过程实现，代码如下。
```
Use eshop;
Drop procedure if exists p_cart_add;

Delimiter %%
```

```
Create procedure p_cart_add(_id int, _goods_id int, _quantity float) -- 3个参数：客户id、商品id和
数量
    begin
        -- 1. 找购物车（订单头表）
        declare var_order_head_id int default 0;
        declare var_order_line_id int default 0;
        select id_shop_order_head into var_order_head_id from shop_order_head
            where col_status=0 and id_shop_customer=_id;
        if var_order_head_id=0 then    -- 没有的话，创建一个新购物车
            insert into shop_order_head (col_order_date, id_shop_customer) values(now(), _id);
            set var_order_head_id = last_insert_id();
        end if;

        -- 2. 找订单行表，是否有相同商品，有则替换数量，无则添加行
        select id_shop_order_line into var_order_line_id from shop_order_line
            where id_shop_order_head=var_order_head_id and id_shop_goods=_goods_id;
        if var_order_line_id=0 then-- 购物车里没有这件商品，添加商品
            insert into shop_order_line values(null, _quantity, var_order_head_id, _goods_id);
        else   -- 购物车里已经有了这件商品，更新数量
            update shop_order_line set col_quantity = _quantity
                where id_shop_order_line = var_order_line_id;
        end if;
    end%%
    Delimiter ;

    Call p_cart_add(2, 2, 1);   -- 测试，向客户2的购物车里添加2号商品，数量1件
    Call p_cart_add(2, 4, 1);   -- 向客户2的购物车里添加4号商品，数量1件，购物车里有2件商品
```

加入购物车的 PHP 文件是 my_cart_add.php，代码在 Jitor 校验器提供的压缩文件中。

（4）我的订单

历史订单就是状态非 0 的所有订单，可以用一个视图来实现，代码如下。

```
Use eshop;

Drop view if exists v_order_list;
Create view v_order_list
as
    select *, case col_status
                when 0 then '选购中'
                when 1 then '已下单'
                when 2 then '已审核'
                when 3 then '已发货'
                when 4 then '已签收'
                else '错误'
            end status
        from shop_order_head
        where col_status>0
        order by col_order_date desc;

Select * from v_order_list where id_shop_customer=1; -- 测试，客户1的历史订单
```

浏览历史订单的 PHP 文件是 my_order.php，代码见 Jitor 校验器。

（5）订单详情

订单详情的信息来自订单头表和订单行表，下述视图查询指定订单号的这些信息。

```sql
Use eshop;

Drop view if exists v_order_detail;
Create view v_order_detail
as
Select
    shop_customer.id_shop_customer, shop_order_head.id_shop_order_head,
    shop_customer.col_address, shop_order_head.col_ammount,
    shop_goods.col_model, shop_goods.col_name,
    shop_goods.col_brand, shop_goods.col_price,
    shop_order_line.col_quantity, shop_order_head.col_order_date,
    shop_order_head.col_audit_date, shop_order_head.col_shipping_date,
    shop_order_head.col_receiving_date, shop_order_head.col_comment,
    case shop_order_head.col_status
            when 0 then '选购中'
            when 1 then '已下单'
            when 2 then '已审核'
            when 3 then '已发货'
            when 4 then '已签收'
            else '错误'
    end status
from shop_order_head              -- 订单头表
    inner join shop_order_line        -- 订单行表
        on shop_order_head.id_shop_order_head = shop_order_line.id_shop_order_head
    inner join shop_goods            -- 商品表
        on shop_order_line.id_shop_goods = shop_goods.id_shop_goods
    inner join shop_customer          -- 客户表
        on shop_order_head.id_shop_customer = shop_customer.id_shop_customer;

Select * from v_order_detail where id_shop_order_head=4; -- 测试，订单 4 的详情
```

使用这个视图的文件是"订单详情"（my_order_detail.php）。

这里要注意的是，由于后台功能还没有实现，因此订单的状态停止在 1（"已下单"），需要员工从后台审核和发货才能将状态改为 2 和 3（"已审核"和"已发货"）。在测试时，也可以直接通过 dbForge Studio 或 MySQL 命令行客户端更新状态的值，用来体验购物的流程。

4. PHP 代码和资源

本项目的 PHP 代码量比较大，因此在 Jitor 校验器中，通过【实训 8-5】体验"在线商店"应用开发过程"一节的实训指导材料提供完整的项目代码和资源，包括 PHP 文件和图片文件，让读者可以在较短的时间内体验一个 PHP 项目的成果。

5. 更多功能

前台部分还有以下一些功能没有完成。

（1）评价功能

在"订单详情"中，"添加评价"的功能还没有实现，请读者自行编写代码。

（2）删除商品

在"我的购物车"中，"删除商品"的功能还没有实现，请读者考虑实现时还应该添加一个什么样的触发器。

（3）注册

"注册"功能请读者参考前述的讲解自行编写代码来实现。

（4）修改个人信息

"修改个人信息"功能请读者参考前述的讲解自行编写代码来实现。

习题

1. 思考题

① 什么是 AMP？其中的 M 代表什么含义？

② AMP 中的 Apache 是什么？作用是什么？

③ AMP 中的 PHP 是一种什么样的语言？

④ PHP 与 MySQL 的关系是怎样的？

2. 实训题

① 本项目选择题和填空题，见 Jitor 的【实训 8-6（习题）】。

② 提高篇测试：选择题和填空题，见 Jitor 的【实训 8-7（测试）】，随机组卷。

③ 开发方向的期末测试：选择题和填空题，见 Jitor 的【实训 8-8（测试）】，随机组卷。

④ 开发方向的期末测试：操作题之一，见 Jitor 的【实训 8-9（测试）】。

⑤ 开发方向的期末测试：操作题之二，见 Jitor 的【实训 8-10（测试）】。

【管理篇】

管理"在线商店"项目

【管理篇】将本书转换到另一个视角，关注一个实际项目的后期维护管理。下面的内容以实战项目在线商店为例，在一个实用级的虚拟机平台上部署，内容涉及数据库的安全、备份和恢复、日常维护等方面的管理。

管理篇分为下述3个部分。

• 项目9：讲解在线商店在Linux操作系统上的部署，重点是将数据库从Windows操作系统迁移到Linux操作系统，同时讲解一些与Linux操作系统相关的基础知识。

• 项目10：以在线商店为例，讲解数据库的安全，重点是用户管理和权限管理，可以在Linux操作系统或Windows操作系统下完成。

• 项目11：以在线商店为例，讲解数据库的日常管理，重点是数据备份和数据恢复，可以在Linux操作系统或Windows操作系统下完成。

项目9需要在Linux虚拟机环境中才能完成，虚拟机以及虚拟机软件VMware player 12可从本书主页的网盘链接中下载，项目10和项目11可以在Linux操作系统或Windows操作系统下完成。

项目 9

"在线商店"项目的部署和迁移

扫码观看项目 9 思维导图

项目 9 将在 Linux 虚拟机环境中进行讲解，内容是将在线商店项目在 Linux 操作系统下进行部署，同时讲解一些与 Linux 操作系统相关的基础知识。

项目 9 的实训只有 Linux 一种操作系统，要在配套的 Linux 虚拟机上完成。如果读者不打算使用 Linux 操作系统，可以跳过项目 9，直接进入项目 10 的学习。项目 10 和项目 11 的实训可以在 Linux 操作系统或 Windows 操作系统下完成。

▶ 知识目标

① 了解虚拟机的概念。
② 掌握 Linux 操作系统的基础知识。
③ 理解实际项目到 Linux 操作系统上的迁移和部署。
④ 理解远程管理和维护工作。

▶ 技能目标

① 学会使用 VMware Player 运行 Linux 虚拟机。
② 学会 Linux 操作系统的基本操作命令。
③ 学会将一个项目迁移和部署到 Linux 操作系统。
④ 初步学会远程管理和维护。

任务 1 准备 Linux 虚拟机环境

【任务描述】绝大多数 MySQL 都是在 Linux 操作系统下使用，生产性的项目通常是部署在 Linux 操作系统上的。通过本任务的学习，读者将安装和运行一个 Linux 虚拟机，在任务 2 学习使用 Linux 虚拟机，任务 3 和任务 4 学习在线商店项目的部署和维护。

9.1.1 安装和运行 Linux 虚拟机

本书采用亚马逊云的第三方镜像公司 Turnkey Linux 的产品，该公司的产品是开源免费的。本书选用的是一个基于 Debian Linux 8 (Jessie)的 32 位操作系统，这个系统包含预安装的 Apache + MySQL + PHP，以及一些运维工具，因此使用这个 Linux 镜像，就不需要再安装 MySQL 等软件。

本书作者已将上述镜像在 VMware player 12 上安装完成，读者用 VMware player 直接启动这个 Linux 虚拟机即可。

1. 虚拟机简介

虚拟机是通过虚拟机软件模拟出来的一个独立的、完整的计算机系统环境。

使用虚拟机软件可以模拟出一个完整的计算机硬件系统，包括 CPU、内存、硬盘、显示器、键盘、鼠标、网络等，并在这个硬件系统上安装一个独立的操作系统（Windows 或 Linux），用户在使用虚拟机时几乎感觉不到其与物理机的差别。

在 Windows 操作系统或 Linux 操作系统上都可以安装虚拟机软件，在虚拟机软件模拟出来的计算机上可以安装 Windows、Linux 或其他操作系统。因此可以用一台计算机模拟多台计算机环境，并安装不同的操作系统。

2. 安装 VMware player

本书使用的虚拟机软件是 VMware Workstation player 12（简称 VMware-player 或 VMware），从本书主页提供的网盘链接，下载的文件名是 VMware-player 12.5.75813279. exe，直接安装即可，无须配置就可以使用。

3. 运行 Linux（LAMP）镜像

从本书主页提供的网盘链接，下载安装好的 Linux 虚拟机（Lamp86-final-2020-06-10.zip，大小为 371MB）。将下载的文件解压到合适的目录，在 VMware 的主界面上单击"打开虚拟机"按钮，如图 9.1 所示，选择解压后的 Linux 虚拟机（Lamp86.vmx），如图 9.2 所示。

 由于在预安装的 Linux 虚拟机上已经安装好了 Jitor 校验器，因此建议读者直接使用这个 Linux 虚拟机，而不要使用其他来源的 Linux 虚拟机。

图 9.1　VMware 的主界面　　　　　　图 9.2　打开 Lamp86.vmx

从打开的名为"Lamp86"的虚拟机右键菜单上，单击"开机"命令，如图 9.3 所示，启动虚拟机。第一次启动时会弹出提示，选择默认选项即可，启动后的虚拟机如图 9.4 所示。如果鼠标指针在虚拟机中，可以按 Ctrl + Alt 组合键使鼠标指针退出虚拟机，回到 Windows 操作系统中。

 图 9.4 所示的 Linux 虚拟机模拟云平台上的远程服务器，因此不需要直接使用它。所有对服务器的操作都是通过远程登录服务器后进行的。

图 9.4 所示的虚拟机的 IP 地址是 192.168.206.133，这个地址在不同的计算机上会有不同。本书在后续讲解中都使用这个 IP 地址，读者在操作时要使用在本地计算机上显示的虚拟机 IP 地址。

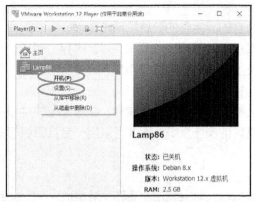 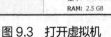 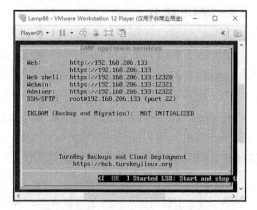

图 9.3　打开虚拟机　　　　　　　　　图 9.4　启动后的虚拟机

在图 9.3 所示的界面上，还可以执行"设置"命令，设置虚拟机的一些参数（在虚拟机未启动时设置），如指定虚拟机的内存大小、加载光驱、设置网络模式等，如图 9.5 所示。其中网络模式（网络适配器）通常使用 NAT，其他各项根据实际需求设置即可。

图 9.5　设置虚拟机的参数

9.1.2　安装和使用远程管理工具

常用的远程管理工具有 PuTTY、WinSCP 和 SecureCRT 等，因为需要运行 Jitor 校验器，本书选择使用 MobaXterm_Portable_v20.2（其他工具不支持 Jitor 校验器），该工具可以从本书提供的网盘链接下载。

1. 安装 MobaXterm 个人版

MobaXterm 个人版是一款绿色软件，解压后直接双击 MobaXterm_Personal_20.2.exe 可执行文件即可运行该软件，无须安装。

2. 使用 MobaXterm

MobaXterm 的功能非常丰富，集成了远程登录和远程文件传输功能。

（1）登录远程服务器

在 MobaXterm 的主界面上，从"Sessions"菜单（而不是工具栏）选择"New session"选项，如图 9.6 所示，打开"Session settings"（会话设置）对话框，选择"SSH"图标，如图 9.7 所示，输入 Linux 服务器的 IP 地址（根据读者计算机上如图 9.4 所示的虚拟机 IP 地址修改），勾选"Specify usename"复选框后，才能设置登录用的根用户账号 root，完成后单击"OK"按钮。

图 9.6 "New session"菜单

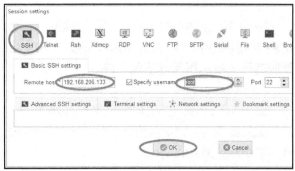

图 9.7 "Session settings"对话框

这时打开一个远程登录窗口，提示输入根用户（root）的密码，如图 9.8 所示。本书提供的虚拟机已将密码设置为 Jitor123（首字母大写），输入密码时光标不会移动，这是为了安全起见，避免旁观者看到密码的长度。输入密码后按回车键，然后提示是否保存这个密码，如图 9.9 所示，单击"Yes"按钮，这时还要输入新的密码来保护登录密码，以免再次登录时重复输入登录密码。

图 9.8 输入登录密码

图 9.9 单击"Yes"按钮保存登录密码

MobaXterm 登录后的界面如图 9.10 所示。

图 9.10 MobaXterm 登录后的界面

（2）文件传输

图 9.10 左侧占据三分一屏幕宽度的 "Sftp" 选项卡中是服务器上的文件列表，它的功能与常用软件 WinSCP 相同，这是一种安全的文件传输协议，它可以将本地文件上传到服务器，或从服务器下载文件。

（3）终端访问

图 9.10 右侧底色为黑色的部分是远程终端，它的功能与常用软件 PuTTY 相同，可以访问服务器终端。终端类似于 Windows 操作系统上的 "命令提示符" 窗口，是操作 Linux 操作系统的主要界面。

9.1.3 运行 Jitor 校验器

本书提供的 Jitor 校验器可以在 Windows 操作系统上运行，也可以在 Linux 操作系统上运行。由于【管理篇】的部分实训是在 Linux 操作系统进行的，因此需要在 Linux 操作系统上运行 Jitor 校验器（已经预安装好），才能校验在 Linux 操作系统上的实训操作是否成功通过。

> 只能在MobaXterm远程终端上启动Jitor，而不能在PuTTY等终端上启动Jitor。但是实训操作也可以通过PuTTY和WinSCP来进行，不会影响Jitor的功能。

Jitor 校验器的启动文件是 jitor，要编辑这个文件，完成 Jitor 检验器的配置后才能正常启动 Jitor 校验器。jitor 文件位于/root 目录中，编辑的方法是在 "Sftp" 选项卡中找到/root 目录，在 jitor 文件上单击鼠标右键，选择 "Open with default text editor" 选项，如图 9.11 左侧所示，然后在打开的编辑界面中修改第一行的内容 "DISPLAY=192.168.206.1:0.0"，将 DISPLAY 的值改为与终端显示的地址和端口内容完全相同，如图 9.11 右侧所示，这里的地址是 Winodws 本机的 IP 地址，端口通常是 0.0，要用终端上显示的 "192.168.0.101:0.0" 替换编辑器中预置的 "192.168.206.1:0.0"。

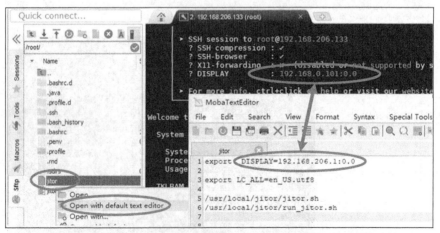

图 9.11　配置 Jitor 校验器的启动文件 jitor（DISPLAY 参数）

修改好 jitor 并保存后，就可以运行它，方法是在远程终端界面中输入下述命令（当前目录是/root，因此采用相对地址），如图 9.12 所示。

./jitor

小数点表示当前目录，而这条命令的意思是运行当前目录下的 jitor 文件。

如果当前目录不是/root，则命令应该改为如下（采用绝对地址）。

/root/jitor

按 Enter 键运行它，这时会弹出一个对话框（见图 9.12），提示是否允许访问"X 服务器"，它是 Linux 的图形界面。单击"是"按钮，将出现 Jitor 校验器的主界面，这是 Linux 操作系统上运行的 Jitor 校验器，除了字体与 Windows 操作系统上的有些不同，其余完全相同。

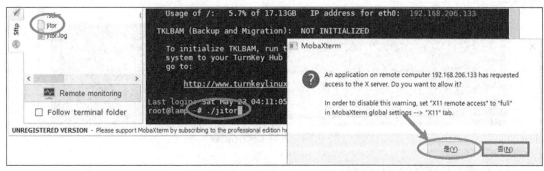

图 9.12　启动 Jitor 校验器

启动 Jitor 校验器后，该终端被 Jitor 校验器独占（连续输出一些调试信息），关闭该终端将会同时关闭 Jitor 校验器。因此，可以再打开一个终端（单击图 9.11 右上方的+号，打开新的 TAB 页），以完成实训要求的操作，或者用其他的远程工具（如 PuTTY 和 WinSCP）来完成实训要求的操作。

9.1.4　虚拟机相关的问题

1. 鼠标指针进入虚拟机以后，无法回到 Windows 操作系统

VMware 提供了一个组合键 Ctrl+Alt，可以将鼠标指针从虚拟机切换回 Windows 操作系统。

2. 启动虚拟机时，报 1036521 错误

启动虚拟机时，报 1036521 错误，如图 9.13 所示。这时虚拟机无法启动。

图 9.13　启动虚拟机出错

通常的原因是计算机主板上的虚拟化技术没有开启，这是因为 VMware Workstation 12 Player 需要使用计算机主板上的虚拟化技术。

解决的办法是，先关机，再打开计算机电源，在启动 Windows 操作系统之前，进入 BIOS，将 Intel Virtual Technology 设置为"Enabled"，具体的操作与计算机硬件有关。

3. 启动 Jitor 时出错

如果启动 Jitor 时出现图 9.14 所示的错误，表示 X11 的 DISPLAY 参数设置错误，参考图 9.11 进行正确的配置。

```
Last login: Wed Jun 24 10:03:22 2020 from 192.168.206.1
root@lamp ~# ./jitor

检查更新......

Exception in thread "main" java.lang.NoClassDefFoundError: Could not initialize
class sun.awt.X11GraphicsEnvironment
        at java.lang.Class.forName0(Native Method)
        at java.lang.Class.forName(Unknown Source)
        at java.awt.GraphicsEnvironment.getLocalGraphicsEnvironment(Unknown Sour
```

图 9.14　X11 初始化错误

4. 与虚拟机有关的其他问题

还有一些其他的问题，例如从 Windows 操作系统无法访问虚拟机，无法远程登录虚拟机。读者可以从附录 E 提供的在线资源中找到解决办法。

任务 2　使用 Linux 操作系统

【任务描述】通过本任务的学习，读者将了解Linux操作系统的基本知识，学会Linux操作系统的一些基本操作，初步学会常用服务的管理。

9.2.1　Linux 操作系统的文件系统

Linux 操作系统的文件系统是单根的树状结构，所有目录和文件都位于这个树状结构的某个节点，不同的存储介质，例如光盘驱动器，也是这个树状结构的一个节点。而 Windows 的文件系统是多根的树状结构，每个盘符都是一个根。

图 9.15 所示是根目录下的目录和文件，图 9.15 左侧是"Sftp"选项卡，它以图形界面展示目录结构，单击目录名，可以打开一个目录，单击父目录按钮可以回到上一级目录。图 9.15 右侧是在终端中对目录的操作，其中命令 ls -l 是列出当前目录下的内容，命令 cd 用于切换目录，例如 cd /是切换到根目录。

　　　　Linux操作系统的目录分隔符是正斜线/，而Windows操作系统的目录分隔符是反斜线\。

图 9.16 所示为树状的目录结构，类似于 Windows 资源管理器中展现的文件结构。

作为管理员，对 Linux 操作系统的一级目录应该有所了解，一级目录的用途如表 9.1 所示。

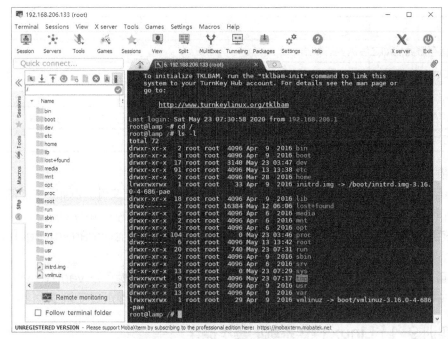

图 9.15　根目录下的目录和文件

图 9.16　树状的目录结构

表 9.1　Linux 操作系统一级目录的用途

一级目录	说明
/bin	bin 是 Binary 的缩写，保存最经常使用的命令
/boot	保存启动 Linux 操作系统时使用的一些核心文件，以及一些连接文件和镜像文件
/dev	dev 是 Device 的缩写，保存 Linux 操作系统的外部设备（驱动程序）
/etc	保存 Linux 操作系统的各种配置文件，以及安装的应用软件的配置文件
/home	这个目录下是各个用户的主目录。每个用户都有一个自己的主目录，用于保存用户的文件，该目录名以用户的账号命名。例如，用户 abc 的主目录是/home/abc
/lib	保存基本的动态连接共享库，其作用类似于 Windows 操作系统里的 DLL 文件
/lost+found	这个目录一般情况下是空的，当系统非法关机后，这里会保存一些相关文件
/media	Linux 操作系统会自动识别设备，例如 U 盘、光驱等，当识别后，Linux 操作系统会把设备挂载到这个目录下
/mnt	作用与/media 相同，但用于手动挂载的设备
/opt	有些软件会安装到这个目录下，默认是空的
/proc	这个目录是一个虚拟的目录，它是系统内存的映射
/root	根用户（系统管理员）的用户主目录，其他用户的主目录在/home 中
/run	临时的目录，保存系统启动以来的信息。当系统重启时，这个目录下的文件会被清空
/sbin	保存系统管理员使用的系统管理程序

续表

一级目录	说明
/srv	保存服务启动之后需要的数据
/sys	Linux 操作系统使用的目录
/tmp	用于保存一些临时文件
/usr	许多软件会安装到这个目录下，类似于 Windows 操作系统下的 Program files 目录
/var	保存应用程序的数据和日志文件

其中比较重要的目录有以下几个。

- /etc：该目录保存了系统的配置文件，以及各种应用软件的配置文件，例如 PHP 的配置文件是/etc/php5/apache2/php.ini，MySQL 的配置文件是/etc/mysql/my.cnf。
- /usr：该目录保存了安装的应用程序，例如 MySQL 安装在/usr/share/mysql 目录中。
- /var：该目录保存了数据和日志等，例如 MySQL 的数据库文件保存在/var/lib/mysql 目录中，LAMP 的网站保存在/var/www 目录中，有关的日志保存在/var/log 目录中。

9.2.2 【实训 9-1】Linux 操作系统的基本操作

这里讲解在使用 Linux 操作系统的过程中最基本的一些操作，常用的命令如表 9.2 所示。

表 9.2　Linux 操作系统的常用命令

命令	缩写前的英文	说明
ls -l 目录或文件	list-long	以长格式列出目录或文件名
cd 目录	change directory	切换目录
pwd	present working directory	显示目前的目录
mkdir 目录	make directory	创建一个新的目录
rmdir 目录	remove directory	删除一个空的目录
cp 旧目录或文件 新目录或文件	copy	复制文件或目录
rm 目录或文件	remove	删除文件或目录
mv 旧目录或文件 新目录或文件	move	移动文件与目录，或修改文件与目录的名称

Linux操作系统的命令是大小写敏感的，而Windows操作系统的命令则是大小写不敏感的。但对命令的参数，不论是Linux还是Windows操作系统，都是大小写敏感的。

1. 列出目录或文件

（1）长格式

使用命令 ls -l 列出当前目录下的目录和文件，命令如下（命令是斜体加粗的部分）。

root@lamp ~# *ls -l*

上述一行代码的前半部分是提示符 root@lamp ～#，其中的 root 是登录的账号名，lamp 是计算机的名字，符号～表示主目录（如果不在主目录时，会被当前目录所取代），符号#表示当前账号是根用户。符号#之后的 ls -l（小写字母）才是输入的命令，运行结果如图 9.17 所示。

图 9.17　列出目录和文件

参数-l（long 的首字母）表示以长格式显示结果，这时的每个目录或文件的信息有如下几列。

- 文件属性：这是一组如-rw-r--r--的 10 个字符所表示的文件属性。
- 连接数：表示有多少个文件链接这个节点，图 9.17 中是数字 1。
- 文件所有者：文件所有者的账号，通常是创建这个文件的用户账号。
- 文件所属组：文件所属组的名称，通常是所有者所属的组的名称。
- 文件大小：文件大小。
- 修改日期和时间：省略年份时，表示是当年。
- 文件或目录名称：Linux 操作系统中的文件名有时没有扩展名。

（2）短格式

如果没有参数-l，这时仅显示文件名（一行中可以有多个文件名），如图 9.18 所示。

图 9.18　仅显示目录和文件名称

（3）指定路径

如果指定路径，则列出指定路径中的目录和文件，如图 9.19 所示。

图 9.19　指定路径为/var/www 的结果

（4）文件属性

文件属性用 10 个字符来表示，其含义如图 9.20 所示。

文件 类型	文件所有者 权限			文件所属组 权限			其他用户 权限		
0	1	2	3	4	5	6	7	8	9
-	r	w	-	r	-	-	r	-	-
目录 文件 连接	读	写	执 行	读	写	执 行	读	写	执 行

图 9.20　文件属性例子

- 第 0 个字符：文件类型，d 表示目录、–表示文件、l 表示是一个连接。
- 第一组（第 1~3 个字符）：文件所有者权限。
- 第二组（第 4~6 个字符）：文件所属组权限。
- 第三组（第 7~9 个字符）：其他用户权限。

（5）文件权限

在图 9.20 所示的权限中，每 3 个字符成为一组，其中每个字符的含义如下。

- 第一个字符：r 表示读权限，–表示没有读权限。
- 第二个字符：w 表示写权限，–表示没有写权限。
- 第三个字符：x 表示执行权限，–表示没有执行权限。

例如图 9.17 所示的两个文件的权限如下。

- 文件 jitor：权限是 rwxrwxrwx，表示文件所有者、文件所属组和其他用户都有读、写和执行权限，因此，它是一个可执行文件。
- 文件 jitor.log：权限是 rw-r--r--，表示文件所有者有读写权限，文件所属组和其他用户只有读权限，因此，它是一个不可执行文件。

（6）绝对路径和相对路径

路径是表示文件或目录在文件系统的树状结构中所处的位置，它由各级父目录的目录名拼接而成。路径分为下述两种。

- 绝对路径：以根目录/起始，从路径中可以绝对定位，例如/usr/share/doc 这个目录。
- 相对路径：不是从根目录/起始，而是与当前目录的相对定位。例如当前目录是/usr/share/doc 时，相对路径../man 表示是其父目录下的 man 目录，因此对应的绝对路径是/usr/share/man。如果当前目录是/abc/def，则相对路径../man 表示的绝对路径是/abc/man。

2. 切换目录和当前目录

下面来看图 9.21 所示的例子，先后用 4 条命令进行操作。

- 用命令 pwd 显示当前目录，结果是/root。
- 用命令 ls -l 显示当前目录下的内容。
- 用命令 cd /var/www 切换到这个目录，提示符显示当前的目录。
- 用命令 pwd 显示当前目录，结果是/var/www。

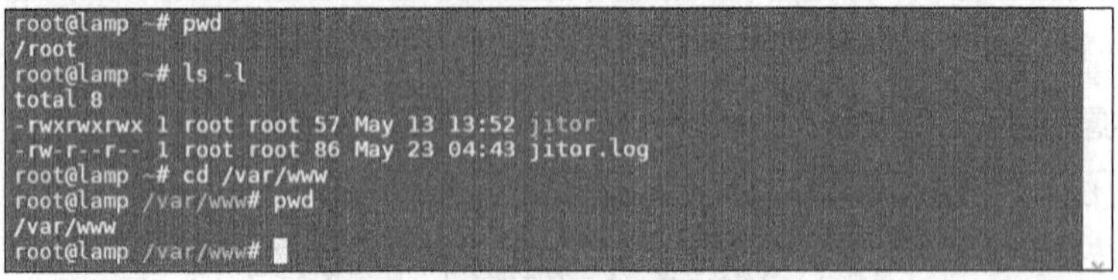

```
root@lamp ~# pwd
/root
root@lamp ~# ls -l
total 8
-rwxrwxrwx 1 root root 57 May 13 13:52 jitor
-rw-r--r-- 1 root root 86 May 23 04:43 jitor.log
root@lamp ~# cd /var/www
root@lamp /var/www# pwd
/var/www
root@lamp /var/www#
```

图 9.21　切换目录和当前目录

Linux 文件系统有两个特殊的目录，一个是当前目录，使用一个小数点.来表示，也就是 pwd 命令显示的目录；另一个是当前目录的上一级目录，也叫父目录，使用两个小数点..来表示。

例如，可以用./jitor 来明确指出是当前目录下的 jitor 文件。

又如，可以用命令 cd ..切换到当前目录的上一级目录。

3．复制目录或文件

在/var/www 目录中，可以用下述命令复制一个文件，结果如图 9.22 所示。

```
cp index.php admin.php
```

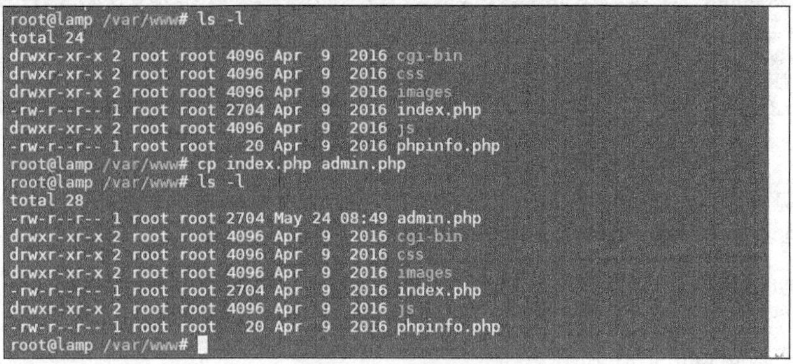

```
root@lamp /var/www# ls -l
total 24
drwxr-xr-x 2 root root 4096 Apr  9  2016 cgi-bin
drwxr-xr-x 2 root root 4096 Apr  9  2016 css
drwxr-xr-x 2 root root 4096 Apr  9  2016 images
-rw-r--r-- 1 root root 2704 Apr  9  2016 index.php
drwxr-xr-x 2 root root 4096 Apr  9  2016 js
-rw-r--r-- 1 root root   20 Apr  9  2016 phpinfo.php
root@lamp /var/www# cp index.php admin.php
root@lamp /var/www# ls -l
total 28
-rw-r--r-- 1 root root 2704 May 24 08:49 admin.php
drwxr-xr-x 2 root root 4096 Apr  9  2016 cgi-bin
drwxr-xr-x 2 root root 4096 Apr  9  2016 css
drwxr-xr-x 2 root root 4096 Apr  9  2016 images
-rw-r--r-- 1 root root 2704 Apr  9  2016 index.php
drwxr-xr-x 2 root root 4096 Apr  9  2016 js
-rw-r--r-- 1 root root   20 Apr  9  2016 phpinfo.php
root@lamp /var/www#
```

图 9.22　复制文件

观察图 9.22，比较复制前后 ls -l 的输出内容，复制后多了一个文件 admin.php。这个文件除了日期时间与 index.php 文件不同外（目标文件的日期时间是复制当时的日期时间），其余信息是相同的，文件的内容也是相同的。

9.2.3　Linux 操作系统的常用服务

作为 Linux 操作系统的管理员，需要了解 Linux 操作系统有哪些服务，以及服务的状态、启动和停止。

1．MySQL 服务

在 Linux 操作系统中，MySQL 服务的名称是 mysqld，其中最后一个字母 d 表示后台进程（daemon process，或称守护进程）。

（1）查看 MySQL 服务是否启动

有几种办法可以查看 MySQL 服务是否启动，第一种办法是使用下述命令。

```
ps -ef | grep mysqld
```

结果如图 9.23 所示，注意它的端口（port）号 3306 已经启用。

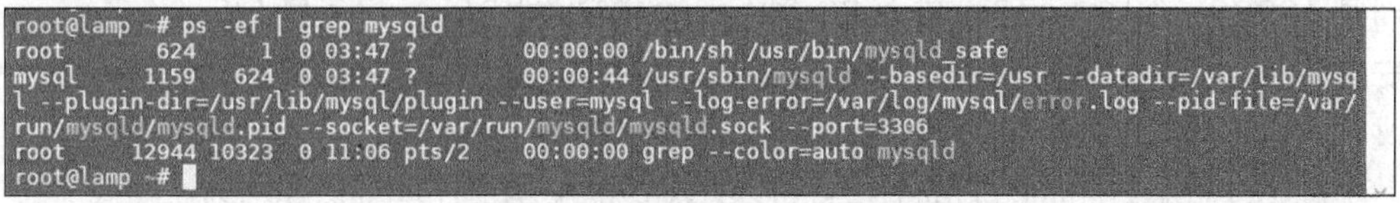

```
root@lamp ~# ps -ef | grep mysqld
root       624     1  0 03:47 ?        00:00:00 /bin/sh /usr/bin/mysqld_safe
mysql     1159   624  0 03:47 ?        00:00:44 /usr/sbin/mysqld --basedir=/usr --datadir=/var/lib/mysq
l --plugin-dir=/usr/lib/mysql/plugin --user=mysql --log-error=/var/log/mysql/error.log --pid-file=/var/
run/mysqld/mysqld.pid --socket=/var/run/mysqld/mysqld.sock --port=3306
root     12944 10323  0 11:06 pts/2    00:00:00 grep --color=auto mysqld
root@lamp ~#
```

图 9.23　查看 MySQL 进程

第二种办法是使用下述命令。

```
service mysql status
```

这时会显示 MySQL 的详细信息，结果图省略。

第三种办法是使用下述命令查看服务的端口号。

```
netstat -ntlp
```

结果如图 9.24 所示，图中 mysqld 的端口号是 3306（图 9.24 中第 5 行）。

```
root@lamp ~# netstat -ntlp
Active Internet connections (only servers)
Proto Recv-Q Send-Q Local Address          Foreign Address        State      PID/Program name
tcp       0      0 127.0.0.1:12319        0.0.0.0:*              LISTEN     603/shellinaboxd
tcp       0      0 0.0.0.0:12320          0.0.0.0:*              LISTEN     608/stunnel4
tcp       0      0 0.0.0.0:12321          0.0.0.0:*              LISTEN     608/stunnel4
tcp       0      0 127.0.0.1:3306         0.0.0.0:*              LISTEN     1159/mysqld
tcp       0      0 127.0.0.1:10000        0.0.0.0:*              LISTEN     1243/perl
tcp       0      0 0.0.0.0:22             0.0.0.0:*              LISTEN     485/sshd
tcp       0      0 127.0.0.1:25           0.0.0.0:*              LISTEN     1492/master
tcp6      0      0 :::12322               :::*                  LISTEN     929/apache2
tcp6      0      0 :::80                  :::*                  LISTEN     929/apache2
tcp6      0      0 :::22                  :::*                  LISTEN     485/sshd
tcp6      0      0 :::443                 :::*                  LISTEN     929/apache2
root@lamp ~#
```

图9.24　查看服务的端口号

（2）启动 MySQL 服务

用下述命令启动 MySQL 服务。

```
service mysql start
```

如果 MySQL 正在运行中，将会出现错误信息，不允许再次启动。

（3）重新启动 MySQL 服务

用下述命令重新启动 MySQL 服务。

```
service mysql restart
```

重新启动或停止后再次启动，MySQL 的 pid（进程 id）会改变，但端口号 3306 不会改变。

（4）停止 MySQL 服务

用下述命令停止 MySQL 服务。

```
service mysql stop
```

2. Apache 服务

Apache 服务的名称是 apach2。PHP 与 Apache 集成在一起，因此启动了 Apache，同时也就启动了 PHP。

（1）查看 Apache 服务是否启动

用下述两条命令中的任何一条都可以查看 Apache 服务是否启动。

```
ps -ef | grep apache2
service apache2 status
```

用命令 netstat -ntlp 可以查看所有服务的端口号，这是经常使用的一条命令。结果参见前述的图 9.24，图中除了列出 MySQL 的端口以外，还列出 3 个 apache2 的端口号，分别是 12322、80 和 443，其中 80 是 http 的默认端口号，443 是 https（后缀 s，表示安全的 http）的默认端口号。为安全起见，本书在 Linux 操作系统上使用的都是 https 协议。

在 Apache 服务启动的情况下，就可以在浏览器上用下述地址访问网站。

```
https://192.168.206.133
```

 上述地址使用的是 https 协议，是加密的 http 协议，实际访问的是 443 端口，从而提高了网站的安全性。

（2）启动 Apache 服务

启动 Apache 服务的命令如下。

```
service apache2 start
```

（3）重新启动 Apache 服务

重新启动 Apache 服务的命令如下。

```
service apache2 restart
```

重新启动或停止后再次启动，Apache 的 pid 会改变，但端口号 80 和 443 不会改变。

（4）停止 Apache 服务

停止 Apache 服务的命令如下。

```
service apache2 stop
```

任务 3　"在线商店"项目的部署和数据库的迁移

【任务描述】通过本任务的学习，读者将了解一个 Apache + MySQL + PHP 项目部署和迁移的过程，学会应用程序的部署，掌握数据库的迁移技术。

一个数据库项目中需要部署和迁移的部分包括下述两大部分。

- 应用程序：这是由某种语言开发的应用程序。常用的开发语言有 PHP 和 JSP 等，使用不同的开发语言，开发出的应用程序的组成有所不同。例如用 PHP 开发的应用程序主要由动态的 PHP 文件和静态的文件组成，静态的文件包括 HTML 文件、JavaScript 文件、CSS 文件和图片、视频文件等。

- 数据库：它包含数据结构、基础数据和少量测试数据，以及有关的视图、存储函数、存储过程和触发器等数据库对象（内含 SQL 代码）。

9.3.1　【实训 9-2】应用程序的部署

扫码观看微课视频

在线商店项目是由 PHP 语言开发完成的，应用程序的部署非常简单，就是把开发过程中编写的所有动态的 PHP 文件和静态的文件上传到服务器的 www 目录中。

1. 复制项目文件

操作过程如下，效果如图 9.25 所示（步骤编号与图 9.25 的相同）。

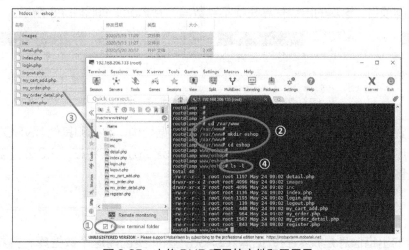

图 9.25　上传 PHP 项目的文件和子目录

① 勾选"Follow terminal folder"复选框，使"Sftp"选项卡的目录与终端的目录同步切换。

② 创建目录/var/www/eshop 并切换到这个目录，这时"Sftp"选项卡中的目录会自动同步切换，如果由于某种原因没有同步，则要手动切换。

③ 从 Windows 的资源管理器将项目文件（包括目录）拖到 Linux 的"Sftp"选项卡中（目录/var/www/eshop）。

④ 用命令 ls -l 确认文件上传（包括子目录）成功。

这时访问 https://192.168.206.133/eshop/index.php，其中，IP 地址要改为图 9.4 所示的虚拟机的 IP 地址，结果如图 9.26 所示，显示密码错误，这是因为 PHP 代码中设置的 MySQL 密码与 Linux 操作系统上的 MySQL 数据库的密码不一致。

图 9.26　访问网站（密码错误）

2．修改访问密码

密码修改通过修改文件 inc/connection.php 中的密码来完成。Linux 上 MySQL 数据库 root 用户的预置密码是 Jitor123，将原来的密码 sa 改为 Jitor123，如图 9.27 所示。

图 9.27　修改访问密码

再次访问项目，这次的出错信息是找不到数据库 eshop，如图 9.28 所示。

图 9.28　访问网站（未知的数据库 eshop）

这时需要创建数据库 eshop，并将 eshop 的数据结构、数据和其他 MySQL 对象（视图、存储程序）从 Winodws 操作系统中迁移过来，这部分内容将在"9.3.2 【实训 9-3】数据库的迁移"小节继续讲解。

9.3.2 【实训 9-3】数据库的迁移

上一步的出错信息是找不到数据库 eshop，因此要创建这个数据库，并将数据库从 Windows 操作系统迁移到 Linux 操作系统中。

1. 登录 MySQL 服务器（Linux 操作系统）

在远程终端输入下述命令，启动 Linux 版本的 MySQL 命令行客户端，登录到 MySQL 服务器上。

root@lamp ~# *mysql -u root -pJitor123*

其中，Jitor123 是根用户的密码，注意在-p 和密码之间不应该有空格。成功登录后，再输入 MySQL 命令 show databases;，如图 9.29 所示。

```
root@lamp ~#
root@lamp ~# mysql -u root -pJitor123
Welcome to the MySQL monitor.  Commands end with ; or \g.
Your MySQL connection id is 43
Server version: 5.5.47-0+deb8u1 (Debian)

Copyright (c) 2000, 2015, Oracle and/or its affiliates. All rights reserved.

Oracle is a registered trademark of Oracle Corporation and/or its
affiliates. Other names may be trademarks of their respective
owners.

Type 'help;' or '\h' for help. Type '\c' to clear the current input statement.

mysql> show databases;
+--------------------+
| Database           |
+--------------------+
| information_schema |
| mysql              |
| performance_schema |
+--------------------+
3 rows in set (0.00 sec)

mysql>
```

图 9.29　远程登录 MySQL 服务器

这个界面与 Windows 操作系统中 MySQL 命令行客户端的界面几乎是完全相同的，MySQL 可以在多种操作系统中运行，它们的界面和命令是完全相同的。

2. 创建数据库（Linux 操作系统）

在远程终端的 MySQL 命令行客户端中，用下述语句创建数据库 eshop。

mysql> Create database *eshop* character set utf8;

在Linux操作系统下，数据库名以及表名的大小写是有区别的。例如数据库名写成Eshop将会导致后续步骤找不到数据库eshop，因为这是两个不同的名字。

3. 生成数据库备份（Windows 操作系统）

将数据库从 Windows 操作系统迁移到 Linux 操作系统中的过程就是从 Windows 操作系统上备份数据库，将备份文件复制到 Linux 操作系统，然后从备份文件恢复数据库的过程。

在 Windows 操作系统的"命令提示符"窗口中，使用下述命令备份数据库，如图 9.30 所示。

D:\eshop> *mysqldump* -R -u root -psa *eshop* > eshop_backup.sql

MySQL 提供的 mysqldump 命令用于备份数据库，它需要指定账号、密码（命令中的密码是 sa，-p 和密码之间不能有空格）和要备份的数据库名称，最后通过文件重定向元字符>（大于号）将备份的结果重定向到文件 eshop_backup.sql 中，mysqldump 命令将在项目 11 详细讲解。

其中的参数-R（大写的 R）表示将存储例程（stored routine，即存储函数和存储过程）也备份到备份文件中。

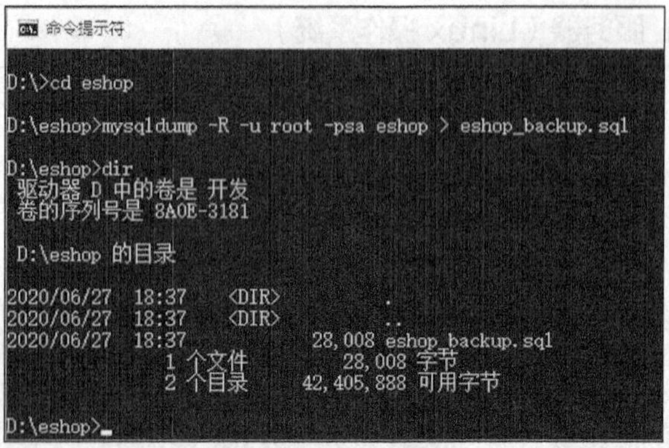

图 9.30　备份数据库

数据库备份文件里包括表（数据结构和数据）、视图、触发器、存储函数和存储过程等数据库对象，从这个备份文件可以恢复一个完全相同的数据库。

4．将备份文件复制到 Linux 操作系统

要将备份文件从 Windows 操作系统复制到 Linux 操作系统，最简单的方式就是用 MobaXterm 的文件上传功能，同"9.3.1【实训 9-2】应用程序的部署"小节的第 1 部分"复制项目文件"中讲解的上传 PHP 文件一样。

5．从数据库备份中恢复数据库（Linux 操作系统）

从备份文件把数据库恢复到前面第 2 步在 Linux 操作系统上创建的数据库 eshop 中。

在远程终端上执行下述命令（假设上传的备份文件位于/root/）。

```
root@lamp  ~ # mysql -u root -pJitor123 eshop < /root/eshop_backup.sql
```

从备份中恢复数据库，使用的是 mysql 命令而不是 mysqldump 命令，同样要提供账号、密码和数据库名称，通过文件重定向元字符<（小于号）从文件/root/eshop_backup.sql 中取得备份的内容，作为 mysql 命令的输入，该文件是从 Windows 操作系统上传到 Linux 操作系统的/root 目录的数据库备份文件。

另一个办法是在 Linux 操作系统的 MySQL 命令行客户端中使用下述命令，也可以达到同样的效果。

```
mysql> use eshop;
mysql> source /root/eshop_backup.sql
```

6．运行网站

这时访问 https://192.168.206.133/eshop/index.php 就可以访问在线商店网站，证明在线商店的迁移和部署是成功的。注意要使用正确的虚拟机 IP 地址。

任务 4　"在线商店"项目的远程维护

【任务描述】通过本任务的学习，读者将了解在Linux操作系统中远程维护的目的和常见操作。

9.4.1　Linux 操作系统的远程维护

在云计算时代，服务器都是远程的，需要通过网络进行远程维护。通常云服务供应商都

会提供一些基本的远程维护工具。例如本书采用的 TurnKey LAMP 镜像包含了 3 组运维工具，如图 9.31 所示，地址是 https://192.168.206.133 或 https://192.168.206.133/admin.php（IP 地址应改为图 9.4 所示的虚拟机的 IP 地址）。

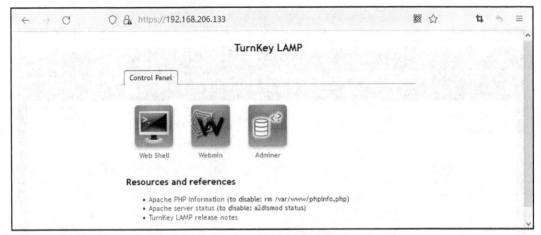

图 9.31　TurnKey LAMP 镜像提供的运维工具

这 3 组工具有不同的用途。

- Web Shell：基于 Web 的远程登录工具，可以通过浏览器完成远程终端的功能。
- Webmin：基于 Web 的 Linux 运维工具，对 Linux 操作系统进行监控、管理和维护，其界面和系统管理工具如图 9.32 所示。
- Adminer：基于 Web 的 MySQL 管理工具，相当于一个 dbForge Studio 的网页版。

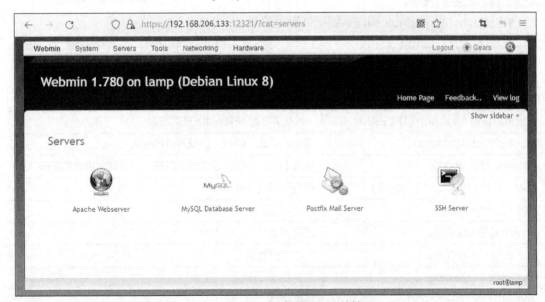

图 9.32　Webmin 工具的界面和系统管理工具

图 9.32 所示的运维工具菜单有 6 项（顶部菜单栏），以下是简要说明。

- Webmin：对 Webmin 运维工具本身的配置和管理。

- System：Linux 操作系统管理工具，如前述图 9.32 的主窗体所示。
- Servers：服务器管理工具，管理已安装的服务，如 MySQL 和 Apache 服务，如图 9.33 所示。

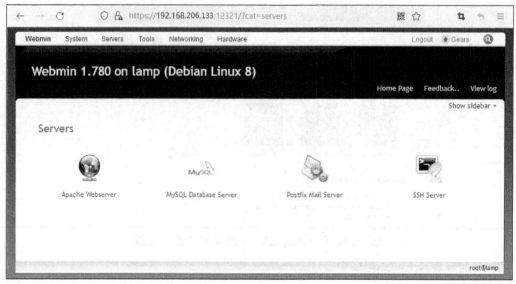

图 9.33　服务器管理工具

- Tools：Linux 操作系统常用工具，包括文件管理，文件上传下载等。
- Networking：Linux 操作系统防火墙、网络配置管理工具。在项目 11 中需要使用这个工具来配置防火墙。
- Hardware：Linux 操作系统硬件管理工具。

表 9.3 所示为 Linux 操作系统管理工具（见图 9.32）的简单说明，本书不做进一步讲解。

表 9.3　Linux 操作系统管理工具的简单说明

工具名称	说明
Backup and Migration (TKLBAM)	一个专用的系统备份和迁移工具
Bootup and Shutdown	服务的启动、停止，以及开机和关机
Change Passwords	修改 Linux 操作系统的登录密码，以及其他服务的密码
Disk and Network Filesystems	磁盘和网络文件系统
PHP Configuration	PHP 配置
Running Processes	进程信息
Scheduled Cron Jobs	定时作业管理
Software Packages	软件包
System Documentation	系统文档
System Logs	系统日志
System Time	系统时间
Users and Groups	用户和组

前面讲解的远程维护工具是TurnKey LAMP镜像提供的工具，不同的云服务供应商提供的服务都是大同小异的。

9.4.2 MySQL 的远程维护

MySQL 服务器的远程维护包括安全维护、数据库的备份与恢复等，将分别在项目 10 和项目 11 讲解。

习题

1. 思考题

① 简述 Linux 与 Windows 操作系统的不同。

② Linux 操作系统的常用命令有哪些？

③ 如何将一个 PHP 应用程序从 Windows 操作系统迁移到 Linux 操作系统？

④ 远程维护的任务有哪些？

2. 实训题

① 个人藏书数据库应用的迁移，见 Jitor【实训 9-4】。

② 项目 9 选择题和填空题，见 Jitor【实训 9-5（习题）】。

项目 10
"在线商店" 项目的安全管理

扫码观看项目 10 思维导图

本书的【基础篇】讲解了数据定义语言（DDL）、数据操纵语言（DML）和数据查询语言（DQL），本书的最后两个项目（项目 10 和项目 11）讲解数据控制语言（DCL）。项目 10 讲解其中的安全管理部分，主要内容是用户账号、权限和授权。

项目 10 的实训有 Linux 和 Windows 操作系统两种版本，读者可以选择其中一种完成。

▶ 知识目标

①　了解 MySQL 数据库的安全要求和措施。

②　理解 MySQL 数据库的用户账号。

③　理解 MySQL 数据库的权限。

④　理解 MySQL 数据库的授权过程。

▶ 技能目标

①　学会用户账号的创建和管理。

②　学会在不同级别上（全局级别、数据库级别和其他级别）对用户进行授权。

③　初步学会针对具体的项目采取合适的安全措施。

任务 1　理解数据库安全

【任务描述】数据库安全是数据库管理中十分重要的一项内容。通过本任务的学习，读者将理解数据库安全的内涵，理解权限的分类和授权过程。

扫码观看微课视频

数据库安全是指允许合法用户的合法访问，拒绝非法用户的访问和合法用户的非法访问，从而保护数据不被泄露、不被篡改、不被破坏。简单地说，就是允许哪个用户对什么数据进行什么操作。

MySQL 数据库安全涉及下述 4 个方面。

- 哪个用户：MySQL 提供了用户账号，只允许合法的用户登录。
- 从什么途径：MySQL 对用户的访问途径做出限制，例如是否允许用户远程登录。
- 对什么资源：指定可以访问的资源，资源是指数据库、表、列、存储函数或存储过程。例如可以访问哪一个数据库、哪张表，哪一列、哪个存储函数或存储过程。
- 做什么操作：指定具体的操作，例如查询数据，还是更新、插入或删除数据，对存储函数和存储过程，则指定是否有权限运行。

10.1.1 权限分类

针对不同的数据库对象，权限也有不同，例如针对表是否有权查询、插入数据、更新数据和删除数据。表 10.1 所示是 3 大类（表、列和存储例程）权限设置。

表 10.1 表、列和存储例程的权限设置

数据库对象	权限设置
表	'Select', 'Insert', 'Update', 'Delete', 'Create', 'Drop', 'Grant', 'References', 'Index', 'Alter'
列	'Select', 'Insert', 'Update', 'References'
存储例程	'Execute', 'Alter Routine', 'Grant'

MySQL 在 mysql 数据库中记录安全管理信息。假设有一条授权是允许用户 abc 访问 eshop 数据库的 shop_goods 表，在针对表的 10 项权限（表 10.1 的第一行）中只授予 Select 和 Delete 两项权限，这时在 mysql 数据库的 user 表中添加一行用户信息，保存用户 abc 的登录账号和密码等信息，图 10.1 所示的第二行为用户 abc 及其加密后的密码。在 mysql 数据库的 tables_priv 表中添加一行授权信息，保存用户 abc 对 eshop 数据库的 shop_goods 表的权限，如图 10.2 所示，图中 table_priv 表"Table_priv"列的值"Select,Delete"就是相应的权限。

Host CHAR(60)	User CHAR(16)	Password CHAR(41)	Select_priv ENUM	Insert_priv ENUM	Update_priv ENUM	Delete_priv ENUM	Create_priv ENUM	Drop_priv ENUM	Reload_priv ENUM	Shutdown_priv ENUM	Proce ENUM
localhost ▼	root	*4D0DD2673C1DE57138354E81A957460B774C4BC2	Y	Y	Y	Y	Y	Y	Y	Y	Y
%	abc	*23AE809DDACAF96AF0FD78ED04B6A265E05AA257	N	N	N	N	N	N	N	N	N

图 10.1 mysql 数据库的 user 表的用户信息

Host CHAR(60)	Db CHAR(64)	User CHAR(16)	Table_name CHAR(64)	Grantor CHAR(77)	Timestamp TIMESTAMP	Table_priv SET	Column_priv SET
% ▼	eshop	abc	shop_goods	root@localhost	2020/6/22 13:55:26	Select,Delete	

图 10.2 mysql 数据库的 tables_priv 表"Tables_priv"列的权限信息

10.1.2 授权过程

权限管理的原则是"拥有授权即可为，没有授权不可为"。就是说，任何一项权限都必须有明确的授权，否则就是没有权限。

授权的过程包括两个阶段：身份验证和权限核实。

1. 身份验证

身份验证就是用户登录的验证过程，用户从 MySQL 客户端（Windows 或 Linux 操作系统）、dbForge Studio 或其他用户界面（包括 PHP 连接）提交账号和密码信息，登录到 MySQL 服务器。

通常情况下，为安全起见，只允许从本机（localhost）登录，而不允许从远程登录。在项目 9 中登录到 MySQL 服务器，其实质只是本地登录，因为那是通过远程终端远程登录到

Linux 虚拟机后，再进行的本地登录，连接到 MySQL 服务器上。

因此，通过远程终端进行的 MySQL 本地登录是一种最安全的方法，这也是 MySQL 远程维护常常采用 Linux 远程终端进行的原因。

2. 权限核实

MySQL 是一个多用户的数据库管理系统，允许不同的用户登录，不同的用户具有不同的权限。根用户（root）是系统管理员账号，拥有最高权限，其他用户具有较低权限。

因此，当一个用户登录后，就需要在 mysql 数据库中与安全有关的表中查找，核实所获得的权限，这个过程分为 3 个层次。

- 全局层次：在用户表（user）中查询权限，如果获得权限，即认可这个授权，如果没有获得权限，则要进行数据库层次的授权。
- 数据库层次：在数据库表（db）中查询针对该数据库的权限，如果获得权限，即认可这个授权，如果没有获得权限，则要进行表、列和存储例程层次的授权。
- 表、列和存储例程层次：在 tables_priv、columns_priv、procs_priv 表中查询针对指定数据库的表、列、存储例程（存储函数、存储过程）的权限，如果获得权限，即拥有这个授权。

如果在上述 3 个层次都没有获得权限，则拒绝授权。

任务 2　用户管理

【**任务描述**】通过本任务的学习，读者应该学会用户账号的创建和管理，理解MySQL本地登录和MySQL远程登录的区别，了解MySQL 5.7在安全方面的升级措施。

"任务 1 理解数据库安全"一节讲解了 MySQL 安全管理的概况，在实际操作中，读者直接通过对 user 表和 tables_priv 表进行增、删、改操作来设置权限是十分不方便的，因此，MySQL 提供了一组 SQL 语句来实现安全管理。

　　　　Linux操作系统和MySQL各有一个root账号，这是完全不同的两个账号，只是用了相同的名字而已。因此提到root账号时，读者需要根据上下文来判断。

10.2.1　用户管理概述

关于登录，有下面三种登录：Linux 远程登录、MySQL 远程登录和 MySQL 本地登录。它们的组合就形成了 3 种登录 MySQL 的途径，如表 10.2 所示。

表 10.2　三种登录 MySQL 的途径

登录 MySQL 的途径	特点
MySQL 本地登录	这是从本地计算机登录到本地计算机上的 MySQL 服务器，从项目 1 至项目 8 都是采用这种途径，如图 10.3 所示。
远程终端 + MySQL 本地登录	这是从本地计算机登录到远程计算机（远程终端），然后在远程计算机上登录 MySQL 服务器（这仍然是 MySQL 本地登录），项目 9 采用这种途径，如图 10.4 所示。

续表

登录 MySQL 的途径	特点
MySQL 远程登录	这是从本地计算机直接登录到远程计算机上的 MySQL 服务器,而不经过远程计算机上的操作系统,跳过了远程终端的环节,如图 10.5 所示。

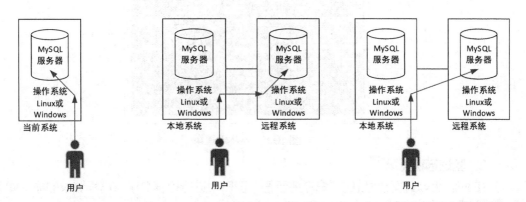

图10.3　MySQL 本地登录　图10.4　远程终端+ MySQL 本地登录　图10.5　MySQL 远程登录

　　MySQL 提供了两条 SQL 语句来创建用户账号:一条是 Create user,另一条是 Grant。先讲解第一条语句的使用。用 Create user 语句创建用户账号的语法格式如下。

```
Create user 账号名@主机 identified by '密码';
```

　　下面分 Linux 和 Windows 操作系统两种版本进行讲解。

10.2.2 【实训 10-1】用 Create user 语句创建用户账号(Linux)

　　读者即使不使用 Linux 操作系统,还是要阅读这部分内容,从而理解 MySQL 远程登录和 MySQL 本地登录的区别。然后才能进入下一部分,学习 Windows 操作系统的内容。

1. 创建账号

　　在远程终端上用 root 账号登录 MySQL,执行下述两条语句,分别创建两个账号。

　　(1)只能本地登录的账号

　　下述命令创建一个用户 huang,密码是 huang123,只能从本地登录。

```
Create user 'huang'@'localhost' identified by 'huang123';
```

　　(2)可以从任意主机登录的账号

　　下述命令创建一个用户 huangng,密码是 huangng123,可以从任意主机登录。

```
Create user 'huangng'@'%' identified by 'huangng123';
```

> Tips　用户名和主机名加上单引号的原因是避免其与 MySQL 的关键字冲突,在没有冲突的情况下,可以不加单引号。密码是一个字符串,一定要加引号。

2. 验证本地登录

　　退出 MySQL,在远程终端上发出如下命令,分别以这两个新建的账号登录。

```
mysql –u huangng –phuangng123
mysql –u huang –phuang123
```

可以发现，从本地登录，两个账号都能登录成功，如图 10.6 所示。

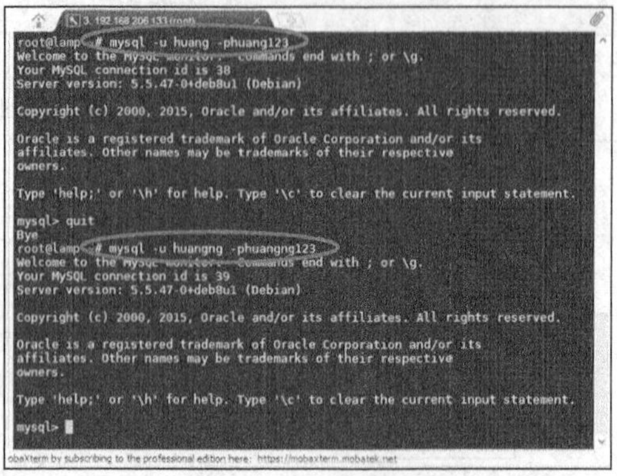

图 10.6 从本地登录

3. 验证远程登录

在 Windows 操作系统的"命令提示符"窗口中进行远程登录，远程登录的命令如下。

```
mysql -h 192.168.206.133 -u huang -phuang123
mysql -h 192.168.206.133 -u huangng -phuangng123
```

其中增加了一个选项-h，用于指定远程主机的地址，IP 地址要改为虚拟机的 IP 地址，如项目 9 的图 9.4 所示。

验证远程登录的结果如图 10.7 所示，可以看到用户 huang 不能远程登录，而 huangng 可以远程登录。

图 10.7 从远程登录

要想从 Windows 操作系统通过 MySQL 客户端远程登录到 Linux 操作系统上的 MySQL 服务器，得到图 10.7 所示的结果，还需要做两件事。

 在完成下述两步设置之前，是无法远程登录的。原因是默认状态下，Linux操作系统上的MySQL服务器不允许远程登录，并且Linux操作系统也没有开放3306端口。

4. 设置 MySQL 服务器允许远程登录

修改配置文件/etc/mysql/my.cnf，将下述一行配置前加上#，把它注释掉，如图 10.8 所示。

```
# bind-address        = 127.0.0.1   # 只能本地登录（从 127.0.0.1 登录）
```

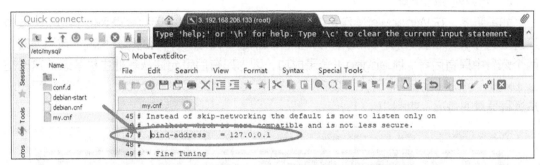

图 10.8 设置 MySQL 服务器允许远程登录

5. 设置 Linux 服务器的防火墙允许 3306 端口通过

需要在 Linux 操作系统上进行配置，本书使用的工具是 Webmin，参见项目 9 的图 9.32。打开 https://192.168.206.133/admin 网页（注意 IP 地址），从菜单中选择 Networking--> Linux Firewall，如图 10.9 所示，单击右下角的"Add Rule"按钮，添加一条规则。

在打开的页面中填写这条规则，内容如图 10.10 所示（图中编号与步骤号相同）。

① 规则的动作是接受（Accept）。

② 网络协议等于 TCP。

③ 目标 TCP 端口为 3306。

其余部分保持不变，配置完成后，单击网页底部的"Create"按钮（图中未显示，需要向下拉），创建这一条防火墙规则。

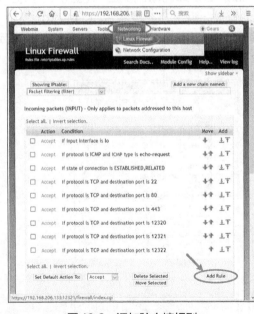

图 10.9 添加防火墙规则　　　　图 10.10 防火墙规则的参数

这两项配置完成后，需要重新启动 Linux 操作系统后才能生效，重启后就能够从远程登录 MySQL 服务器。

6．远程登录的结果

如前所述，在 Windows 操作系统的"命令提示符"窗口中远程登录到位于 Linux 操作系统上的 MySQL 服务器，测试两个账号（huang 和 huangng）的登录情况。可以发现，两个账号中只有后者（huangng）登录成功，因为只有后者允许从其他主机登录。这时在 Linux 操作系统上检查 MySQL 的数据库连接（Database Connection），可以看到客户端从远程登录的情况，如图 10.11 所示。

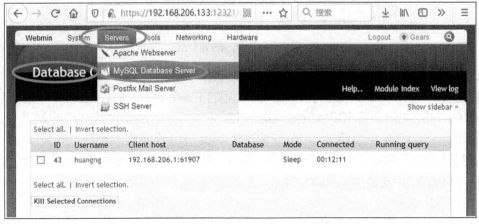

图 10.11　客户端的远程连接信息

也可以从 dbForge Studio 连接到远程服务器上，连接时需要指定远程服务器的 IP 地址，如图 10.12 所示。登录成功后，dbForge Studio 的数据库对象浏览区中显示两个数据库连接，其中第一个连接是名为"MySQL"的本地登录，第二个连接是名为"information_schema"的远程登录（同时显示远程 IP 地址）。账号 huangng 默认只拥有对数据库 information_schema 的查询权限，只能访问这个数据库，无法访问其他数据库。

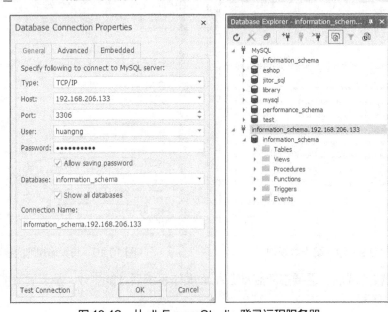

图 10.12　从 dbForge Studio 登录远程服务器

10.2.3 【实训10-2】用 Create user 语句创建用户账号（Windows）

在 Windows 操作系统"命令提示符"窗口中用 root 账号登录 MySQL，执行下述两条语句，分别创建两个账号。

```
Create user 'huang'@'localhost' identified by 'huang123';
```

上述命令创建一个用户 huang，密码是 huang123，只能从本机登录。

```
Create user 'huangng'@'%' identified by 'huangng123';
```

上述命令创建一个用户 huangng，密码是 huangng123，可以从任意主机登录。

1. 验证本地登录

退出 MySQL，在 Windows 操作系统"命令提示符"窗口中发出如下命令，分别以这两个新建的账号登录。

```
mysql -u huangng -phuangng123
mysql -u huang -phuang123
```

可以发现，从本地登录，两个账号都能登录成功，如图 10.6 所示。

2. 验证远程登录

可以从另外一台安装了 MySQL 的计算机来登录，只要网络连通，并且防火墙允许端口 3306 通过，就可以验证远程登录。例如，从机房中的任何一台计算机来登录。

下面在远程终端（Linux）上分别使用下述命令来登录 Windows 上的 MySQL。

```
mysql -h 192.168.0.101 -u huangng -phuangng123
mysql -h 192.168.0.101 -u huang -phuang123
```

其中的 IP 地址是 Windows 的 IP 地址，也就是如图 9.11 终端上所示的 IP 地址。

可以发现，从远程登录，只有账号 huangng 能够登录成功。

10.2.4 【实训10-3】用 Grant 语句创建用户账号

在MySQL 5.7版及以后的版本中，Grant语句只能用于授权，而不能用于创建用户账号，否则提示错误"ERROR 1410 (42000): You are not allowed to create a user with GRANT"。

Grant 语句的主要功能是授予权限，在 MySQL 5.6 及之前的版本上，它也能够同时创建用户账号，语法格式如下。

```
Grant 权限 on 数据库名.表名 to 用户@主机 identified by '密码';
```

例如创建一个名为"zhangsan"的本地账号，并授予查询所有数据库的所有表的权限。

```
Grant select on *.* to 'zhangsan'@'localhost' identified by 'zhangsan123';
```

Grant 语句的例子中，select 表示查询权限（如果要表示所有权限，则用"all privileges"替换"select"），*.*表示所有数据库的所有表，就是说，该账号拥有对所有数据库的所有表的查询权限。用这个账号登录后，发现这个账号可以查询所有数据库，如图 10.13 所示，也可以查询所有表，但是没有增、删、改的权限，如图 10.14 的第 2 行数据所示。

从用户表（user）中所有账号（包括先后创建的 3 个账号，共 4 个账号，见图 10.14）的信息来看，root 拥有全部权限，zhangsan 拥有查询权限，而 huang 和 huangng 没有任何权限，但因为 information_schema 数据库是所有用户都必须访问的，所以所有用户对该数据库实际上拥有查询权限。

图 10.13　新账号拥有对所有数据库的查询权限

Host CHAR(60)	User CHAR(16)	Password CHAR(41)	Select_priv ENUM	Insert_priv ENUM	Update_priv ENUM	Delete_priv ENUM	Create_priv ENUM	Drop_priv ENUM	R E
localhost ▾	root	*4D0DD2673C1DE57138354E81A957460B774C4BC2	Y	Y	Y	Y	Y	Y	
localhost	zhangsan	*7E72D61D7B957897AA8ECED9A9397B649BE3B546	Y	N	N	N	N	N	
%	huangng	*11C8E38A841DFE98D1ED19F0DDB360B5545C607F	N	N	N	N	N	N	
localhost	huang	*82C7682EB2ABCBC707A0F026CE34869766D5BC88	N	N	N	N	N	N	

图 10.14　用户表（user）中的账号信息

10.2.5 【实训 10-4】管理用户账号

1. 列出用户账号

列出所有用户账号需要访问 mysql 数据库的 user 表，语句如下。

Select user, host, password from mysql.user;

其中，表名 user 前加上数据库名称 mysql（用小数点.分隔），用于指定表所属的数据库，从而避免用一条单独的 MySQL 命令"use 数据库名;"来切换数据库。

2. 删除用户账号

删除用户账号的语法格式如下。

Drop user　用户@主机;

例如删除刚才创建的用户 zhangsan，代码如下。

Drop user zhangsan@localhost;

　　　　　创建用户、删除用户等与安全有关的操作都需要较高的权限，通常要以根用户身份登录后才能进行操作。

3. 修改用户密码

修改用户密码的语法格式如下。

Set password [for　用户@主机] = password('密码');

例如修改前述用户 huang 的密码为 huang456，代码如下。

Set password for huang@localhost = password('huang456');

其中等号=之后的 password()是一个密码加密函数，它将密码加密后保存到数据库中。

如果省略了"for　用户@主机"部分，则是修改当前用户自己的密码。只有具有一定权限的用户才能修改其他用户的密码。

 在MySQL 5.7版及以后的版本中，修改用户密码改为使用Alter user语句来实现，见"10.2.6 MySQL 5.7的安全性"小节。

10.2.6 MySQL 5.7 的安全性

自 5.7 版起，MySQL 对安全性进行了加强，取消了一些不够安全的功能，同时新增了一些功能。

1. 过时的功能

自 5.7 版起，在安全方面，MySQL 取消的部分功能如下。

- 取消了用 Grant 语句创建用户账号的功能，Grant 语句仅用于授权，从而避免了误操作。
- 取消了用 Grant 语句修改用户账号的其他属性的功能，从而避免了误操作。
- 由于密码加密函数 password()的过时，导致 Set password 语句不能使用 password()函数来修改密码。

2. 新增的功能

自 5.7 版起，在安全方面，MySQL 新增的部分功能如下。

- 改用 Alter user 语句修改用户密码。
- 新增设置密码过期策略。
- 可以用 Alter user 语句锁定用户或解锁用户。
- 新增安装过程的安全措施（本书不讲解）。

 对于MySQL 5.7及以上，不同的安装文件有不同的默认安全策略，压缩版本的默认安全策略要高于Windows的安装版本。

下面讲解前 3 项功能。

（1）修改账号密码

修改当前用户的密码的语句如下。

```
Alter user user() identified by 'sa';
```

其中，user()表示当前用户，单引号引起来的部分是新密码，如果提示密码太短，则可以用 sasa 作为新密码。

修改其他用户的密码的语句如下，这时当前用户需要拥有修改密码的权限。

```
Alter user 'testuser'@'localhost' identified by 'sa';
```

（2）设置密码过期策略

密码过期策略的意思是一个密码达到使用期限后将会过期，然后需要重新设置密码，才能继续使用。密码过期策略可以有多种设置方式。

可以在 MySQL 的配置文件中设置一个默认值，这时所有 MySQL 用户的密码有效期是相同的。例如密码有效期设置为 90 天，即 90 天后密码需要重新设置，配置如下。

```
[mysqld]
default_password_lifetime=90
```

配置文件的设置办法见项目 11 "11.1.1 MySQL 服务器管理"小节中第 3 部分"配置文件"。

如果设置有效期为 0，则表示密码永不过期，配置如下。

```
[mysqld]
default_password_lifetime=0
```

另外，也可以使用 Alter user 语句为指定的用户账户单独设置特定的值，它会覆盖密码过期的全局策略。例如指定'testuser'@'localhost'的密码 30 天过期，而不是全局的 90 天。

```
Alter user 'testuser'@'localhost' password expire interval 30 day;
```

或者指定用户账号的密码永不过期，代码如下。

```
Alter user 'testuser'@'localhost' password expire never;
```

或者指定用户账号使用默认的密码过期全局策略，代码如下。

```
Alter user 'testuser'@'localhost' password expire default;
```

当密码过期后，用户登录时的提示信息如下。

```
ERROR 1820 (HY000): You must reset your password using ALTER USER statement before executing this statement.
```

这时必须使用 Alter user 语句修改密码后，才能在 MySQL 中继续操作。

（3）锁定用户

锁定用户是指不允许指定的用户账号登录，直到解锁该用户。

锁定指定用户的语句如下。

```
Alter user 'testuser'@'localhost' account lock;
```

被锁定的用户登录时，会得到下述出错信息。

```
Access denied for user 'testuser'@'localhost'.
Account is locked.
```

解锁指定用户的语句如下。

```
Alter user 'testuser'@'localhost' account unlock;
```

任务 3 权限管理

【**任务描述**】通过本任务的学习，读者应该理解权限的3个层次：全局层次、数据层次和表、列和存储例程层次，学会授予权限和撤回权限等权限管理操作。

10.3.1 权限管理概述

MySQL 设置了多种权限，一些主要的权限如表 10.3 所示。

表 10.3 MySQL 的主要权限

权限名称	授权范围	权限说明
Create	数据库、表或索引	创建数据结构
Drop	数据库或表	丢弃数据结构
Grant option	数据库、表或存储例程	授予权限
References	数据库或表	参照
Alter	表	修改数据结构
Delete	表	删除数据
Index	表	索引

续表

权限名称	授权范围	说明
Insert	表	插入数据
Select	表	查询
Update	表	更新数据
Create view	视图	创建视图
Show view	视图	查看视图
Alter routine	存储例程	修改存储例程（存储函数和存储过程）
Create routine	存储例程	创建存储例程（存储函数和存储过程）
Execute	存储例程	执行存储函数和存储过程
File	服务器主机上的文件访问	访问文件
Lock tables	服务器管理	锁定表
Create user	服务器管理	创建用户
Show databases	服务器管理	查看数据库

10.3.2 【实训 10-5】权限管理

1. 授予权限

授予权限的语法格式如下。

Grant 权限列表 on 数据库名.表名 to 用户@主机 identified by '密码';

其中，权限列表是表 10.3 中权限名称的列表，用逗号分隔，数据库名如果是星号表示所有数据库，表名如果是星号表示所有表。

MySQL 5.7及之后的版本，Grant语句不再支持identified by子句。

例如授予用户 huangng 访问 eshop 数据库的 shop_staff 表查询、删除权限，代码如下。

Grant select, delete on eshop.shop_staff to huangng@'%';

如果要授予所有权限，可以用 all privileges 表示所有的权限。

2. 权限的层次

根据授予权限时"on 数据库名.表名"的写法，权限可以分为表 10.4 所示的 3 个层次，这些权限保存在 mysql 数据库的 user 表、db 表、tables_priv 表中。

表 10.4　权限的 3 个层次

层次	授权语法	说明	保存权限的表
全局层次	on *.*	适用于所有的数据库	mysql.user
数据库层次	on 数据库名.*	适用于指定的整个数据库	mysql.db
表、列和例程层次	on 数据库名.表名	适用于指定的表	mysql.tables_priv
	...(列名) on 数据库名.表名	适用于指定表的指定列	mysql.columns_pri
	on 数据库名.例程名	适用于指定的例程	mysql.procs_priv

核实权限时，将根据表 10.4 所示的 3 个层次从上向下进行核实，一旦获得权限，表明获得相应的授权，如果在 3 个层次都没有获得权限，则拒绝授权。

3. 查看权限

例如查看用户 huang 所拥有的权限，代码如下。

```
Show grants for huangng@'%';
```

执行结果如图 10.15 所示（在 dbForge Studio 上运行的结果）。

```
Grants for huangng@%
VARCHAR(1024)
GRANT USAGE ON *.* TO 'huangng'@'%' IDENTIFIED BY PASSWORD '*D54C8CF5290EDFF3AE9923A0C1F5EA80097221B3'
GRANT SELECT, DELETE ON `eshop`.`shop_staff` TO 'huangng'@'%'
```

图 10.15　查看用户权限的结果

4. 撤回权限

撤回权限时可以撤回部分权限。例如撤回用户 huangng 对 eshop 数据库的 shop_staff 表删除权限，代码如下。

```
Revoke delete on eshop.shop_staff from huangng@'%';
```

这时查看用户 huangng 的权限，就只剩下 Select 权限，如图 10.16 所示。

```
Grants for huangng@%
VARCHAR(1024)
GRANT USAGE ON *.* TO 'huangng'@'%' IDENTIFIED BY PASSWORD '*D54C8CF5290EDFF3AE9923A0C1F5EA80097221B3'
GRANT SELECT ON `eshop`.`shop_staff` TO 'huangng'@'%'
```

图 10.16　撤回部分权限后用户 huangng 的权限

也可以撤回全部权限。例如撤回用户 huangng 的所有权限，代码如下。

```
Revoke all privileges, grant option from huangng@'%';
```

这时查看用户 huangng 的权限，已没有任何权限，仅保留登录账号，如图 10.17 所示。

```
Grants for huangng@%
VARCHAR(1024)
GRANT USAGE ON *.* TO 'huangng'@'%' IDENTIFIED BY PASSWORD '*11C8E38A841DFE98D1ED19F0DDB360B5545C607F'
```

图 10.17　撤回全部权限后用户 huangng 的权限

任务 4　"在线商店"项目的安全

【任务描述】通过本任务的学习，读者将理解应用项目安全的3个层次：操作系统的安全、MySQL服务器的安全、应用软件的安全，学会为应用软件创建用户并授予必要的权限，建立一个较为安全的数据库系统。

10.4.1　操作系统的安全

在本项目中，在线商店是一个部署在云上的应用，其安全与操作系统的安全密切相关。Linux 是一个较为安全的操作系统，由于其安全性和易用性，Linux 操作系统占据了网站服务器操作系统约 70% 左右的市场份额。

下面对 Linux 操作系统的安全管理做一个简单的介绍。

1. 账号管理

Linux 操作系统是一个多用户、多任务的分时操作系统，每个用户账号都拥有一个唯一的用户名和密码，其中根用户（root）是权限最高的用户，修改密码的命令是 passwd，如图 10.18 所示。

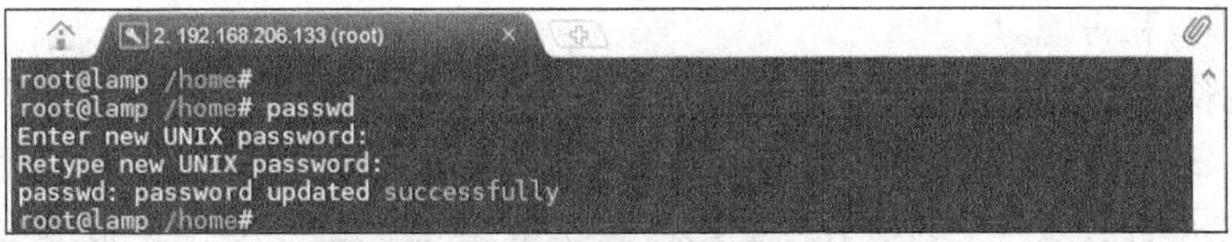

图 10.18　修改根用户（root）的密码

账号密码管理中与安全有关的注意事项有设定密码策略、设定用户密码强度、禁止根用户远程登录（这时需要创建一个专门用于远程登录的账号）等。

2. 防火墙管理

防火墙是在网络层面上实现的安全预防措施，Linux 操作系统上的防火墙将外部网络与 Linux 系统隔离，防止受到外部攻击。

防火墙设计的一个原则是仅提供最少的服务。因此，像 MySQL 的 3306 端口通常是不对外开放的，这样就可以防止通过 MySQL 客户端远程登录 MySQL 服务器。这也就是在项目 10 的"任务 2　用户管理"中，要在防火墙上允许 3306 端口通过防火墙，才能演示 MySQL 远程登录的原因。

正确的做法是，所有对 MySQL 服务器的维护工作都通过远程终端来完成，从而避免开放 3306 等端口。也就是说，先通过远程终端登录到 Linux 服务器，然后再在远程终端上通过本地登录来访问 MySQL 服务器。

10.4.2　MySQL 服务器的安全

前面讨论过 MySQL 安全，在此基础上，还有一些与 MySQL 服务器安全有关的注意事项。

- 禁用 MySQL 远程登录：如前所述，所有维护工作都应该通过远程登录 Linux 服务器，然后在远程终端上采用本地登录访问 MySQL 服务器的方式完成。
- 删除无关账号：无关的账号有匿名账号、密码为空的账号以及长期不用的账号等，这些账号可能留下安全漏洞。
- 丢弃测试（test）数据库：在实际的生产环境下，测试数据库是没有用处的，还有可能造成漏洞，这也是本书提供的 LAMP 虚拟机上没有测试数据库的原因。
- 设置安全密码：要保证密码的强度，密码长度为 8 字符以上，由大小写字母、数字和特殊符号组合而成。
- 更改根用户（root）的用户名：改名后只能用新的名字登录，从而提高根用户的安全性，注意 MySQL 服务器的 root 账号与 Linux 操作系统的 root 账号是完全不同的两个账号。
- 只授予账号必须的权限：这个要求的安全性是显而易见的。
- 除根用户 root 外，任何用户不应有 mysql 库的 user 表的访问权限：user 表保存了用户账号信息，它的泄露本身就是一个巨大的安全隐患。

- 备份数据库：在项目 11 讲解。

10.4.3 应用软件的安全

前面讲解的是在操作系统和数据库服务器级别上的安全，对于应用软件本身也需要进行安全方面的设计和考虑。

1. 应用软件的专用连接账号

一台 MySQL 服务器上可能有多个数据库，每个数据库为不同的应用软件提供数据支持。

每个数据库都应该有一个专用的连接账号，从而保证了应用软件之间的安全隔离，任何应用软件都不应该访问其他应用软件的数据。

特别注意不应该将 root 账号作为应用软件的连接账号，因为这样不仅使应用软件可以访问所有数据库的数据，也容易造成 root 账号密码的泄露。

2. 应用软件的用户认证系统

每个数据库应用项目也需要一个自己的用户认证系统，在项目的需求分析阶段就应该考虑好，在数据结构设计中包含用户认证系统的设计。

在线商店项目拥有两套用户认证系统：一是客户认证系统，二是员工认证系统，客户表（shop_customer）和员工表（shop_staff）都有账号和密码属性，参见"5.2.2 数据结构设计"小节。

3. 应用软件的安全

应用项目中的代码也可能包含一些安全隐患，有些安全问题只会影响应用项目自身，而不会影响到操作系统、数据库服务器或其他应用项目，有些安全问题也可能影响到操作系统、数据库服务器，或其他应用项目。例如一个黑客注册了一个应用项目的客户账号，然后上传一个含有木马的文件到服务器上，对操作系统就构成了威胁。

10.4.4 【实训 10-6】"在线商店"项目的安全

在【提高篇】开发的在线商店项目，从 PHP 代码连接数据库时用的是 MySQL 的根用户账号，这是一个极大的安全隐患。为此，在 MySQL 服务器上创建一个在线商店项目专用的账号，该账号仅能访问 eshop 数据库，限于本地登录。

```
Create user 'eshop'@'localhost' identified by 'eshop123456';
Grant all privileges on eshop.* to 'eshop'@'localhost';
```

这时应该修改 connection.php 文件中的登录参数，代码如下。

```php
<?php
$servername = "localhost";      // localhost 与 127.0.0.1 同义，都是表示本机
$username = "eshop";            // 改为新创建的用户
$password = "eshop123456";      // 以及相应的密码
$dbname = "eshop";

// 创建连接
$conn = new mysqli($servername, $username, $password, $dbname);

if ($conn->connect_error) {    // 检测连接
```

```
        die("连接失败: " . $conn->connect_error);
}
?>
```

这样可以避免数据库的根用户 root 密码的泄露，以及防止 root 的权限被滥用。

每个应用项目都应该有一个专用连接账号，应避免项目间交叉使用连接账号。

习题

1. 思考题

① MySQL 的用户的作用是什么？

② 举例说明 MySQL 的权限？

③ 解释 MySQL 的授权过程？

④ 对于在线商店项目，需要考虑哪些方面的安全问题？

2. 实训题

① 个人藏书数据库应用的安全管理，见 Jitor 平台的【实训 10-7】。

② 项目 10 选择题和填空题，见 Jitor 平台的【实训 10-8（习题）】。

项目 11

"在线商店"项目的日常
管理

扫码观看项目 11
思维导图

项目 11 讲解 MySQL 的日常管理，其中重点是数据库的备份和恢复，以及 MySQL 服务器的管理，还讲解 MySQL 的事件和日志文件，这些内容也是数据控制语言的一部分。

项目 11 的实训有 Linux 和 Windows 操作系统两种版本，读者可以选择其中一种完成。

▶ 知识目标

① 理解 MySQL 数据库，重点是服务器的配置。
② 了解 MySQL 数据库的引擎及其特点。

③ 理解数据备份的必要性和重要性，重点理解数据备份的策略。
④ 了解事件和日志（可选）。

▶ 技能目标

① 学会 MySQL 服务器的配置。
② 学会简单的数据备份和数据恢复。

③ 初步学会采用一定的策略进行数据备份，以便在数据库崩溃时能够完全恢复数据。
④ 初步学会事件和日志的创建和管理（可选）。

任务 1　管理 MySQL 服务器

【任务描述】MySQL数据库的日常管理需要较多的各方面的知识。通过本任务的学习，读者应该了解数据库安装过程涉及的一些知识，如软件的安装路径、数据库保存的路径、配置文件的路径、如何通过修改配置文件来配置MySQL服务器等，了解MySQL的几种数据引擎和MySQL数据库的组成。

11.1.1　MySQL 服务器管理

1. 安装路径

MySQL 的安装路径可以在 MySQL 客户端中，通过下述命令查询，间接得到（取路径的前半部分）。

```
show global variables like "character_sets_dir";
```

从图 11.1 可知，Linux 操作系统下的安装路径如下，该目录的内容如图 11.3 所示。

/usr/share/mysql/

从图 11.2 可知，Windows 操作系统下的安装路径如下，该目录的内容如图 11.4

所示。

C:\Program Files (x86)\MySQL\MySQL Server 5.5\

图 11.1　查询安装路径（Linux）

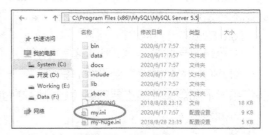

图 11.2　查询安装路径（Windows）

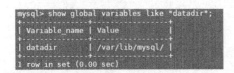

图 11.3　安装目录（Linux）

图 11.4　安装目录（Windows），含配置文件

2. 数据库文件的路径

数据库文件的保存位置可以在 MySQL 客户端中，通过下述命令查询得到。

show global variables like "*datadir*";

两种操作系统下的查询结果分别如图 11.5 和图 11.6 所示。

图 11.5　数据库文件的路径（Linux）

图 11.6　数据库文件的路径（Windows）

查询的结果是配置文件中对应配置项的值，两个平台下的数据库文件列表分别如图 11.7 和图 11.8 所示。

图 11.7　数据库文件（Linux）

图 11.8　数据库文件（Windows）

3. 配置文件

Linux 操作系统下的配置文件是/etc/mysql/my.cnf，如图 11.9 所示。Windows 操作系统下的配置文件是 C:\Program Files (x86)\MySQL\MySQL Server 5.5\my.ini，位于安装目录下，如前述的图 11.4 所示，注意两者的文件后缀名不同。

235

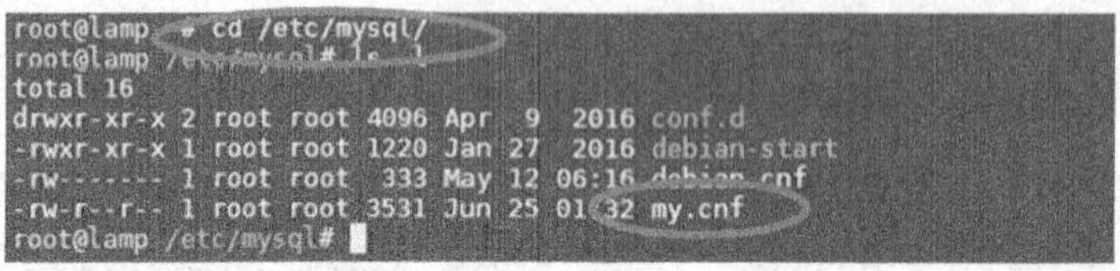

图 11.9　配置文件（Linux）

4. 配置文件的修改

配置文件是一个文本文件，可以用任意文本编辑器查看和修改它。配置文件中以符号#起始的行是注释。每一个配置项是一行，以"键=值"的形式表示。例如下述一行。

```
port=3306
```

表示端口号配置为 3306，这是 MySQL 的默认端口号。

MySQL 的配置分为若干组，每一组用一个方括号括起来的标识进行标记，以下是 Linux 操作系统下配置文件的主要内容（已删除原有的注释）。

```
[client]
port        = 3306
socket      = /var/run/mysqld/mysqld.sock

[mysqld_safe]
socket      = /var/run/mysqld/mysqld.sock
nice        = 0

[mysqld]
# 这一组是服务器的配置
user        = mysql
pid-file    = /var/run/mysqld/mysqld.pid
socket      = /var/run/mysqld/mysqld.sock
port        = 3306
basedir     = /usr
datadir     = /var/lib/mysql

[mysqldump]
quick
quote-names
max_allowed_packet = 16M

[mysql]

[isamchk]
key_buffer = 16M
!includedir /etc/mysql/conf.d/
```

这个配置文件中有若干组配置，其中[mysqld]组是 MySQL 服务器的配置，d 表示后台进程（或称守护进程，daemon process），例如在这个组中 datadir 配置项的值是数据库文件的保存位置。

以下是在 Windows 操作系统下配置文件的主要内容。

```
[client]
port=3306
```

```
[mysql]
default-character-set=utf8

[mysqld]
# 这一组是服务器的配置
port=3306
basedir="C:/Program Files (x86)/MySQL/MySQL Server 5.5/"
datadir="C:/ProgramData/MySQL/MySQL Server 5.5/Data/"
character-set-server=utf8
default-storage-engine=INNODB
max_connections=100
```

因此修改服务器的配置,应该在配置文件的[mysqld]内进行修改,在 Linux 操作系统下,通常是找到已被注释的配置项,取消行首注释符号#,做必要的修改即可。在 Windows 操作系统下,则是根据需要添加新的配置项。

配置文件修改后,保存文件,然后还要重启 MySQL 服务器(见下面的"启动、停止和重启动"),修改后的配置才能生效。

5. 启动、停止和重启动

MySQL 服务器的启动、停止和重启动采用命令行的方式是最简便的,如表 11.1 所示。

表 11.1 启动、停止和重启动 MySQL 服务器的命令

操作项	Linux 平台	Windows 平台
启动	service mysql start	net start mysql
停止	service mysql stop	net stop mysql
重启动	service mysql restart	无,可以先停止,后启动

在 Linux 操作系统下,需要以 Linux 根用户的身份远程登录到 Linux 上,才有权限启动和停止 MySQL 服务器。

在 Windows 操作系统下,需要以管理员身份运行"命令提示符"窗口,如图 11.10 所示,才有权限启动和停止 MySQL 服务器,如图 11.11 所示。

图 11.10 以管理员身份运行"命令提示符"窗口　　　　图 11.11 停止和启动 MySQL 服务器

11.1.2 MySQL 存储引擎

存储引擎是指数据表在数据库文件中的存储方式,不同的存储方式会影响存储策略、索

引技巧、锁机制等底层技术。有的引擎性能高，但功能弱，有的引擎性能低，但功能强。因此，选择合适的存储引擎，可以得到所需要的性能和功能，以达到一种平衡。

1. 查看 MySQL 支持的存储引擎

使用下述命令查看存储引擎的列表。

```
Show engines;
```

运行结果如图 11.12 所示。

Engine VARCHAR(64)	Support VARCHAR(8)	Comment VARCHAR(80)	Transactions VARCHAR(3)	XA VARCHAR(3)	Savepoints VARCHAR(3)
FEDERATED	NO	Federated MySQL storage engine	(null)	(null)	(null)
MRG_MYISAM	YES	Collection of identical MyISAM tables	NO	NO	NO
MyISAM	YES	MyISAM storage engine	NO	NO	NO
BLACKHOLE	YES	/dev/null storage engine (anything you write to it disappears)	NO	NO	NO
CSV	YES	CSV storage engine	NO	NO	NO
MEMORY	YES	Hash based, stored in memory, useful for temporary tables	NO	NO	NO
ARCHIVE	YES	Archive storage engine	NO	NO	NO
InnoDB	DEFAULT	Supports transactions, row-level locking, and foreign keys	YES	YES	YES
PERFORMANCE_SCHEMA	YES	Performance Schema	NO	NO	NO

图 11.12 MySQL 支持的存储引擎

2. MySQL 存储引擎介绍

图 11.12 列出了所有的存储引擎，下面对常用的几种进行介绍。

（1）InnoDB

这是最常用的一种引擎，也是 MySQL 的默认引擎，本书所有的数据库都采用了 InnoDB 引擎。它的特点如下。

- 支持外键约束：其他的引擎都不支持外键约束。
- 支持事务：只有 InnoDB 引擎支持事务，具有提交或回滚等事务处理能力。
- 具有灾难恢复的能力。
- 适用于存在大量并发的写操作的数据库。

（2）MyISAM

这是一种旧的引擎，也是 MySQL 5.1 及之前版本的默认引擎。MyISAM 引擎比较简单，不支持外键约束和事务，不适用于存在大量写操作的数据库。它的特点如下。

- 不支持外键约束和事务。
- 不具有灾难恢复的能力。
- 适用于存在大量读操作的数据库，查询性能较好。
- 支持全文索引。

（3）MEMORY

这是一种基于内存的引擎，所有数据都在内存中，避免了对硬盘读写操作，因此效率特别高。它的特点如下。

- 效率高，查询速度极快。
- 受内存容量的限制，只适用于数据较少、需要频繁访问的数据库。

11.1.3 MySQL 数据库的组成

1. 数据库目录和表文件

在 MySQL 服务器上，每个数据库是一个目录，这个目录包含了每张表对应的文件以及数据库相关的文件，每张表以及每个视图是一个文件，保存在数据库的目录下。

在不同的操作系统下，这些文件是相同的，它们位于以数据库名命名的子目录下，例如 eshop 数据库在 Linux 操作系统中位于下述目录，如图 11.13 所示。

/var/lib/mysql/eshop/

在 Windows 10 操作系统中位于下述目录，如图 11.14 所示。

C:\ProgramData\MySQL\MySQL Server 5.5\data\eshop\

图 11.13 数据库文件（Linux）　　　　图 11.14 数据库文件（Windows）

这些文件由 MySQL 服务器管理，每张表一个文件，其中保存的是表的结构信息。另外，存储函数、存储过程、触发器也是以文件的形式保存在这个目录中。

对于 InnoDB 引擎，所有数据库的所有表的数据全部统一保存在一个或几个文件中，例如 ibdata1（以及 ibdata2）等文件中。

 Linux操作系统的目录名和文件名是区分大小写的，这导致Linux操作系统下的MySQL的数据库名、表名、存储函数名、存储过程名、触发器名等也是区分大小写的。

因为多个数据库的数据保存在同一个文件中，所以备份数据库通常不是备份这些文件，迁移数据库也不是复制这些文件，而是采用更加灵活的方式。

2. 系统数据库

MySQL 的数据库分为系统数据库和用户创建的数据库，系统数据库有 3 个：mysql、information_schema、performance_schema。它们是在安装后，首次配置时自动创建的。它们保存了 MySQL 服务器的关键数据，具有非常重要的作用，所以千万不能删除它们。

任务 2　备份和恢复数据

【任务描述】数据库备份是日常管理中很重要的一项工作。通过本任务的学习，读者应该理解数据库备份的重要性，学会两种数据库备份技术：一是临时的数据库备份，用于数据库迁移或临时的数据库备份；二是有策略的数据库备份，用于数据库的实时备份。一旦数据库崩溃，可以使用备份将其恢复到最新状态。

11.2.1　数据库备份概述

1. 为什么备份

在数据库运行的过程中，可能会由于人为的、意外的或者不可抗的因素造成数据的损坏或丢失。例如一场火灾把一家银行的数据库机房烧毁了，而引起数百万人的存款和贷款数据丢失，只要平时做好备份，这种情况是完全可以避免的。

扫码观看微课视频

造成数据损坏或丢失的可能原因有如下几种。

- 自然灾害：例如地震、火灾、水灾、台风等。
- 系统硬件故障：例如磁盘损坏，或其他硬件故障导致的数据损坏。
- 系统软件故障：例如操作系统或应用软件的故障引起的数据损坏。
- 计算机病毒：有些计算机病毒会故意损坏数据，包括数据库的数据。
- 黑客攻击：黑客的恶意攻击，可能造成数据丢失或被篡改。
- 人为误操作：人为误操作是经常发生的，例如误删除了表或修改了数据。

防止数据损坏或丢失的措施有数据备份、双机热备、异地存储、远程集群等多种方案，本书仅讲解最基本的数据备份。

2. 备份的内容

通常情况下，备份的内容是 MySQL 服务器上的一个数据库或全部数据库的下述数据库对象，如图 11.15 所示。

- 表（Tables）：包括数据结构和数据，以及索引的定义等。
- 视图（Views）：视图的定义，视图本身并没有数据。
- 存储过程（Procedures）：存储过程的定义，即 SQL 编写的代码。
- 存储函数（Functions）：存储函数的定义，即 SQL 编写的代码。
- 触发器（Triggers）：触发器的定义，即 SQL 编写的代码。
- 事件（Events）：事件的定义（事件在下一节"任务 3 使用事件"讲解）。

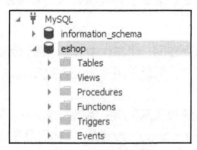

图 11.15　数据库对象

当备份一个数据库时，不包括用户账号、权限控制等数据，因为这些数据保存在 mysql 数据库中，需要备份 mysql 数据库或备份全部数据库时才能备份用户账号和权限控制等数据。

另外还需要备份 MySQL 服务器的配置文件，以便重新安装 MySQL 时，可以重新构建一个完全相同的 MySQL 服务器。

3. 备份类型

（1）逻辑备份与物理备份

逻辑备份是指以文本的方式（SQL 语句），把数据库的数据结构和数据备份为 SQL 脚本文件，这个文件的内容是由 Create 和 Insert 等语句组成的，用这些语句可以完整地恢复数据库的数据结构、索引、存储函数、存储过程、触发器，以及所有数据。

物理备份是指对数据库文件进行的备份，它仅复制文件，因此备份速度快。但是只能在 MySQL 服务器停止服务时才能进行，并且只能移植到相同版本的 MySQL 服务器上。

（2）热备份与冷备份

热备份是指在数据库服务仍然运行时做备份，在备份的过程中，服务器仍然能够提供正常的读写操作，提供正常的服务。由于 InnoDB 引擎具有事务功能，因此可以支持热备份，不需要停机就能得到一致的备份。

冷备份是指数据库服务必须暂停下来，并将所有未写入数据库的数据写到数据库文件中，然后进行备份。由于 InnoDB 引擎之外的其他引擎不支持事务功能，因此对这些数据库只能使用冷备份，才能得到一致的备份数据。

11.2.2 【实训 11-1】数据库备份与恢复

本书仅讲解在实际中最常使用的逻辑备份，并且是针对 InnoDB 引擎的热备份。

1. 数据库备份

数据库备份采用 mysqldump 命令进行，其语法格式如下，此命令在不同平台上是相同的。要用一个文件重定向元字符>将备份的输出重定向到指定的文件。

操作系统提示符>*mysqldump -u 用户名 -p 密码 选项 数据库名 > 脚本文件名*

可以同时指定多个数据库。

mysqldump -u 用户名 -p 密码 选项 --databases 数据库名 1 数据库名 2 ... > 脚本文件名

也可以同时备份全部数据库。

mysqldump -u 用户名 -p 密码 选项 --all-databases > 脚本文件名

常用的参数如表 11.2 所示。

表 11.2　mysqldump 命令的常用参数

参数	缩写	说明
--all-databases	-A	全部数据库
--databases	-B	指定的数据库
--events	-E	备份事件（在下一节"任务 3 使用事件"讲解）
--help	-?	显示帮助信息，即所有选项的说明
--no-data	-d	仅表结构
--no-create-info	-t	仅数据
--routines	-R	备份存储例程（存储过程和存储函数）的定义
--triggers	无	备份触发器的定义（默认选项）
--skip-triggers	无	禁止备份触发器的定义
--lock-all-tables	-x	锁住所有备份表
--lock-tables	-l	锁住单表

Mysqldump 默认不备份存储过程和存储函数，如果要备份存储过程和存储函数，则要添加--routines 参数（备份存储例程）。Mysqldump 默认是备份触发器的，如果不想备份触发器，则要加上--skip-triggers 参数。

使用 mysqldump 命令进行备份的一个例子是项目 9 的"9.3.2 【实训 9-3】数据库的迁移"小节使用下述命令生成数据库的备份文件，其中文件重定向元字符>的含义是将输出的内容保存到指定的文件中。

```
mysqldump –u root –psa eshop > eshop_backup.sql
```

以下是备份文件的部分内容。

```
-- Script was generated by Devart dbForge Studio 2019 for MySQL, Version 8.2.23.0
-- Product home page: http://www.devart.com/dbforge/mysql/studio
-- Script date 2020/5/30 11:44:11
-- Server version: 5.5.62
-- Client version: 4.1


-- 省略更多配置方面的内容


-- 以下是数据结构备份的部分
-- Create table 'shop_province'
--
Create table shop_province (
    id_shop_province INT(11) NOT NULL AUTO_INCREMENT COMMENT '省市区 ID',
    col_name VARCHAR(20) NOT NULL COMMENT '省市区名称',
    PRIMARY KEY (id_shop_province)
)
ENGINE = INNODB,
AUTO_INCREMENT = 6,
AVG_ROW_LENGTH = 3276,
CHARACTER SET utf8,
COLLATE utf8_general_ci,
COMMENT = '省市区表';


--
-- Create index 'idx_shop_province_col_name' on table 'shop_province'
--
Alter table shop_province
    ADD UNIQUE INDEX idx_shop_province_col_name(col_name);

-- 省略更多数据结构相关的部分

-- 以下是数据备份的部分
-- Dumping data for table shop_province
--
INSERT INTO shop_province VALUES
(1, '北京市'),
(2, '上海市'),
(3, '江苏省'),
(4, '浙江省'),
(5, '福建省');


-- 省略更多
```

从上述备份文件的内容来看，备份文件中包含了所有的创建数据结构的语句，以及插入数据语句，通过这些语句，可以复原一个完整的数据库。

可以在一个备份文件中备份多个数据库。例如用下述语句备份 eshop 数据库以及 mysql 数据库，这时可以同时备份用户账号和权限设置。

```
mysqldump -u root -psa -B mysql eshop > eshop_mysql.sql
```

2. 数据库恢复

数据库恢复使用 mysql 命令来完成，语法格式如下，其中文件重定向元字符<的含义是将"脚本文件名"的内容作为 mysql 的输入内容（在操作系统中）。

操作系统提示符>*mysql -u 用户名 -p 密码 数据库名 < 脚本文件名*

或者通过 MySQL 客户端登录之后，从 MySQL 客户端发出下述命令。

mysql>*use 数据库名*

mysql>*source 脚本文件名*

使用 mysql 命令进行恢复的一个例子是项目 9 的 "9.3.2 【实训 9-3】数据库的迁移"小节使用下述命令从备份文件中恢复 eshop 数据库（需要指定恢复的数据库名）。

```
mysql -u root -pJitor123 eshop < /root/eshop_backup.sql
```

用下述语句可以恢复 eshop 数据库和 mysql 数据库（无须指定恢复的数据库名，因为数据库名已经在备份文件中指定）。

```
mysql -u root -psa < eshop_mysql.sql
```

在恢复数据库之前，如果数据库不存在，应该先创建数据库，如果数据库已存在，则恢复时会通过删除表、重新创建表、插入数据的方式来自动恢复所有数据。但是如果存在备份文件中不存在的表，则这部分内容保持不变。

如果只恢复一个数据库，则需要指定数据库的名字，并且该数据库已经存在。如果从一个备份文件中恢复多个数据库，则无需指定数据库名。

因此用备份文件完全覆盖一个现有的数据库的操作如下。

- 丢弃现有数据库：该数据库可能有数据，但是需要确认这些数据是可丢弃的。
- 重新创建新的数据库：这是新的空数据库，注意指定正确的字符集。
- 然后用下述两种办法中的一种从备份中恢复数据库。

① 在操作系统提示符下使用下述命令。

```
mysql -u root -p 数据库名 < 数据库备份文件；
```

② 或者在 MySQL 客户端使用下述语句。

```
use 数据库名；
source 数据库备份文件；
```

采用上述第二种办法的操作过程如下，完整的执行过程如图 11.16 所示。

```
drop database eshop；
create database eshop character set utf8 collate utf8_general_ci；
use eshop；
source /root/eshop_backup.sql；
```

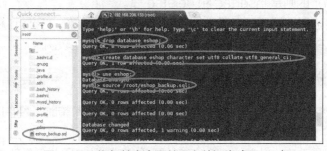

图 11.16　恢复并完全覆盖现有数据库（Linux）

11.2.3　数据库迁移

数据库迁移是指将数据库从一台服务器迁移到另一台服务器，可以通过在源服务器备份和在目标服务器恢复数据库的方式来实现。

不同操作系统平台对迁移的过程没有任何影响，而不同版本或不同种类的数据库管理系统则会对迁移过程造成一定的影响。

1. 同版本 MySQL 间的迁移

如果源服务器和目标服务器的 MySQL 是相同版本的，这时的迁移过程很方便，如同项目 9 的 "9.3.2【实训 9-3】数据库的迁移" 小节将 Windows 操作系统的在线商店数据库迁移到 Linux 操作系统上。

2. 不同版本 MySQL 间的迁移

通常，从低版本向高版本的 MySQL 迁移不会有什么问题（除非高版本有一些过时的功能，即取消了低版本的一些功能），而从高版本向低版本的迁移则有可能出现兼容性问题，这时需要研究高低两个版本的 MySQL 用户手册才能确定是否存在兼容性问题，特别要注意的是在高版本中是否使用了低版本不支持的特性。

3. 不同数据库管理系统间的迁移

这种情况是指 MySQL 和其他数据库管理系统（例如 Oracle 或 SQL Server 等）之间的迁移，不论是从 MySQL 迁出，还是迁入到 MySQL，都会存在比较大的问题。这些问题体现在如下几个方面。

* 数据类型不同：例如 MySQL 不支持 SQL Server 的 money 数据类型，在 MySQL 中起类似作用的数据类型是 decimal（精确浮点数）。
* SQL 语句的语法不同：例如 SQL Server 的 Select 语句不支持 MySQL 的 limit 子句，而是用 top 子句，后者又不被 MySQL 支持。
* 内置函数不同：例如获得当前日期时间的函数，MySQL 的是 now()，而 SQL Server 的则是 getDate()。
* 支持的命令不同：例如 MySQL 不支持 SQL Server 的 Print 命令，而 SQL Server 不支持 MySQL 的 Show 命令。
* 存储函数、存储过程写法不同：MySQL 需要用 Delimeter 命令定义新的分隔符，而 SQL Server 则没有这个需要。
* 触发器的要求不同：例如在触发器内部访问新旧数据，MySQL 的是 new 和 old 对象，而 SQL Server 的则是 inserted 和 deleted 表。

由于存在上述区别，特别是在函数（内置函数和存储函数）、存储过程以及触发器方面的差别，使数据库在不同的数据库管理系统之间的迁移变得比较困难。

11.2.4　备份策略和恢复策略

前述的数据库备份是一种全库备份，它是一种静态的备份策略，是在固定的时间对整个数据库进行备份。

数据库的数据是动态变化的，每时每刻都可能有数据的插入、更新或删除。这些数据的变化是十分重要的，定时的、对整个数据库的备份显然无法做到对每一个数据变化都及时备份。

1. 备份策略概述

需要建立一种完善的备份策略来实现对每一个数据变化都能及时进行备份。这个策略是由两种不同形式的备份来共同完成的，如表 11.3 所示。

表 11.3　两种备份形式

备份形式	说明	备份时间
全库备份	定时对整个数据库进行备份，作为数据库恢复的基础	例如每周一次，或每天一次
增量备份	连续备份每一次修改，是全库备份以来的数据变化的备份	即时备份

MySQL 的增量备份是通过二进制日志文件实现的，在接下来的"11.2.5【实训 11-2】备份策略和恢复策略（Linux）"和"11.2.6【实训 11-3】备份策略和恢复策略（Windows）"两个小节中讲解。

2. 恢复策略概述

当数据库遭到损坏时，就需要用备份的数据恢复数据库。先从全库备份中恢复数据，然后再从增量备份中恢复全库备份以后改变过的数据，如表 11.4 所示。

表 11.4　恢复策略

恢复的过程	恢复的内容
从最近一次全库备份中恢复	恢复最近一周或一天的数据
从最近一次全库备份后的增量备份中恢复	恢复故障前的全部数据

11.2.5 【实训 11-2】备份策略和恢复策略（Linux）

如果读者不使用 Linux 操作系统，可以跳过本小节，进入下一小节，学习 Windows 操作系统的内容。

1. 备份策略的实施——定时进行全库备份

（1）创建备份用脚本文件

首先创建一个备份用的脚本文件/root/backup.sh，内容如下（注意将代码中的"Jitor123"替换为正确的密码）。

```
#!/bin/bash
mysqldump -u root -pJitor123 eshop > /root/eshop_bakcup.sql
```

将这个脚本文件修改为可执行文件，代码如下。

```
Chmod 777 /root/backup.sh
```

测试脚本文件是否可以正常执行，代码如下。

```
./backup.sh
```

执行后，将在/root 目录生成一个备份文件 eshop_bakcup.sql。

（2）设置定时运行脚本文件

然后设置定时备份，即定时执行/root/backup.sh。通常定时执行的时间都设置为凌晨，因为这个时候使用数据库的用户最少，备份对用户的影响也最小。

在远程终端上执行命令 crontab -e，在最后添加一行如下的配置。这个配置是指定每个星期日凌晨 3:00 执行上述脚本文件，进行全库备份，执行过程如图 11.17 所示。

```
0 3 * * 0 /bin/bash -x /root/backup.sh >/dev/null 2>&1
```

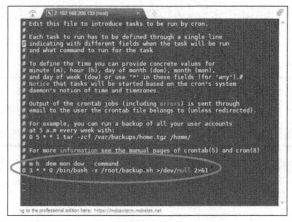

图 11.17　设置定时进行全库备份

图 11.17 所示的界面是采用 vi 进行编辑的，输入字符"a"开始编辑，编辑结束后按 Esc 键退出编辑状态，输入字符":wq"保存并退回到操作系统，输入字符":q!"放弃修改的内容并退回操作系统。

上述配置内容的含义如表 11.5 所示。

表 11.5　crontab 配置项的含义

列序号	含义	例子中的值	例子的解释
第 1 列	分钟	0	0 分
第 2 列	小时	3	3 时（凌晨 3 时）
第 3 列	日	*	不指定
第 4 列	月	*	不指定
第 5 列	周（0～6 表示周日到周六）	0	每周日
第 6 列	要执行的命令	/bin/bash -x /root/backup.sh >/dev/null 2>&1	全库备份命令

2. 备份策略的实施——增量备份

增量备份的实质是记录对数据库的每一次数据定义（Create、Alter 和 Drop）操作和增、删、改（Insert、Update 和 Delete）操作，MySQL 提供了二进制日志功能来记录对数据库的数据定义和增、删、改操作，这种记录就是增量备份。

（1）配置二进制日志

二进制日志功能默认是不启用的，需要修改 MySQL 的配置文件 my.cnf，在[mysqld]部分修改下述配置（仅需删除配置项前的注释#号），启用二进制日志，如图 11.18 所示。

图 11.18　修改配置文件 my.cnf

```
[mysqld]
log_bin                  = /var/log/mysql/mysql-bin.log
expire_logs_days         = 10
max_binlog_size          = 100M
```

上述 3 个配置项的含义如表 11.6 所示。

表 11.6　二进制日志配置项的含义

配置项	说明
log_bin	指定二进制日志的保存目录和文件名，后缀是一个 6 位数字
expire_logs_days	指定失效时间，如=10 是 10 天，即二进制日志文件只保留 10 天，过期的将被删除
max_binlog_size	指定文件大小，如=100M 是指文件大小达到 100MB 后，将产生一个新的二进制日志文件

修改并保存后，用下述命令重新启动 MySQL 服务器。

```
service mysql restart
```

重新启动后，可以看到在/var/log/mysql/目录下有一个二进制日志文件，它的后缀是一个 6 位数字，第一个文件的后缀是.000001，然后顺序递增，如图 11.19 所示。

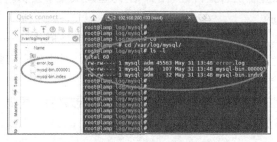

图 11.19　二进制日志文件

（2）查看二进制日志文件

用下述命令查看二进制日志文件的个数和文件名，如图 11.20 所示。

```
show binary logs;
```

（3）查看二进制日志文件的内容

在查看二进制日志文件的内容之前，作为一个演示，要在二进制日志文件中记录一些 DML 操作。因此对 eshop 数据库运行下述语句，操作过程如图 11.20 所示。

```
mysql> Use eshop;
mysql> Select * from shop_province;
mysql> UPDATE shop_province SET col_name='Shanghai'
    ->          WHERE id_shop_province=2;
mysql> quit
```

退出 MySQL 后，在 Linux 操作系统下运行下述命令，操作过程如图 11.21 所示。

```
cd /var/log/mysql
mysqlbinlog mysql-bin.000001
```

图 11.21 所示是用 mysqlbinlog 命令显示的二进制日志文件的内容，因为内容很长，图 11.21 仅显示了文件的头和尾两部分，中间部分省略。其中记录下来的 DML 语句如下。

```
UPDATE shop_province SET col_name='Shanghai'
```

WHERE id_shop_province=2

这是记录下来的更新语句，将土键为 2 的记录的省市名改为"Shanghai"。

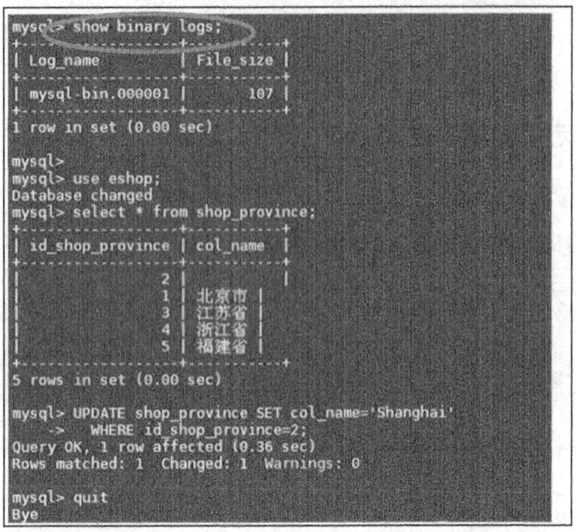

图 11.20　在 MySQL 中运行的语句

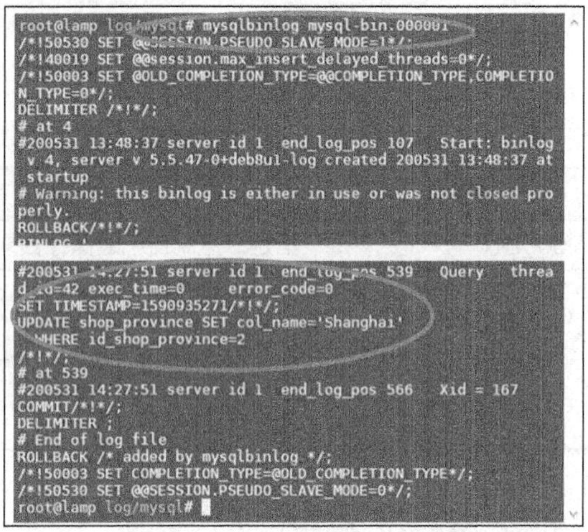

图 11.21　在 Linux 操作系统下运行的命令

查询语句是不被二进制日志文件记录的，因为查询操作不会影响数据库的数据。

3. 恢复策略的实施

经过前述两个步骤，数据库备份已经完成。但是，前述操作有一个问题，这个问题是先完成了全库备份，然后再启用增量备份（二进制日志）。因此在全库备份之后，增量备份之前的数据就丢失了。

为了验证备份策略的有效性，需要在启用二进制日志之后，再做一次全库备份，然后登录 MySQL，执行如下测试代码。

```
Use eshop;
update shop_province set col_name='Beijing' where id_shop_province=1;

drop database eshop;
```

上述代码的最行一行是丢弃数据库 eshop，这一条语句模拟了数据库的崩溃。

（1）恢复前的准备

当发生了数据库损坏或数据丢失，首先要停止 MySQL 服务器，然后将所有备份文件复制到一个安全的地方，以防止备份文件的损坏或丢失造成严重后果。

特别要注意的是，在恢复过程中，数据库不允许被其他用户访问，直到数据库完全恢复。

在接下来的恢复过程中，所有数据，包括前述测试代码中 update 的数据都需要从这两种备份中恢复，以验证数据库是否得到完全恢复。

（2）从全库备份中恢复

重新启动 MySQL 服务器（这时不允许其他用户使用，以免破坏数据的一致性），运行下述 SQL 代码，从全库备份中恢复。

```
Create database eshop character set utf8 collate utf8;
use eshop;
source /root/eshop_bakcup.sql;
```

这时查询 Select * from shop_province;显示全库备份已经恢复，但是全库备份后的数据变化并没有恢复。

（3）从二进制日志文件中找到要恢复的数据

切换到日志目录，用命令 mysqlbinlog 查看二进制日志文件。

```
cd /var/log/mysql/
mysqlbinlog mysql-bin.bak.000001
```

从二进制日志文件中找到需要恢复的数据，通常是一段连续的数据（数据操纵语句）。例如下述偏移位置从 635 到 797 的日志就是需要恢复的数据，注意要把偏移位置 797 之前的 COMMIT 提交语句包括在要恢复的数据中。

```
# at 566
#200531 15:30:32 server id 1    end_log_pos 635      Query      thread_id=47      exec_time=0
error_code=0
SET TIMESTAMP=1590939032/*!*/;
begin
/*!*/;
# at 635
#200531 15:30:32 server id 1    end_log_pos 770      Query      thread_id=47      exec_time=0
error_code=0
SET TIMESTAMP=1590939032/*!*/;
UPDATE shop_province SET col_name='Beijing'
    WHERE id_shop_province=1
/*!*/;
# at 770
#200531 15:30:32 server id 1    end_log_pos 797      Xid = 289
COMMIT/*!*/;
# at 797
#200531 15:30:49 server id 1    end_log_pos 880      Query      thread_id=47      exec_time=0
error_code=0
SET TIMESTAMP=1590939049/*!*/;
Drop database eshop
/*!*/;
DELIMITER ;
# End of log file
```

（4）从二进制日志文件中恢复

用以下命令恢复偏移位置从 635 到 797 的二进制日志（注意提供正确的密码）。

```
mysqlbinlog --start-position=635 --stop-position=797 mysql-bin.bak.000001 | mysql -u root
-pJitor123
```

其中符号"|"是管道元字符，它的前后分别是一条 Linux 命令，作用是把前一条命令的输出结果作为后一条命令的输入，就像一条管道，数据从前一条命令流到后一条命令。

最后登录到 MySQL，使用查询语句 Select * from shop_province;，可以看到全库备份之后的数据变化（恢复的数据由偏移位置决定）已经反映在数据库中。

此时数据恢复全部完成，可以允许其他用户访问。

11.2.6【实训 11-3】备份策略和恢复策略（Windows）

如果读者不使用 Windows 操作系统，可以跳过本小节，因为其原理和思路与前一小节是相同的。

1. 备份策略的实施——定时进行全库备份

（1）备份用批处理文件

首先创建一个保存备份文件用的目录，例如 D:\eshop，然后编写一个备份用的批处理文件（这是一个可执行文件），例如 D:\eshop\backup.bat，内容如下（注意将代码中的 sa 替换为正确的密码）。

```
mysqldump -u root -psa eshop > D:\eshop\eshop_bakcup.sql
```

测试脚本文件是否可以正常执行，代码如下。

```
D:\eshop\backup.sh
```

执行后，将在 D:\eshop 目录中生成一个备份文件 eshop_bakcup.sql。

（2）设置定时运行批处理文件

然后设置定时备份，即定时执行 D:\eshop\backup.bat。通常定时执行的时间都设置为凌晨，因为这个时候使用数据库的用户最少，备份对用户的影响也最小。

办法是用鼠标右键单击"我的电脑"，执行"管理"命令，如图 11.22 所示。在打开的"计算机管理"界面中选择"任务计划程序"，然后在右侧选择"创建基本任务"，如图 11.23 所示，打开"创建基本任务向导"。

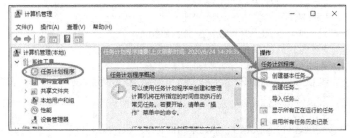

图 11.22　执行"管理"命令　　　　　　　图 11.23　任务计划程序

在打开的"创建基本任务向导"界面中，第一步是"创建基本任务"，填写名称和描述，如图 11.24 所示。第二步是"任务触发器"，选择"每周"任务触发器，如图 11.25 所示。

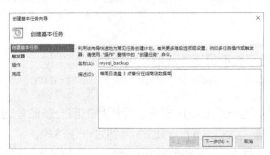

图 11.24　创建基本任务　　　　　　　　图 11.25　任务触发器

第三步是"每周"，指定时间为星期日的 3:00:00，日期可以使用默认值，即下周开始，如图 11.26 所示。第四步是"操作"，选择"启动程序"，如图 11.27 所示。

第五步是"启动程序"，单击"浏览"按钮，选择要定时运行的程序，在这个例子中就是 D:\eshop\backup.bat，如图 11.28 所示。最后一步是"摘要"，显示这个定时任务的设置内容，单击"完成"按钮，如图 11.29 所示，结束基本任务的创建。

图 11.26 "每周"任务触发器

图 11.27 操作

图 11.28 启动程序

图 11.29 摘要（完成）

完成后的界面如图 11.30 所示，可以从列表中找到刚才创建的基本任务（按下次运行时间排序）。

图 11.30 任务计划列表

设置完成后，Windows 操作系统将会在指定的时间运行指定的程序，实现数据库备份。

2. 备份策略的实施——增量备份

增量备份的实质是记录对数据库的每一次数据定义（Create、Alter 和 Drop）操作和增、删、改（Insert、Update 和 Delete）操作，MySQL 提供了二进制日志功能来记录对数据库的数据定义和增、删、改操作，这种记录就是增量备份。

（1）配置二进制日志

默认安装时，二进制日志功能是不启用的，需要修改 MySQL 的配置文件 my.ini，在 [mysqld]部分添加下述配置，如图 11.31 所示。

```
[mysqld]
log_bin= C:\ProgramData\MySQL\MySQL Server 5.5\Data\mysql-bin.log
expire_logs_days=10
max_binlog_size=100M
```

上述 3 个配置项的含义如表 11.6 所示（配置项的含义在两种操作系统下是相同的）。

修改并保存后，用下述命令停止和启动 MySQL 服务器。

```
net stop mysql
net start mysql
```

重新启动后，可以看到在 C:\ProgramData\MySQL\MySQL Server 5.5\Data\目录下有一个二进制日志文件，它的后缀是一个 6 位数字，第一个文件的后缀是.000001，然后依次递增，如图 11.32 所示。

图 11.31　修改配置文件 my.ini

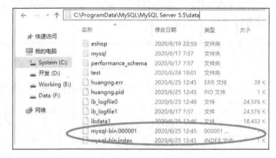

图 11.32　二进制日志文件

（2）查看二进制日志文件

用下述命令查看二进制日志文件的个数和文件名，如图 11.33 所示。

```
show binary logs;
```

（3）查看二进制日志文件的内容

为了使 Windows 操作系统下的 MySQL 命令行客户端显示中文，使用下述命名改为使用 GBK 显示查询结果（Windows 操作系统的字符编码是 GBK）。

```
set character_set_results=gbk;
```

在查看二进制日志文件的内容之前，作为一个演示，要在二进制日志文件中记录一些 DML 操作。因此对 eshop 数据库运行下述语句，如图 11.33 所示。

```
mysql> use eshop;
mysql> Select * from shop_province;
mysql> update shop_province set col_name='Shanghai'
->where id_shop_province=2;
mysql> quit
```

退出 MySQL 后，在 Linux 操作系统下运行下述命令，如图 11.34 的上半部分图所示。

```
mysqlbinlog mysql-bin.000001
```

图 11.33　在 MySQL 中运行的语句　　　图 11.34　在 Windows 操作系统下运行的命令

图 11.34 所示是用 mysqlbinlog 命令显示的二进制日志文件的内容，因为内容很长，图 11.34 仅显示了文件的头和尾两部分，中间部分省略。其中记录下来的 DML 语句如下。

```
update shop_province set col_name='Shanghai' where id_shop_province=2
```

这是更新语句，将主键为 2 的记录的省市名改为 Shanghai。

查询语句是不被二进制日志文件记录的，因为查询操作不会影响数据库的数据。

3. 恢复策略的实施

经过前述两个步骤，数据库备份已经完成。但是，前述操作有一个问题，这个问题是先完成了全库备份，然后再启用增量备份（二进制日志）。因此在全库备份之后，增量备份之前的数据就丢失了。

为了验证备份策略的有效性，需要在启用二进制日志之后，再做一次全库备份，然后登录 MySQL，执行如下测试代码。

```
Use eshop;
update shop_province set col_name='Beijing' where id_shop_province=1;

drop database eshop;
```

上述代码的最行一行是丢弃数据库 eshop，这一条语句模拟了数据库的崩溃。

（1）恢复前的准备

当数据库损坏或数据丢失时，首先要停止 MySQL 服务器，然后将所有备份文件复制到一个安全的地方，以防止备份文件的损坏或丢失造成严重后果。

特别要注意的是，在恢复过程中，数据库不允许被其他用户访问，直到数据库完全恢复。

在接下来的恢复过程中，所有数据，包括前述测试代码中 update 的数据都需要从这两种备份中恢复，以验证数据库是否得到完全恢复。

（2）从全库备份中恢复

重新启动 MySQL 服务器（这时不允许其他用户使用，以免破坏数据的一致性），运行下述 SQL 代码，从全库备份中恢复。

```
Create database eshop character set utf8;
use eshop;
source D:\eshop\eshop_bakcup.sql;
```

这时查询 Select * from shop_province;显示全库备份已经恢复，但是全库备份后的数据变化并没有恢复。

（3）从二进制日志文件中找到要恢复的数据

切换到日志目录，用命令 mysqlbinlog 查看二进制日志文件。

```
cd C:\ProgramData\MySQL\MySQL Server 5.5\Data\
mysqlbinlog mysql-bin.bak.000001
```

从二进制日志文件中找到需要恢复的数据，通常是一段连续的数据（DML 语句），例如下述偏移位置从 817 到 1045 的日志就是需要恢复的数据，注意要把偏移位置 1045 前的 COMMIT 提交语句包括在要恢复的数据中。

```
# at 790
#200625 13:06:27 server id 1    end_log_pos 817      Xid = 57
COMMIT/*!*/;
# at 817
#200625 13:38:18 server id 1    end_log_pos 886      Query      thread_id=4      exec_time=0
error_code=0
SET TIMESTAMP=1593063498/*!*/;
begin
/*!*/;
# at 886
#200625 13:38:18 server id 1    end_log_pos 1018     Query      thread_id=4      exec_time=0
error_code=0
SET TIMESTAMP=1593063498/*!*/;
update shop_province set col_name='Beijing' where id_shop_province=1
/*!*/;
# at 1018
#200625 13:38:18 server id 1    end_log_pos 1045     Xid = 210
COMMIT/*!*/;
# at 1045
#200625 13:38:18 server id 1    end_log_pos 1128     Query      thread_id=4      exec_time=0
error_code=0
SET TIMESTAMP=1593063498/*!*/;
drop database eshop
/*!*/;
DELIMITER ;
# End of log file
```

（4）从二进制日志文件中恢复

用以下命令恢复偏移位置从 817 到 1045 的二进制日志（注意提供正确的密码），这时是从复制的二进制日志文件中恢复，复制的文件为 mysql-bin.bak.000001。

```
mysqlbinlog --start-position=817 --stop-position=1045 mysql-bin.bak.000001 | mysql -u root
-psa
```

其中符号"|"是管道元字符，它的前后分别是一条 Windows 命令，作用是把前一条命令的输出结果作为后一条命令的输入，就像一条管道，数据从前一条命令流到后一条命令。

最后登录到 MySQL，使用查询语句 Select * from shop_province;，可以看到全库备份之后的数据变化（恢复的数据由偏移位置决定）已经反映在数据库中。

此时数据恢复全部完成，可以允许其他用户访问。

任务 3　使用事件

【任务描述】通过本任务的学习，读者应该了解事件的作用，初步学会创建和管理事件。

11.3.1　事件概述

在"任务 2 备份和恢复数据"一节讲解"定时进行全库备份"时，讲解了定时任务（运行脚本文件或批处理文件）的实施，但是它是在操作系统层面上进行的，是分别在 Linux 和 Windows 操作系统上进行的。

事件也是一种定时任务，它是在 MySQL 内部执行的，因此在 Linux 和 Windows 操作系统上的使用是相同的，但是它不能实现定时备份数据库的任务。

事件是一种在 MySQL 内部定时执行 SQL 语句的机制。一个事件有两方面的内容：一方面是要被执行的 SQL 语句，也可以是一个存储过程；另一方面是事件执行的时间，可以指定在某个时间执行一次，也可以指定循环执行的间隔时间。

事件可以用于日常维护，例如，每日定时统计前一日的销售金额，用于制作日报表，每月定时统计月报表等。

11.3.2 【实训 11-4】使用 MySQL 事件

在默认情况下，事件调度是未启用的，可以通过下述语句查看当前的状态。

```
show variables like 'event_scheduler';
```

执行结果如图 11.35 所示，其值为 OFF，表示没有启用。

```
mysql> show variables like 'event_scheduler';
+-----------------+-------+
| Variable_name   | Value |
+-----------------+-------+
| event_scheduler | OFF   |
+-----------------+-------+
1 row in set (0.00 sec)
```

图 11.35　事件调度的状态

1. 启用事件调度

在 MySQL 的配置文件的[mysqld]中加入下述设置项。

```
[mysqld]
event_scheduler=1
```

重新启动 MySQL 服务器，这时检查 event_scheduler 的值，如果是 ON，表示启用。

2. 创建事件

下面用一个例子来演示事件的创建，以及定时执行的效果。

先创建一张表，用于记录事件执行的效果。

```
Use eshop;
Create table event_log(
```

```
    id_event_log int not null primary key auto_increment,
    col_tag varchar(20),
    col_time datetime
);
```

编写一个事件，向 event_log 表插入一行，其中 every 10 second 表示每隔 10 秒执行一次，连续执行，代码如下。

```
Drop event if exists e_log_event;

Delimiter $$
Create event e_log_event
    on schedule every 10 second
    do
begin
    insert into event_log values(null, 'log tag', now());
end$$

Delimiter ;
```

3. 事件执行的效果

在 1 分多钟后查询 event_log 表的数据，可以检查事件定时执行的效果。

```
Select * from event_log;
```

图 11.36 所示是在开始事件调度后 1 分多种的查询结果，该事件共执行了 8 次，每次时间间隔是 10 秒。

```
mysql> SELECT * FROM event_log;
+--------------+---------+---------------------+
| id_event_log | col_tag | col_time            |
+--------------+---------+---------------------+
|            1 | Log tag | 2020-06-01 08:29:19 |
|            2 | Log tag | 2020-06-01 08:29:29 |
|            3 | Log tag | 2020-06-01 08:29:39 |
|            4 | Log tag | 2020-06-01 08:29:49 |
|            5 | Log tag | 2020-06-01 08:29:59 |
|            6 | Log tag | 2020-06-01 08:30:09 |
|            7 | Log tag | 2020-06-01 08:30:19 |
|            8 | Log tag | 2020-06-01 08:30:29 |
+--------------+---------+---------------------+
8 rows in set (0.00 sec)
```

图 11.36　定时事件插入的数据

4. 管理事件

（1）列出事件

列出事件的语句如下。

```
Show events;
```

（2）查看事件的代码

查看事件的代码的语句如下。

```
Show create event e_log_event;
```

（3）丢弃事件

丢弃事件与丢弃其他数据库对象的语法相同，代码如下。

```
Drop event if exists e_log_event;
```

（4）修改事件

可以暂时失能（禁用）事件，代码如下。

```
Alter event e_log_event disable;
```

需要时再使能事件，代码如下。

```
Alter event e_log_event enable;
```

在事件失能期间，事件是得不到执行的，如图 11.37 所示，其中 36 分到 40 分之间有一段时间事件没有得到执行。

```
|          42 | Log tag | 2020-06-01 08:36:09 |
|          43 | Log tag | 2020-06-01 08:36:19 |
|          44 | Log tag | 2020-06-01 08:36:29 |
|          45 | Log tag | 2020-06-01 08:40:09 |
|          46 | Log tag | 2020-06-01 08:40:19 |
+-------------+---------+---------------------+
46 rows in set (0.00 sec)
```

图 11.37　事件失能后再使能的结果

任务 4　使用日志

【任务描述】通过本任务的学习，读者将了解日志的作用，初步学会创建和管理日志。

11.4.1　日志概述

运维工作不仅是安全设置、数据备份和恢复等，还有一项很重要的工作是监控系统的运行状况，通过 MySQL 的日志功能，用户能够得到一些有用的信息。

MySQL 日志系统由下述 4 类日志组成。

- 错误日志：记录启动、运行或停止 mysqld，以及运行时出现的问题。
- 通用查询日志：记录建立的客户端连接和执行的语句。
- 二进制日志：记录所有 DDL 和 DML 语句。
- 慢查询日志：记录影响数据库性能瓶颈的、占用时间过长的查询。

二进制日志已在“任务 2　备份和恢复数据”一节中详细讲解过，下面将讲解其余 3 种日志。

11.4.2　【实训 11-5】使用 MySQL 日志

1. 错误日志

错误日志默认是开启的，并且不能关闭，其他 3 种日志文件默认是不开启的。

错误日志文件在不同操作系统下位于不同的目录中，可以用下述命令查询其所在的目录。

```
show variables like "log_error";
```

图 11.38 所示为 Linux 操作系统的错误日志文件/var/log/myaql/error.log。图 11.39 所示为 Windows 操作系统的错误日志文件 C:\ProgramData\MySQL\MySQL Server 5.5\Data\huangng.err，其中 huangng 是计算机名。

```
mysql>
mysql> show variables like "log_error";
+---------------+--------------------------+
| Variable_name | Value                    |
+---------------+--------------------------+
| log_error     | /var/log/mysql/error.log |
+---------------+--------------------------+
1 row in set (0.00 sec)
```

图 11.38　错误日志文件名（Linux）

```
mysql> show variables like "log_error";
+---------------+------------------------------------------------------+
| Variable_name | Value                                                |
+---------------+------------------------------------------------------+
| log_error     | C:\ProgramData\MySQL\MySQL Server 5.5\Data\huangng.err |
+---------------+------------------------------------------------------+
1 row in set (0.00 sec)
```

图 11.39　错误日志文件名（Windows）

　　错误日志文件记录了一些对运维工作有用的信息，包括 MySQL 运行过程中的 Error、Warning、Note 等信息。

　　可以用任意的文本编辑器打开日志文件，如图 11.40 所示，其中的信息提示 MySQL 数据库的 user、db 和 proc 表出现问题，是需要数据库管理员去关注的。

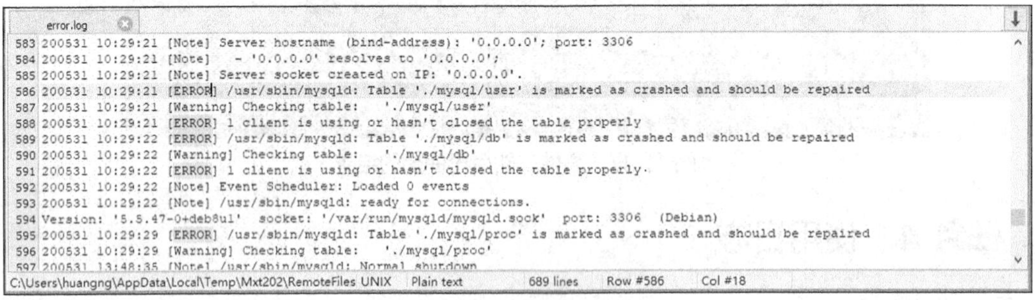

图 11.40　错误日志 error.log

2. 通用查询日志

　　通用查询日志默认是不开启的，查询是否开启的命令如下。

```
show global variables like "genera%";
```

　　查询的结果如图 11.41（Linux）或者图 11.42（Windows）所示。

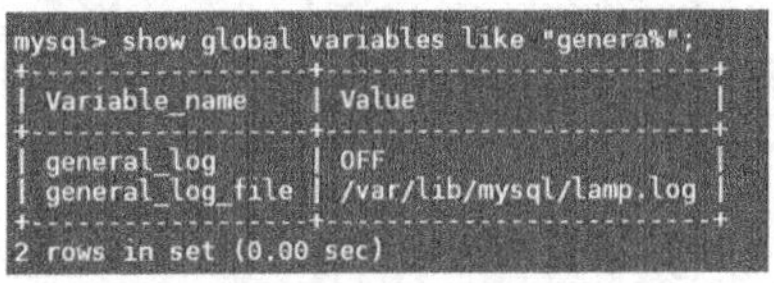

图 11.41　通用查询日志（Linux）　　　　图 11.42　通用查询日志（Windows）

　　启用通用查询日志的办法是在配置文件中取消下述两行配置的注释（删除行首的#）。

```
general_log_file        = /var/log/mysql/lamp.log
general_log             = 1
```

　　或者是添加下述两项配置（Windows）。

```
[mysqld]
general_log_file=C:\ProgramData\MySQL\MySQL Server 5.5\Data\huangng.log
general_log=1
```

　　保存后，重新启动 MySQL 服务，这时将会记录通用查询日志，记录的内容的例子如下。

```
Time                      Id Command      Argument
200625 14:57:12            2 Connectroot@localhost on eshop
                           2 Query        show variables like "%slow%"
200625 14:57:17            2 Query    show variables like "%slow%"
200625 14:58:25            3 Connectroot@localhost on test
                           3 Query        SET @@session.net_write_timeout = 72000, @@session.max_
sort_length = CAST(IF(@@session.max_sort_length < 128, 1024, @@session.max_sort_length) AS
SIGNED)
                           3 Query        SELECT schema_name FROM information_schema.schemata
ORDER BY schema_name
                           3 Init DB      eshop
200625 14:58:50            3 Init DB   eshop
                           3 Query        SELECT * from shop_province WHERE col_name='Shanghai' limit
```

```
0,1000
            3 Query       SHOW TABLE STATUS FROM `eshop` LIKE 'shop_province'
            3 Query       SHOW VARIABLES LIKE 'auto_increment%'
```

从日志中看到，记录了如下的一次查询。

```
SELECT * from shop_province WHERE col_name='Shanghai' limit 0,1000
```

3. 慢查询日志

慢查询日志记录所有执行时间超过阈值（由变量 long_query_time 指定的秒数）的查询或不使用索引的查询，从而有助于发现数据库系统的性能瓶颈。

慢查询日志默认是不开启的，查询是否开启的命令如下。

```
show variables like "%slow%";
```

查询的结果如图 11.43（Linux）或者图 11.44（Windows）所示。

图 11.43　慢查询日志（Linux）　　　　图 11.44　慢查询日志（Windows）

启用慢查询日志的办法是在配置文件中取消下述 3 行配置的注释（删除行首的#）。

```
slow_query_log_file  = /var/log/mysql/lamp-slow.log
slow_query_log            = 1
long_query_time           = 2
```

或者是添加下述 3 项配置（Windows）。

```
[mysqld]
slow_query_log_file=C:\ProgramData\MySQL\MySQL Server 5.5\Data\huangng-slow.log
slow_query_log=1
long_query_time=2
```

保存后，重新启动 MySQL 服务，这时将会记录慢查询日志，与通用查询日志不同，开发人员和管理人员应该经常查看慢查询日志，以便及时发现系统的性能瓶颈。

习题

1. 思考题

① 常用的 MySQL 引擎有哪些？InnoDB 引擎有什么特点？

② 在 Linux 和 Windows 操作系统下，MySQL 的数据库文件分别保存在什么目录中？

③ 为什么说数据库备份是十分重要的？

④ 全库备份和增量备份有什么区别？

⑤ 简述备份策略和恢复策略的实施过程。

⑥ MySQL 的事件有什么作用？

⑦ MySQL 的日志有哪几种，各自的特点是什么？

2. 实训题

① 个人藏书数据库应用的备份和恢复，见 Jitor【实训 11-6】。

② 项目 11 选择题和填空题，见 Jitor【实训 11-7（习题）】。

③ 运维方向的期末测试：选择题和填空题，见 Jitor 平台【实训 11-8（测试）】，随机组卷。

④ 运维方向的期末测试：操作题之一，见 Jitor 平台【实训 11-9（测试）】。

⑤ 运维方向的期末测试：操作题之二，见 Jitor 平台【实训 11-10（测试）】。

⑥ 开发+运维方向的期末测试：选择题和填空题，见 Jitor 平台【实训 11-11（测试）】，随机组卷。

⑦ 开发+运维方向的期末测试：操作题之一，见 Jitor 平台【实训 11-12（测试）】。

⑧ 开发+运维方向的期末测试：操作题之二，见 Jitor 平台【实训 11-13（测试）】。

附录 A
MySQL 数据类型

MySQL 数据类型，如附表 1 所示。

附表 1　MySQL 数据类型

分类	数据类型	字节数	含义	说明（范围）
数值类型	TinyInt	1	微整数	有符号时：−128～127；无符号时：0～255
	SmallInt	2	短整数	有符号时：−32 768～32 767 无符号时：0～65 535
	MediumInt	3	中整数	有符号时：−8 388 608～8 388 607 无符号时：0～16 777 215
	Int	4	整数	有符号时：−20 亿～20 亿；无符号时：0～40 亿
	BigInt	8	长整数	有符号时：−400 亿亿～400 亿亿 无符号时：0～800 亿亿
	Float[(M,D)]	4	单精度（不精确浮点数）	可选指定：M 指定显示宽度，D 指定小数位数
	Double[(M,D)]	8	双精度（不精确浮点数）	可选指定：M 指定显示宽度，D 指定小数位数
	Decimal (M, D) Numeric(M, D)	可变	精确浮点数	必须指定：M 指定总位数，D 指定小数位数
字符串和二进制	Char(n)	数据长度	定长字符串	n 取值范围：0～255，占用 n 字节，不论实际长度是多少
	Varchar(n)	数据长度+开销	变长字符串	n 取值范围：0～65 535，占用实际长度
	Tinytext	分别存储	短文本	0～255 字节，短文本数据
	Text	分别存储	文本	0～65 535 字节，文本数据
	Mediumtext	分别存储	长文本	0～16 777 215 字节，长文本数据
	Longtext	分别存储	极长文本	0～4 294 967 295 字节，极长文本数据
	Binary(n)	数据长度	定长二进制	n 取值范围：0～255，占用 n 字节，不论实际长度是多少
	Varbinary(n)	数据长度+开销	变长二进制	n 取值范围：0～65 535，占用实际长度
	Tinyblob	分别存储	短二进制	0～255 字节，短二进制数据
	Blob	分别存储	二进制	0～65 535 字节，二进制数据
	Mediumblob	分别存储	长二进制	0～16 777 215 字节，长二进制数据
	Longblob	分别存储	极长二进制	0～4 294 967 295 字节，极长二进制数据

续表

分类	数据类型	字节数	含义	说明（范围）
日期时间	Date	3	日期	'1000-01-01'～'9999-12-31'
	Time	3	时间	'-838:59:59'～'838:59:59'
	Year	1	年份	1901～2155
	Datetime	8	日期时间	'1000-01-01 00:00:00' ～ '9999-12-31 23:59:59'
	Timestamp	4	时间戳	'1970-01-01 00:00:00' ～ '2038-01-19 03:14:07'，含时区

注：对于文本类型和二进制类型，占用空间等于数据长度加上内部开销。

附录 B
MySQL常用内置函数

MySQL 常用内置函数，如附表 2 所示。

附表 2　MySQL 常用内置函数

分类	函数名	功能
统计函数	avg(expression)	返回表达式中各值的平均值，忽略 null 值
	sum(expression)	返回表达式中所有值的和，只用于数字列
	min(expression)	返回表达式的最小值
	max(expression)	返回表达式的最大值
	count(expression)	返回结果的行数，忽略 expression 为 null 值的行
	count(*)	返回结果的行数，包括 null 值
数学函数	abs(numeric)	返回指定数值表达式的绝对值（正值）
	sqrt(float)	返回指定浮点值的平方根
	pow(float, y)	返回指定表达式的指定幂的值
	exp(float)	返回指定的 float 表达式的指数值
	log(float)	返回指定 float 表达式的自然对数
	log10(float)	返回指定 float 表达式的常用对数（以 10 为底）
	floor(numeric)	返回小于或等于指定数值表达式的最大整数
	ceil(numeric)	返回大于或等于指定数值表达式的最小整数
	round(numeric, length)	返回一个数值，四舍五入到指定的小数位数
	rand([seed])	返回 0~1 的伪随机 float 值
	sin(float)	三角函数（正弦、余弦等）
字符串函数	length(string)	返回指定字符串表达式的字符数，不包含尾随空格
	substring(string, start, [length])	返回字符串的子串
	left(character, integer)	返回字符串中从左边开始指定个数的字符
	right(character, integer)	返回字符串中从右边开始指定个数的字符
	replace(string, pattern, replacement)	用另一个字符串值替换出现的所有指定字符串值
	concat(string1, string2, …, string n)	返回多个字符串连接而成的字符串
	ascii(character)	返回字符表达式中最左侧的字符的 ascii 代码值
	char(integer)	将 int ascii 代码转换为字符
	ltrim(character)	返回删除了前导空格之后的字符表达式
	rtrim(character)	截断所有尾随空格后，返回一个字符串
	upper(character)	返回大写的字符表达式
	lower(character)	返回小写的字符表达式

分类	函数名	功能
日期和时间函数	curdate()	返回当前日期
	curtime()	返回当前时间
	now()	返回当前日期和时间
	day(date)	返回表示指定 date 的"日"部分的整数
	month(date)	返回表示指定 date 的"月"部分的整数
	year(date)	返回表示指定 date 的"年"部分的整数
	datediff(enddate, startdate)	返回两个指定日期之间相差的天数
	adddate(date, interval number day)	将一个日期时间加上指定的间隔（天、月或其他）
	subdate(date, interval number day)	将一个日期时间减去指定的间隔（天、月或其他）
系统函数	version()	返回数据库的版本号
	database()	返回当前打开的数据库名
	user()	返回当前登录的用户名
	last_insert_id()	在 Insert 语句之后，返回最后插入的行的主键值
	found_rows()	在 Select 语句之后，返回该查询语句结果的行数
	row_count()	在 Insert、Update、Delete 语句之后，返回影响的行数
转换函数	cast(expression as data_type [(length)])	将表达式的值转换为另一种数据类型
	convert(expression, data_type[(length)])	将表达式的值转换为另一种数据类型，功能与 cast() 函数相同
	date_format(date,format)	日期转换为字符串
	str_to_date(date,format)	字符串转换为日期

日期转换中常用的日期格式，如附表 3 所示。

附表 3　日期转换中常用的日期格式

格式字符	含义	格式字符	含义
%Y	年（4 位）	%p	AM 或 PM
%y	年（2 位）	%H	小时（00-23）
%m	月（00-12）	%h	小时（01-12）
%c	月（0-12）	%i	分钟（00-59）
%d	日（00-31）	%S	秒（00-59）
%e	日（0-31）	%s	秒（00-59）

附录 C
"在线商店"项目数据结构

"在线商店"项目数据结构如附表 4～附表 11 所示。

注:"在线商店"项目的扩展 ER 图见项目 5 的图 5.4。

附表 4 省市区表(shop_province)

序号	列名	类型	属性	说明(中文字段名)
1	id_shop_province	int(11)	非空, 主键	省市区 id
2	col_name	varchar(20)	非空	省市区名称

附表 5 地级市表(shop_area)

序号	列名	类型	属性	说明(中文字段名)
1	id_shop_area	int(11)	非空, 主键	地级市 id
2	col_name	varchar(32)	非空	地级市名称
3	id_shop_province	int(11)	非空	省市区 id

附表 6 客户表(shop_customer)

序号	列名	类型	属性	说明(中文字段名)
1	id_shop_customer	int(11)	非空, 主键	客户 id
2	col_name	varchar(32)	非空	收件人姓名
3	col_account	varchar(32)	非空	账号
4	col_password	varchar(64)	非空	密码
5	col_email	varchar(32)	允许空	电子邮件
6	col_mobile	varchar(16)	非空	手机号
7	col_address	varchar(100)	非空	收货地址(街区地址)
8	col_rank	tinyint(4)	允许空	客户等级(0=普通,1=会员,2=VIP)
9	col_status	tinyint(4)	允许空	状态(0=可用,1=禁用)
10	id_shop_area	int(11)	非空	地级市 id

附表 7 商品类别表(shop_category)

序号	列名	类型	属性	说明(中文字段名)
1	id_shop_category	int(11)	非空, 主键	商品类别 id
2	col_name	varchar(32)	非空	商品类别名

附表 8　商品表（shop_goods）

序号	列名	类型	属性	说明（中文字段名）
1	id_shop_goods	int(11)	非空，主键	商品 id
2	col_name	varchar(32)	允许空	商品名
3	col_brand	varchar(32)	允许空	品牌
4	col_model	varchar(32)	允许空	型号
5	col_unit	varchar(32)	允许空	计量单位
6	col_inventory	float	允许空	库存量
7	col_price	decimal(10,2)	允许空	单价
8	col_description	varchar(1000)	允许空	商品描述
9	col_remark	varchar(1000)	允许空	备注
10	col_image_type	char(3)	允许空	图片类型（jpg, png, gif）
11	id_shop_category	int(11)	非空	商品类别 id

附表 9　员工表（shop_staff）

序号	列名	类型	属性	说明（中文字段名）
1	id_shop_staff	int(11)	非空，主键	员工 id
2	col_name	varchar(32)	非空	姓名
3	col_account	varchar(32)	非空	账号
4	col_password	varchar(32)	非空	密码
5	col_sex	char(1)	非空	性别（M=男，F=女）
6	col_mobile	varchar(32)	允许空	手机号
7	col_role	tinyint(4)	允许空	角色（0=普通，1=经理）
8	col_status	tinyint(4)	允许空	状态（0=可用，1=禁用）

附表 10　订单头表（shop_order_head）

序号	列名	类型	属性	说明（中文字段名）
1	id_shop_order_head	int(11)	非空，主键	订单头 id（作为订单编号用）
2	col_order_date	datetime	非空	订单日期
3	col_audit_date	datetime	允许空	审核日期
4	col_shipping_date	datetime	允许空	发货日期
5	col_receiving_date	datetime	允许空	签收日期
6	col_ammount	decimal(10,2)	允许空	订单金额
7	col_status	tinyint(4)	允许空	状态: 0=购物车, 1=下单, 2=审核（已收到货款）, 3=发货, 4=已签收
8	col_remark	varchar(500)	允许空	发货要求

续表

序号	列名	类型	属性	说明（中文字段名）
9	col_comment	varchar(500)	允许空	售后评价
10	id_shop_customer	int(11)	非空	客户 id
11	id_shop_staff1audit	int(11)	允许空	员工 id（审核）
12	id_shop_staff2shipping	int(11)	允许空	员工 id（发货）

附表 11　订单行表（shop_order_line）

序号	列名	类型	属性	说明（中文字段名）
1	id_shop_order_line	int(11)	非空, 主键	订单行 id
2	col_quantity	float	非空	数量
3	id_shop_order_head	int(11)	非空	订单头 id
4	id_shop_goods	int(11)	非空	商品 id

附录 D
Jitor校验器使用说明

本书作者开发了一个 Jitor 实训教学平台,支持计算机编程语言和数据库课程的学习。该平台由 Jitor 校验器(学生端)和 Jitor 管理网站(教师端)两个部分组成。

1. Jitor 校验器(学生端)

(1) Jitor 校验器的安装和登录

Jitor 校验器是一个绿色软件,从本书主页 http://ngweb.org/下载,然后解压到某个盘符的根目录下,运行其中的批处理文件 Jitor_START.bat 启动它。

 普通读者可以免费注册一个账号,注册时需要提供正确的QQ邮箱地址(一个QQ号只能注册一个账号),学生则应该从教师处获取账号和密码。

登录后,选择《MySQL 数据库应用实战教程》,将看到本书的实训列表,第一次使用时请选择【实训 1-1】,按照实训指导内容一步一步地操作。每完成一步,单击【Jitor 校验第 n 步】,由 Jitor 校验器检查这一步的操作是否正确,校验通过后才能进入下一步操作。成绩将上传服务器,因此操作时需要连接互联网。

(2) Jitor 校验器的使用

Jitor 校验器是一个实训辅助环境,它提供了详细的实训指导,是对本书的补充说明,并且还提供了部分代码,读者可以直接复制使用。

在使用过程中可能会遇到一些问题,通常情况下按照出错提示进行改正就可以通过校验。如果还有问题,请从以下几个方面考虑。

① 拼写错误。由于 Jitor 校验器采用程序检查每一步操作,任何的拼写错误,不论是单词拼写错误,还是中、英文数据输入错误,都会造成检验失败。因此,只要是在 Jitor 校验器指导材料中出现的有关文字,例如数据库名、表名、列名、数据(数字、英文、中文的数据)等,都要采用复制、粘贴,填入 dbForge Studio 界面里,或用于编写 SQL 语句,否则会被扣分。

另外还要注意一些容易混淆的字符,例如小写的字母 l(大写为 L)和数字 1,字母 o、O 和数字 0,还需要区分全角符号和半角符号,如全角的逗号,和半角的逗号,等。

② 空格或 Enter 键。在输入时不能添加多余的空格或 Enter 键,这些不可见或容易忽略的符号常常引起错误。例如数据库名、表名或列名的前后不能加上空格。

在输入数据时,也不能在数据的前后加上多余的空格或 Enter 键,例如在气象记录的数据"Wuxi"的前后都不能加上空格或 Enter 键,否则会被认为是错误的数据,引起校验失败。

在输入英文数据时,两个英文单词之间只能有一个空格,如果出现两个连续的空格,也会导致错误,中文文字之间也不能加入多余的空格。

③ 保存后再提交。有时输入的数据还没有保存，这时提交校验的是未保存的内容，自然校验就无法通过。因此，要在保存后看到预期的结果，确认结果是正确的以后，才能提交给 Jitor 校验器，否则会被扣分。

④ 做完一步，立即提交校验。在少数情况下，一次性完成全部步骤后再依次提交每一步是可行的。但是不鼓励这种做法，因为在许多情况下，每个步骤之间有一定的逻辑关系，后面的操作会破坏前一步的结果，造成校验失败。因此，应该养成一个习惯，认真阅读指导材料，每做完一步立即提交。

⑤ 数据库密码不正确。如果在 Jitor 校验器中输入 MySQL 根用户的密码后，提示密码错误，可能的原因有如下几种。

* 密码确实拼写错误，例如大小写错了。
* 忘记密码，这时在操作系统的"命令提示符"窗口中连接 MySQL 服务器也会失败。
* 密码错位，这时在操作系统的"命令提示符"窗口中连接 MySQL 服务器会成功，但使用相同的密码在 Jitor 校验器中登录则会错误。原因是安装了两次或多次 MySQL，导致密码错位。

在上述的后两种情况下，都需要卸载 MySQL 以及删除 MySQL 数据库文件后，再重新安装（详见附录 E）。

2. Jitor 管理网站（教师端）

Jitor 管理网站（入口地址 http://ngweb.org/）为教师提供班级管理、学生管理、实训安排、成绩查询和汇总统计等。学生和读者不需要使用 Jitor 管理网站。

Jitor 校验器实时将成绩上传到服务器，教师可以在 Jitor 管理网站上实时查看每一位学生以及全班学生的实训进展情况，进行有针对性的个别辅导或集体辅导。

3. Jitor 在线实训

本书通过 Jitor 校验器提供了 60 多个在线实训、10 多个在线测试操作题和随机组卷在线测试试卷。这些实训可以用于课堂讲授、机房实训、习题、测试考试等，测试题包括操作题和客观题。

Jitor 在线实训的计分原则是，操作题每步操作成功得 7 分，客观题（单选、多选和填空题）每题回答正确得 3 分，每错一次则倒扣 1 分（单选和多选题答错后还能继续回答，直到正确为止），每个步骤或每道题最多扣 3 分（超过后就只扣 0 分）。只要完成了实训，就一定能够得到及格及以上分数，以鼓励学生努力完成实训。

教师可以从 Jitor 管理网站实时查看学生的得分，以便根据学生的情况调整教学进度或进行个别辅导和集体辅导。

总评成绩由下述部分组成：过程评价 30%、机房实训和习题作业 30%、各种测试 30%、考勤 10%，如果缺少过程评价，可以将机房实训拆分出来作为过程评价（即机房实训和习题作业各占 30%）。除了过程评价由教师给出，其余皆可由 Jitor 在线实训的得分获得，从而使评价指标融入平时的操作，评价过程更加客观，这样可以充分调动学生学习的主动性和积极性。

在使用过程中，可能会遇到一些问题，希望各位教师加入作者的 QQ 群，交流使用心得，群号在 Jitor 管理网站首页上公布。

附录 E
在线资源说明

本附录在线提供思维导图、微课列表、实训列表、教学资源下载链接、勘误表、问题解答等内容（见附图 1），访问地址 http://ngweb.org/MySQLa/，或者扫描下方的二维码查看。

附图 1　附录 E 在线资源说明